中等职业教育新目录新技术新形态系列教材

Python程序设计
基础实训教程

吕宇飞 主 编

王永淼 翟莉莉 副主编

电子工业出版社·

Publishing House of Electronics Industry

北京·**BEIJING**

内容简介

本书的主要目标是加强 Python 的基础训练，以帮助初学者快速掌握 Python 的基本语法、数据类型、运算符、流程控制、函数和模块等内容。此外，本书还涵盖了数据结构、基本算法、正则表达式等方面的知识，并设计了丰富的应用实例训练，以帮助读者掌握文件管理、Excel 办公自动化、网络爬取等技能。通过这些实例，读者既可进一步巩固 Python 的基础知识，又能掌握简单的办公自动化编程技能。

本书既适合职业学校学生进行入门学习，又适合对计算机编程感兴趣或有办公自动化、自动化运维管理需求的学员进行编程入门学习。

图书在版编目（CIP）数据

Python 程序设计基础实训教程 / 吕宇飞主编.
北京 ：电子工业出版社，2024. 8. -- ISBN 978-7-121
-48668-5

Ⅰ. TP312.8

中国国家版本馆 CIP 数据核字第 2024LP2352 号

责任编辑：郑小燕　　特约编辑：张燕虹
印　　刷：三河市鑫金马印装有限公司
装　　订：三河市鑫金马印装有限公司
出版发行：电子工业出版社
　　　　　北京市海淀区万寿路 173 信箱　邮编　100036
开　　本：880×1 230　1/16　印张：18.5　字数：473 千字
版　　次：2024 年 8 月第 1 版
印　　次：2024 年 10 月第 2 次印刷
定　　价：48.20 元

凡所购买电子工业出版社图书有缺损问题，请向购买书店调换。若书店售缺，请与本社发行部联系，联系及邮购电话：（010）88254888，88258888。

质量投诉请发邮件至 zlts@phei.com.cn，盗版侵权举报请发邮件至 dbqq@phei.com.cn。

本书咨询联系方式：（010）88254550，zhengxy@phei.com.cn。

前 言

　　《中华人民共和国国民经济和社会发展第十四个五年规划和 2035 年远景目标纲要》明确提出："迎接数字时代，激活数据要素潜能，推进网络强国建设，加快建设数字经济、数字社会、数字政府，以数字化转型整体驱动生产方式、生活方式和治理方式变革。"随着数字经济的蓬勃发展，Python 广泛应用于云计算、物联网、大数据、智慧城市、人工智能、区块链等诸多领域，程序设计基础将为紧跟技术发展趋势的人才培养构筑基石。

　　本书专为 Python 程序设计入门而编写，与电子工业出版社出版的《Python 程序设计基础》（ISBN 978-7-121-46590-1）一脉相承，注重培养编程兴趣、体现学习价值和锻炼核心能力。各章节的"要点提示"提纲挈领，"经典解析"讲解透彻，"实战训练"精简有效，以适合初学者学习为目标。全书把握学习重点，难易处理得当，精心设计每道训练题，规避难题、偏题。

　　本书具有以下特点。

　　（1）加强基础训练。帮助初学者快速掌握 Python 的基本语法、数据类型、运算符、数据结构、流程控制、函数和模块等内容。

　　（2）突出实用训练。通过文件读/写、文件管理、Excel 办公自动化、爬取商业数据等综合任务提高学习者办公自动化编程水平。

　　（3）注重核心训练。设计的大量训练习题集中于流程控制和处理数值、字符串及列表的能力提升，为日后调用 Python 库解决工作中的实际问题打下坚实基础。

　　本书由中职计算机专业教研团队和企业软件工程师共同编写，具体分工如下：由吕宇飞担任主编，由王永淼、翟莉莉担任副主编，参加编写的人员还有苏豫全、葛巧燕、邵泽城、刘晓梅、罗炎香、朱米娜、裘柘铭、汪忠校、林聪太、王宗政。

　　感谢杭州职业技术学院、广州中望龙腾软件股份有限公司、杭州古德微机器人有限公司、杭州有渔智学科技有限公司对本书提出的宝贵意见和给予的大力支持！

本书既适合职业学校学生进行入门学习，又适合对计算机编程感兴趣或有办公自动化、自动化运维管理需求的学员进行编程入门学习。

为了提高学生的学习效率和教师的教学效率，本书配有训练素材和参考答案，读者可登录华信教育资源网免费注册后进行下载。若有问题，请在网站留言板留言或与电子工业出版社联系。

由于水平有限，书中难免存在疏漏和不足之处，敬请广大读者批评指正。

编　者

目 录

第 1 章

认识 Python

本章主要内容

- 介绍 Python 的起源与应用。
- 搭建 Python 的编程环境。
- 使用 PyCharm 编辑和运行程序。
- 运用 print()输出字符串数据。
- 识别运行程序时常见的出错信息。

1.1 Python 的起源与应用

学习目标

◆ 了解 Python 的起源。

◆ 了解 Python 的应用。

要点提示

1. Python 起源

Python 的开发者是荷兰人吉多·范·罗苏姆（Guido van Rossum）。他于 1989 年底开始设计 Python，并于 1991 年发布了第一个公开版本。

2. Python 应用

Python 拥有丰富和强大的内置"库"与第三方"库"，应用功能广泛。

（1）Web 开发：提供了多种 Web 框架，其中 Django 为常用的 Web 框架之一。

（2）网络爬虫：应用 Python 的 urllib 库、Requests 库、Scrapy 等框架实现从网络上获取有用的数据和信息。

（3）科学计算：基于 NumPy、Matplotlib、SciPy 等库进行数值分析和处理。

（4）人工智能：应用 Pandas、PyBrain、Sklearn、Keras 等库进行数据分析和可视化、数据建模神经网络、深度学习等人工智能开发。

（5）软件开发：桌面软件开发功能强大，PyQt 为常用软件开发库之一。

（6）游戏开发：应用 Pygame、PyOpenGL 等丰富的游戏开发库进行游戏开发。

经典解析

例 1（　　）库可用于 Python Web 开发。

　　A．Django　　　B．NumPy　　　C．Matplotlib　　　D．Pygame

解析

Django 主要应用于 Web 开发；NumPy、Matplotlib 主要应用于科学计算；Pygame 主要应用于游戏开发。

因此，正确答案为 A。

例 2　在安装了 Python 的计算机上，将本节资源包中的文件"第 1 章\1.1\经典解析\批量建文件夹.py"复制到"D:\"。运行程序"D:\批量建文件夹.py"，实现快速在"D:\学号"文件夹下批量新建文件夹名为学号 1～100 的子文件夹，体验 Python 处理日常事务的便捷性。

解析

（1）Python 是解释型语言，在命令窗口中输入 where python，可以找到 Python 解释器所在的路径。

（2）在命令窗口中输入 python D:\批量建文件夹.py，可运行该程序。

因此，正确的操作如下。

（1）将"批量建文件夹.py"文件复制到"D:\"。

（2）在安装了 Python 的计算机上，按 Win+R 组合键，在"运行"对话框中输入 cmd 后回车，打开命令窗口。

（3）在命令窗口中输入 where python，查看 Python 解释器所在的路径。

（4）在命令窗口中进入 Python 解释器所在的目录。

（5）在命令窗口中输入 python D:\批量建文件夹.py 后运行程序，如图 1-1-1 所示。

（6）在资源管理器中查看生成的子文件夹，如图 1-1-2 所示。

（7）运行"记事本"程序，打开并查看"D:\批量建文件夹.py"中的代码：

```
import os
```

```
p = r'd:\学号'
if os.path.isdir(p)==False:
    for i in range(1, 101):
        os.makedirs(r'd:\学号' + '\\' + str(i))
```

可见代码量很少，结合程序运行的结果可见 Python 处理日常事务之便捷。

图 1-1-1　运行 Python 程序步骤图

图 1-1-2　生成的子文件夹

实战训练

一、选择题

1. Python 的开发者是（　　　）。

　　A. 詹姆斯·高斯林　　　　　　　B. 丹尼斯·里奇

　　C. 史蒂夫·乔布斯　　　　　　　D. 吉多·范·罗苏姆

2. （　　　）不是 Python 流行的主要原因。

　　A. 支持跨平台使用

　　B. Python 拥有丰富和强大的标准库和第三方库

　　C. Python 易于学习

　　D. Python 是在圣诞节期间开发的，人们对此感兴趣

3. （　　　）库适用于网络爬虫。

　　A. Requests　　　　　　　　　　B. Django

　　C. Matplotlib　　　　　　　　　D. Pandas

二、操作题

1．在互联网上了解 Python 在某个领域的应用情况。

2．在安装了 Python 的计算机上运行本节资源包中的程序文件"第 1 章\1.1\操作题\绘制太极图.py"。

1.2 Python 的编程环境

学习目标

◆ 能够搭建 Python 的编程环境。

要点提示

1．Python 的安装与测试

（1）Python 的下载：在其官方网站的 Downloads 菜单下的 All releases 栏目中下载。

（2）Python 的安装：安装时注意勾选 Add Python ×.× to PATH 复选框。

（3）测试：在"运行"窗口中输入 cmd 后按回车键，在打开的命令窗口的提示符>后输入 python，若出现 Python 相关信息则表示安装成功。

2．PyCharm 的安装与启动

（1）下载 PyCharm：访问 PyCharm 官方网站，可以免费下载社区版。

（2）安装 PyCharm：进入安装界面，按照指引进行安装。

（3）启动 PyCharm：双击安装时生成的 PyCharm 图标，选择 Do not import settings 单选按钮，最后单击 Create New Project 按钮进入编程界面。

经典解析

例 1 以下选项中描述正确的是（　　　）。

A．先安装 PyCharm 后安装 Python

B．先安装 Python 后安装 PyCharm

C．安装 Python 和 PyCharm 无先后次序之分

D．以上各选项描述均不正确

解析

（1）Python 是一种解释型语言，安装 Python 后才有解释器 python.exe。

（2）Python 常用的开发环境有 IDLE、PyCharm、WingIDE、Eclipse、IPython 等。这

些开发环境本质上都是 Python 解释器 python.exe 的封装，即解释器的外挂程序，便于编程开发。

（3）一般情况下，应先安装 Python 后安装 PyCharm。如果先安装了 PyCharm，则需要在安装 Python 后，在 PyCharm 的设置中指定 Python 解释器。

因此，正确答案为 C。

例 2　从如图 1-2-1 所示的 PyCharm 设置界面可知，这台计算机至少安装了 Python 的哪些版本？（　　）

　　A．Python 3.7 和 3.10　　　　　　B．Python 3.8

　　C．Python 3.9 和 3.10　　　　　　D．Python 3.10

图 1-2-1　PyCharm 设置界面

解析

Python Interpreter 是指 Python 解释器。从图 1-2-1 中的 Python Interpreter 下拉列表框可知，当前使用的解释器是 Python 3.10，可见这台计算机一定安装了 Python 3.10。至于是否安装了 Python 的其他版本则尚未可知。

因此，正确答案为 D。

实战训练

一、选择题

1．Python 安装结束后，在 cmd 命令窗口中输入（　　）命令，可测试 Python 安装是否成功。

　　A．pip　　　　　B．python　　　　C．dir　　　　　　D．copy

2．下列关于 PyCharm 的说法中正确的是（　　）。

　　A．PyCharm 是 Python 程序编辑器，具有代码调试、语法高亮、代码跳转等功能

　　B．PyCharm 是一种编程语言，其功能与 Python 类似

　　C．PyCharm 只是汇集了第三方库，方便编写 Python 程序时调用

　　D．PyCharm 是一种翻译软件，可将 Python 翻译成中文

3．以下选项中属于 Python 内置的开发环境的是（　　　）。

    A．IDLE   B．PyCharm

    C．Eclipse   D．WingIDE

4．以下有关安装 Python 的描述中正确的是（　　　）。

    A．一台计算机只能安装一个 Python 版本

    B．一台计算机如果安装了多个 Python 版本，则在安装 PyCharm 后无法自由选择不同版本的 Python 解释器

    C．一台计算机不需要安装 Python，只要安装 PyCharm 就可以编辑和运行 Python 程序

    D．如果先安装了 PyCharm 后安装 Python，则只要在 PyCharm 中设置已安装的 Python 解释器，就可以在 PyCharm 中编辑和运行 Python 程序

二、操作题

已在计算机中安装了 Python 3.8 和 PyCharm，如果想在这台计算机上继续安装 Python 3.9 并在 PyCharm 上应用 Python 3.9，该如何操作？

1.3 第一个 Python 程序——我爱我的祖国

学习目标

◆ 能够使用 PyCharm 编辑和运行程序。

◆ 能够编写运用 print() 函数输出字符串数据的 Python 程序。

◆ 能够识别运行程序时常见的出错信息。

要点提示

1. 在 PyCharm 中创建 Python 程序文件

（1）打开 PyCharm 编辑器，选择菜单项 File→New Project 创建工程。

（2）右击创建的工程文件夹，在弹出的快捷菜单中单击 New→Python File 新建文件。

2. 在 PyCharm 中编辑和运行程序

（1）在代码编辑窗口中输入语句并保存为"联系 1.py"，如图 1-3-1 所示。

```
print("我爱我的祖国")
```

图 1-3-1　在代码编辑窗口中输入语句

（2）在代码编辑窗口的空白处单击鼠标右键，在右键菜单中单击"Run'练习 1'"运行程序，程序正常运行结果如图 1-3-2 所示。

```
D:\PycharmProjects\pythonProject\pythonProject1\Scripts\python.exe D:\练习1.py
我爱我的祖国

Process finished with exit code 0
```

图 1-3-2　程序正常运行结果

3．Python 的基本语法

以图 1-3-1 为例，Python 的基本语法如下。

（1）顶格输入。

（2）除中文输入"我爱我的祖国"外，其余字符均在英文状态下输入（为半角）。

（3）严格区分大小写。

（4）引号和括号需要成对出现。

4．常见的出错信息

（1）IndentationError: unexpected indent：缩进错误，通常由缩进位置出错引起。

（2）NameError: name 'Print' is not defined：名称错误，没有定义'Print'，通常由将函数 print()错误输入为 Print()引起。

（3）SyntaxError: invalid character '（' (U+FF08)：语法错误，'（'为无效字符，通常由没有在英文状态下输入'（'引起。

（4）SyntaxError: EOL while scanning string literal：语法错误，通常由引号错误或引号未成对出现引起。

5．定义字符串

字符串是 Python 中最常用的数据类型之一，是由 0 个或多个字符组成的有序字符序列。定义字符串有以下方法。

（1）使用一对单引号（' '）：例如，'我爱我的祖国'。

（2）使用一对双引号（" "）：例如，"我爱我的祖国"。

（3）使用一对三引号（''' '''）：可以表示多行字符串，例如：

```
'''我爱
我的祖国'''
```

6．print()函数

输出指定的内容。例如，print('我爱我的祖国')、print(123)。

经典解析

例1 输入并运行以下代码，查看输出结果。

```
print("""湖上春来似画图，乱峰围绕水平铺。
松排山面千重翠，月点波心一颗珠。""")
```

解析

（1）除"湖上春来似画图，乱峰围绕水平铺。松排山面千重翠，月点波心一颗珠。"这些汉字和标点符号外，其余字符包括引号和括号都需要在英文状态下输入，同时三引号和括号需要成对出现。

（2）输入时注意严格区分大小写。

（3）第 1 行代码需顶格输入 print。第 2 行代码输入"松"字时顶格输入，则输出结果如下。

湖上春来似画图，乱峰围绕水平铺。

松排山面千重翠，月点波心一颗珠。

例2 在 PyCharm 中打开本节资源包中的文件"第 1 章\1.3\经典解析\例 2.py"，运行并修改代码，运行程序后输出：

2022 杭州亚运会

解析

（1）打开 PyCharm，选择菜单项 File→New Project 创建工程，将"例 2.py"拖入 PyCharm 工程中，即可打开"例 2.py"，其中只有以下一行代码：

```
Print('2022杭州亚运会")
```

（2）运行程序出现错误提示"SyntaxError: EOL while scanning string literal"，原因是引号没有成对出现，应修改为'2022 杭州亚运会'或者"2022 杭州亚运会"。

（3）再次运行，继续出现错误提示"NameError: name 'Print' is not defined"，原因是大小写错误，应将 Print 修改为 print。

因此，正确答案为 print('2022 杭州亚运会')或 print("2022 杭州亚运会")。

实战训练

一、选择题

1. 在 PyCharm 编辑环境中，以下图标中用于运行程序的是（　　）。

A. ▶ B. ⚙ C. 🔧 D. ■

2．第一次创建 Python 工程及 Python 文件名"练习 1"后，在代码编辑窗口中输入语句后，需要单击图 1-3-3 中哪个菜单项运行程序？（　　　）

A．Run '练习 1'　　　　　　　　B．Debug '练习 1'

C．Go To　　　　　　　　　　　D．Generate

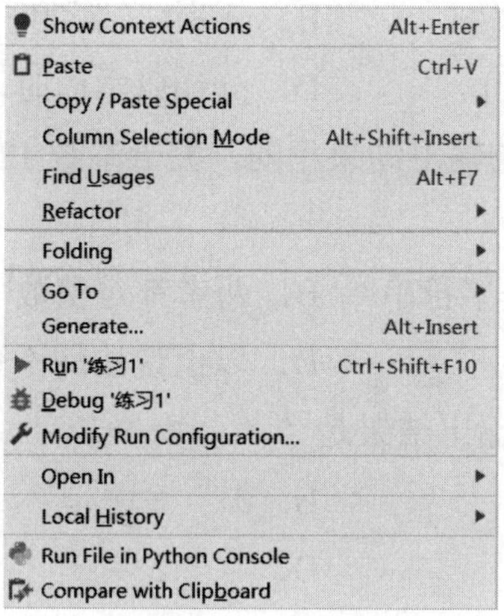

```
💡 Show Context Actions          Alt+Enter
📋 Paste                         Ctrl+V
   Copy / Paste Special                  ▶
   Column Selection Mode   Alt+Shift+Insert
   Find Usages                    Alt+F7
   Refactor                              ▶
   Folding                               ▶
   Go To                                 ▶
   Generate...                 Alt+Insert
▶  Run '练习1'            Ctrl+Shift+F10
🐞 Debug '练习1'
🔧 Modify Run Configuration...
   Open In                               ▶
   Local History                         ▶
🔄 Run File in Python Console
📋 Compare with Clipboard
```

图 1-3-3　菜单项

3．在 Python 中使用 print()函数时，要输出字符串"I am a student"，以下哪条语句是错误的？（　　　）

A．print(I am a student)　　　　B．print('I am a student')

C．print("I am a student")　　　 D．print("'I am a student'")

4．在 Python 中，以下使用 print()函数输出整数 123 的选项是（　　　）。

A．print('123')　　　　　　　　B．print("123")

C．print("'123'")　　　　　　　 D．print(123)

5．以下 Python 代码段的输出结果是（　　　）。

```
print("hello")
print("world")
```

A．helloworld

B．hello world

C．"helloworld"

D．hello
　　world

6．在 Python 中，print(88 + 8)的输出结果是（　　　）。

A．88 + 8　　　　　　　　　　　B．96

C．"88 + 8"　　　　　　　　　　D．"88""8"

7．在 Python 中，print("1000 + 100")的运行结果是（　　）。

    A．1000 + 100   B．1100

    C．"1000 + 100"   D．"1000""100"

8．下列 Python 语句中能够输出"学而时习之"这五个汉字的是（　　）。

    A．print "学而时习之"   B．print"(学而时习之)"

    C．print("学而时习之")   D．print(学而时习之)

9．print(123)和 print('123')的输出结果相同，关于参数 123 和'123'的以下说法中正确的是（　　）。

    A．123 是整数，'123'是字符串   B．两者都是整数

    C．两者都是字符串   D．以上说法均不正确

10．print("1 + 2 = ")语句的输出结果是（　　）。

    A．"1 + 2 = "   B．3

    C．1 + 2 =   D．1 + 2 = 3

11．运行以下程序，输出结果是（　　）。

```
print ('''水光潋滟晴方好，
山色空蒙雨亦奇。欲把西湖比西子，
淡妆浓抹总相宜。''')
```

    A．水光潋滟晴方好，

        山色空蒙雨亦奇。欲把西湖比西子，

        淡妆浓抹总相宜。

    B．水光潋滟晴方好，山色空蒙雨亦奇。欲把西湖比西子，淡妆浓抹总相宜。

    C．水光潋滟晴方好，

        山色空蒙雨亦奇。

        欲把西湖比西子，

        淡妆浓抹总相宜。

    D．水光潋滟晴方好，

        山色空蒙雨亦奇。欲把西湖比西子，淡妆浓抹总相宜。

12．有输出语句：Print("湖光山色，美不胜收")，运行后提示错误信息是"NameError: name 'Print' is not defined"，下列判断原因中正确的是（　　）。

    A．双引号错误，只能使用单引号

    B．没有正确输入 print

    C．在中文状态下输入了引号

    D．在中文状态下输入了括号

13．运行如图所示程序，`1 │ print("杭州西湖真美丽！")`，提示错误信息是"IndentationError: unexpected indent"，下列判断原因中正确的是（　　）。

　　A．没有正确输入 print 　　　　　B．在中文状态下输入了括号

　　C．非正常缩进，没有顶格输入　　D．在中文状态下输入了引号

14．运行以下程序，提示错误信息是"SyntaxError: invalid character '（' (U+FF08)"，下列判断原因中正确的是（　　）。

> print（"希望是梦想的航船，毅力是梦想的引擎。"）

　　A．在中文状态下输入了引号

　　B．没有正确输入 print

　　C．双引号错误，只能使用单引号

　　D．在中文状态下输入了括号

15．运行以下程序，提示错误信息是"SyntaxError: unterminated string literal"，下列判断原因中正确的是（　　）。

> print("唯有砥砺前行，才能追寻梦想的脚步。)

　　A．双引号没有成对出现　　　　　B．在中文状态下输入了引号

　　C．在中文状态下输入了括号　　　D．双引号错误，只能使用单引号

16．运行以下程序，下列叙述中正确的是（　　）。

> print(湖畔绿树成荫！)

　　A．输出结果为"湖畔绿树成荫！"

　　B．输出结果为"print（湖畔绿树成荫！）"

　　C．输出结果为"（湖畔绿树成荫！）"

　　D．缺少引号，无法输出"湖畔绿树成荫！"

二、操作题

1．使用 print()函数，参照图 1-3-4 输出完整诗句。

《卜算子·咏梅》

风雨送春归，
飞雪迎春到。
已是悬崖百丈冰，
犹有花枝俏。

俏也不争春，
只把春来报。
待到山花烂漫时，
她在丛中笑。

图 1-3-4　《卜算子·咏梅》诗句输出效果

2．指出以下程序语句中的错误。

> print("一滴水，只要坚持不懈往下滴，终有一天会穿透顽石。)
> Print[一粒种，只要生生息息往上长，终有一天会长成参天大树。"]

3．输入以下 print()语句，观察输出结果，并解释这条语句。

（1）print(13579)。

（2）print(1, 3, 5, 7, 9)。

（3）print("helloworld")。

（4）print("hello", "world")。

4．在 PyCharm 中打开本节资源包中的程序文件"第 1 章\1.3\操作题\4.py"，运行并修改代码，运行程序后输出：

春风得意花香溢，家和万事如意来。

1.4 第二个 Python 程序——代码编辑与调试

学习目标

◆ 能够理解对象、变量和赋值语句。

◆ 能够运用 str()、int()函数转换数据类型。

◆ 能够运用 print()函数实现格式化输出。

◆ 能够运用断点调试或交互式调试进行代码调试。

要点提示

1．对象、变量的定义与赋值语句

（1）对象：在 Python 中，一切皆对象。每个对象都占有一个内存空间，至少包含类型和值。

（2）变量的定义：变量存储的是对象的引用，它实际上只是一个标识符，用来指向内存中存储的对象，而不存储对象的实际数据，通过变量名可以访问对象。

（3）变量的命名规则如下。

① 变量名只能由字母、数字和下画线组成，并且不能以数字开始。

② 变量名中不能包含空格。

③ 变量名不能是 Python 保留关键字。

（4）赋值语句：将值或者函数的返回值赋给变量的语句称为赋值语句。

格式：变量名 = 值或表达式或函数，例如 a = 100。

2．input()函数、str()函数和字符串连接 "+"

（1）input()函数：接受一个标准输入数据，返回值为字符串型。例如，a = input("请输入："）。

（2）str()函数：将对象的值转换为字符串型并返回。例如，str(100)。

（3）字符串连接"+"：例如，a ="我爱"+"我的祖国"。

3．print()函数

（1）格式化输出。

典型示例如下。

```
stuNo = 2000
stuName = input('请输入您的姓名：')
#应用format格式化输出
print('我是第{0}号学员，名叫{1}，我爱我的祖国!'.format(str(stuNo),stuName))
#应用f-String格式化输出
print(f'我是第{stuNo}号学员，名叫{stuName}，我爱我的祖国!')
#应用%(称之为占位符)格式化输出
print('我是第%d号学员，名叫%s，我爱我的祖国!'%(stuNo,stuName))
```

（2）逗号，sep 参数和 end 参数的使用。

逗号在这里的作用是将多个要打印的内容分隔开来，并在输出时以指定的方式格式化。

① 例 1。

```
print("Hello", "world!")   #输出：Hello world!
```

以逗号分隔的参数，输出时默认以空格为分隔符。

② 例 2。

```
print("Hello","world!", sep = ", ")   #输出：Hello,world!
```

以逗号分隔的参数，当有 sep 参数时，输出时以 sep 参数指定的符号为分隔符。

③ 例 3。

```
print("Hello", end = "  ")
print("world!")   #输出：Hello  world!
```

默认情况下，输出一行末尾的字符是换行符 \n，如果有 end 参数，则以 end 参数指定的符号作为输出末尾的字符。

4．代码调试的两种方式

（1）断点调试：① 设置断点；② 调试程序；③ 跳至断点下一句。

（2）交互式调试：① 设置断点；② 运行交互式工具。

经典解析

例 1　运行以下程序，输出结果：_____。

```
writer = '苏轼'
sentence = '不识庐山真面目，只缘身在此山中'
result = writer + ':' + sentence
print(result)
```

解析

（1）writer 和 sentence 这两个变量分别被赋值为'苏轼'和'不识庐山真面目，只缘身在此山中'，于是它们的类型均为字符串。

（2）':'的类型是字符串，writer、sentence 变量和':'通过"+"拼接为'苏轼:不识庐山真面目，只缘身在此山中'，然后赋值给 result 变量，该变量的类型也为字符串。

（3）print(result)语句使用 print()函数输出 result 变量值。

因此，输出结果：

苏轼:不识庐山真面目，只缘身在此山中

例 2 请将本节资源包中路径为"第 1 章\1.4\经典解析\例 2.py"的文件复制至"D:\"，在 PyCharm 中打开该程序，修改程序以使其正常运行，输出格式为"××××年×××最喜欢的手机品牌:××××"。

解析

（1）打开"例 2.py"文件，可见代码如下：

```
year = 2023
name = input(请输入你的名字)
tel = input(请输入你最喜欢的手机品牌)
print(year + '年' + name + '最喜欢的手机品牌:' + tel)
```

（2）运行程序，提示错误信息如图 1-4-1 所示，提示"请输入你的名字"没有被定义，可见它要作为 input()函数的字符串参数，必须两端加上引号，修改为 name = input("请输入你的名字")。

```
Traceback (most recent call last):
  File "D:\例2.py", line 2, in <module>
    name=input(请输入你的名字)
NameError: name '请输入你的名字' is not defined
```

图 1-4-1　input()函数输出错误提示

（3）继续运行程序，提示错误信息如图 1-4-2 所示。同理，字符串两端必须加上引号，修改为 tel = input("请输入你最喜欢的手机品牌")

```
Traceback (most recent call last):
  File "D:\例2.py", line 3, in <module>
    tel=input(请输入你最喜欢的手机品牌)
NameError: name '请输入你最喜欢的手机品牌' is not defined
```

图 1-4-2　input()函数输出错误提示

（4）运行程序，根据提示信息输入姓名和手机品牌后，再次提示错误信息如图 1-4-3 所示。可见第 4 行代码中变量 year 的数据类型为整数型 int，不能与后面的字符串相连接。修改为 print(str(year) + '年' + name + '最喜欢的手机品牌:' + tel)，即可正常运行程序。

```
Traceback (most recent call last):
  File "D:\例2.py", line 4, in <module>
    print(year+'年'+name+'最喜欢的手机品牌：'+tel)
TypeError: unsupported operand type(s) for +: 'int' and 'str'
```

图 1-4-3 print()函数输出错误提示

例 3 请在横线上写出运行程序后以下 print 语句的输出结果。

```
a = '2024'
b = '闰年'
print('今年是{}，{}'.format(a,b))        #输出：_____①_____
print('今年是{1}，{0}'.format(a,b))      #输出：_____②_____
print(f'今年是{a}，恰好是{b}')           #输出：_____③_____
print('今年是%s，恰好是%s'%(b,a))        #输出：_____④_____
```

解析

（1）①和②均为应用 format 格式化输出，①的输出结果是"今年是 2024，闰年"。format 中的变量 a 与 b 分别对应前面两个花括号的值。

②要注意输出数据的先后顺序，a 的值对应{0}，b 的值对应{1}，输出结果是"今年是闰年，2024"。

（2）③为应用 f-String 格式化输出，{a}、{b}分别对应变量 a 与 b 的值，输出结果是"今年是 2024，恰好是闰年"。

（3）④为应用%（占位符）格式化输出，%(b,a)分别对应语句中两个%s 的值，输出结果是"今年是闰年，恰好是 2024"。

因此，正确答案如下。

① "今年是 2024，闰年"。

② "今年是闰年，2024"。

③ "今年是 2024，恰好是闰年"。

④ "今年是闰年，恰好是 2024"。

例 4 请将本节资源包中路径为"第 1 章\1.4\经典解析\4.py"的文件复制至"D:\"，该程序的功能是计算制造一个边长为 8m、*n* 条边的正多边形的成本，其中，材料费为 80 元/米，享受 7.85 折优惠；人工费用为 200 元。

在 PyCharm 中打开该文件，运行程序，当提示信息"请输入正多边形的边数："时输入 4，程序运行正常，但是输出结果显示"合计成本为 2791111283.2000003 元。"，与事实不符，请参照以下步骤使用断点工具调试修改程序。

说明：

（1）该程序涉及加法运算和乘法运算，"*"为乘法运算符，"+"为加法运算符。

（2）int()函数可以将字符串整数数字转换为整数类型。例如，int('4')的值为 4，数据类型为整数类型。

解析

断点调试步骤如下。

（1）在第 4 行代码处插入断点，如图 1-4-4 所示。

```
1  a = input("请输入正多边形的边数：")
2  b = 8   #边长为8米
3  c = 80 * 0.785   #每米材料的价格,享受7.85折优惠
●  d = int(a * b)
5  e = d * c + 200
6  print("制造一个边数为" + a + "，边长为" + str(b) + "米的正多边形：")
7  print("1.每米材料价格80元，享受7.85折优惠；")
8  print("2.人工费用200元；")
9  print("合计成本为" + str(e) + "元。")
```

图 1-4-4　插入断点的图

（2）单击如图 1-4-5 所示的工具栏中的 Debug 按钮 后，根据提示信息"请输入正多边形的边数："输入 4，代码右侧的灰色显示了变量 a、b 和 c 的值，如图 1-4-6 所示。

图 1-4-5　工具栏图

```
1  a = input("请输入正多边形的边数：")   a: '4'
2  b = 8   #边长为8米   b: 8
3  c = 80 * 0.785   #每米材料的价格,享受7.85折优惠   c: 62.800000000000004
●  d = int(a * b)
5  e = d * c + 200
6  print("制造一个边数为" + a + "，边长为" + str(b) + "米的正多边形：")
7  print("1.每米材料价格80元，享受7.85折优惠；")
8  print("2.人工费用200元；")
9  print("合计成本为" + str(e) + "元。")
```

图 1-4-6　编辑窗口中的变量值

还可以在"Variables"窗口中查看变量 a、b 和 c 的值，如图 1-4-7 中①所示。可见，到目前为止，这些变量的值均正常。

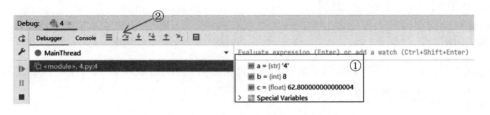

图 1-4-7　"Variables"窗口中的变量值

（3）继续调试程序，单击如图 1-4-7 中②所示的"单步执行"按钮，"Variables"窗口中显示变量 d = {int}44444444，由此可见程序 d = int(a * b)发生错误，分析原因在于变量 a 的值为'4'，数据类型为字符串，变量 b 的值为 8，'4' * 8 为'44444444'，于是 int('44444444')的值为整数 44444444，如图 1-4-8 所示。因此，修改 a 的类型才能符合题意。

```
10
01 a = {str} '4'
10
01 b = {int} 8
10
01 c = {float} 62.800000000000004
10
01 d = {int} 44444444
>  BB Special Variables
```

图 1-4-8　"Variables"窗口中的变量 d

（4）单击如图 1-4-5 所示的工具栏中的 Stop 按钮 ■ 终止调试。修改第 4 行代码为 d = int(a) * b 后，单击工具栏中的 Debug 按钮 ❀ 调试程序，查看"Variables"窗口中的变量 d 的值，如图 1-4-9 所示，此时 d 的值正确。

```
10
01 a = {str} '4'
10
01 b = {int} 8
10
01 c = {float} 62.800000000000004
10
01 d = {int} 32
>  BB Special Variables
```

图 1-4-9　"Variables"窗口中的变量 d 的值

（5）在图 1-4-4 插入的断点处单击，可去除断点，运行程序，此时输出结果正确，该程序调试结束。

实战训练

一、选择题

1. 在下列变量名中，命名不合法的是（　　）。

    A. width   B. 1_width   C. width_1   D. _width1

2. 在下列选项中，不符合 Python 的变量命名规则的是（　　）。

    A. Maxnum   B. A   C. 3_3   D. _Wd

3. 在下列选项中，不是 Python 保留字的是（　　）。

    A. while   B. pass   C. str   D. not

4. 在下列选项中，是 Python 保留字的是（　　）。

    A. int   B. While   C. if   D. list

5. 在下列关于 Python 变量的说法中，错误的是（　　）。

    A. 变量不需要事先声明类型但区分大小写

    B. 变量不需要先创建和赋值，可以直接使用

    C. 变量不需要指定类型

    D. 变量名中不能包含空格

6. 在 Python 中，以下哪个选项声明字符串变量 a，并将其初始化为"Hello World!"？
（　　）

    A．a = "Hello World!"　　　　B．string a = "Hello World!"

    C．str a = "Hello,World!"　　　D．var a = "Hello,World!"

7. 在 Python 中，下列选项中变量 a 的数据类型为整数型的是（　　）。

    A．a = 5　　　　　　　　　　B．a = input()

    C．a = '5'　　　　　　　　　　D．a = 5.0

8. 运行以下 Python 程序，变量 a 的输出结果是（　　）。

```
a = 100
b = 200
a = b
print(a)
```

    A．100　　　　　B．200　　　　　C．a = b　　　　D．b

9. 运行以下 Python 程序，输出结果是（　　）。

```
x = 2
y = 'a'
print(x + y)
```

    A．2a　　　　　B．2　　　　　C．a　　　　　D．程序出错

10. 运行以下 Python 语句，变量 a 的值是（　　）。

```
a = "我爱我的家乡" + "." + "mp4"
```

    A．我爱我的家乡.mp4　　　　B．"我爱我的家乡.mp4"

    C．"我爱我的家乡"　　　　　D．"我爱我的家乡 +.+ mp4"

11. print("hello" + 'world')的输出结果是（　　）。

    A．helloworld　　　　　　　B．hello world

    C．"helloworld"　　　　　　　D．"hello" "world"

12. 以下哪条语句的输出结果是"西湖100.jpg"？（　　）

    A．print("西湖" + 100 + "." + "jpg")

    B．print("西湖" + 100 + . + "jpg")

    C．print("西湖" + str(100) + "." + "jpg")

    D．print("西湖" + str(100) + . + "jpg")

13. 关于 Python，以下说法中错误的是（　　）。

    A．表达式"100" + "10"的值为"10010"

    B．执行语句 print("100" + "10")，输出结果为"10010"

    C．执行语句 print(100 + 10)，输出结果为 110

    D．执行语句 a = "100" + "10"，变量 a 的值为"10010"

14. 运行以下 Python 代码段，当用户输入"张三"这两个汉字时，输出结果是（   ）。

```
name = input("请输入你的名字：")
print("你的名字是：" + name)
```

    A．"你的名字是：张三"　　　　B．"你的名字是："张三

    C．你的名字是："张三"　　　　D．你的名字是：张三

15. 在 Python 中，input()函数的返回值的类型是（   ）。

    A．字符串　　B．列表　　　C．字典　　　D．集合

16. 运行以下 Python 程序，下列说法中错误的是（   ）。

```
a = input("请输入整数")
b = a + 100
```

    A．程序报错，可以修改语句 a = int(input("请输入整数"))，将变量 a 转换为整型后执行 b = a + 100

    B．只要用户输入整数，程序将正常运行，不需要另外处理

    C．程序报错，可将第 1 行语句改成 a=float(input("请输入整数"))，将 a 转换为浮点型后执行 b = a + 100

    D．如果用户输入了字符串，运行程序时则报错

17. 在 Python 中，a = 1000，下列选项中能够查看变量 a 的数据类型的是（   ）。

    A．type()　　　　　　　　　B．help()

    C．memoryview()　　　　　　D．id()

18. 用 format 格式输出"我喜欢西湖,更爱杭州"，下列选项中正确的 Python 语句是（   ）。

    A．print('我喜欢{},更爱{}'.format('西湖', '杭州'))

    B．print('我喜欢{},更爱{}'.format('杭州', '西湖'))

    C．print('我喜欢{0},更爱{1}'.format('杭州', '西湖'))

    D．print('我喜欢{1},更爱{0}'('杭州', '西湖'))

19. 阅读以下代码，输出结果是（   ）。

```
print('My name is {1},My friend is {0}'.format('小红', '小明'))
```

    A．My name is 小红,My friend is 小明

    B．My name is 小明,My friend is 小红

    C．My name is '小红',My friend is '小明'

    D．My name is '小红''小明',My friend is '小红''小明'

20. 阅读以下程序，输出结果是（   ）。

```
num = 12
price = 6
print(f'{num}个苹果，每个{price}元，一共花{num*price}元')
```

    A．{num}个苹果，每个{price}元，一共花{num*price}元

B．6 个苹果，每个 12 元，一共花 72 元

C．12 个苹果，每个 6 元，一共花 72 元

D．程序报错

21．运行以下程序后，输出结果为"我最喜欢的城市是杭州,我在这里居住了 17 年"，应用%占位符格式化输出，在横线上填写代码，下列选项中正确的是（　　　）。

```
city = '杭州'
year = 17
print('我最喜欢的城市是%s,我在这里居住了%d年' _____)
```

A．%(city, year)　　　　　　B．city,year

C．(city, year)　　　　　　D．city year

22．运行以下程序，输出结果是（　　　）。

```
print("这是第1行", end = "")
print("这是第2行")
```

A．这是第 1 行

　　这是第 2 行

B．这是第 1 行这是第 2 行

C．这是第 1 行　　这是第 2 行

D．这是第 1 行,这是第 2 行

23．运行以下程序，输出结果是（　　　）。

```
print('I', 'love', 'China', sep = '-' )
```

A．I love China　　　　　　B．I-love-China

C．I, love, China　　　　　　D．程序出错

24．在 PyCharm 编辑环境中，用于调试程序的按钮是（　　　）。

A．▶　　　B．⚙　　　C．🔧　　　D．■

25．在 PyCharm 编辑环境中，用于设置断点的按钮是（　　　）。

A．●　　　B．🔍　　　C．🔧　　　D．■

26．运行以下程序发现程序报错，为了能够输出"我是 2023 级计算机专业学生"，调试程序时可采取的措施是（　　　）。

```
year = 2023
major = '计算机'
print("我是" + year + "级" + major + "专业学生")
```

A．第 3 行语句修改为 print("我是" + int(year) + "级" + major + "专业学生")

B．第 3 行语句修改为 print("我是　+ year +　级" + major + "专业学生")

C．第 3 行语句修改为 print("我是" + str(year) + "级" + major + "专业学生")

D．第 3 行语句修改为 print("我是" + "year" + "级" + major + "专业学生")

二、操作题

1．按照以下提示编写程序：

（1）定义两个变量，分别为 str1 与 str2，将 str1 赋值为"接天莲叶无穷碧"，str2 赋值为"映日荷花别样红"。

（2）自定义一个变量完成两个字符串拼接。

（3）输出拼接结果如下：

接天莲叶无穷碧，映日荷花别样红。

2．编写"造句"程序。依次提示用户输入年份、姓名和学校，输出格式为"××××年×××在×××学习"。

例如，用户输入"2024""小明""杭州市电子信息职业学校"，输出结果为"2024 年小明在杭州市电子信息职业学校学习"。

3．输入以下代码，用 print()函数的 format()格式化输出信息，格式为"我叫×××，我今年×××岁"。

```
name = input("输入姓名")
age = input("输入年龄")
```

4．将本节资源包中路径为"第 1 章\1.4\操作题\4.py"的文件复制至"D:\"，该程序的功能是计算购买《论语》和《古文观止》所需的费用，其中《论语》的单价为 23 元，《古文观止》的单价为 32 元，均享受 8.5 折优惠。

在 PyCharm 中打开该文件，运行程序，当输入购买《论语》和《古文观止》各 20 本时，程序运行正常，但输出结果显示所需的费用不仅相同且为天价金额"1.717171717171717e + 63 元。"，与事实不符，请使用断点工具调试修改程序。

说明：

（1）该程序涉及加法运算和乘法运算，"*"为乘法运算符，"+"为加法运算符。

（2）int()函数可以将字符串整数转换为整型，如 int('20')的值为 20，数据类型为整型。

5．输入以下程序，抄录输出结果。分析其中哪几行输出结果相同，并解释原因。

```
01  a = 5
02  b = 'good'
03  print(id(5))
04  print(id(a))
05  print(id('good'))
06  print(id(b))
07  i = a
08  j = b
09  print(id(i))
10  print(id(j))
```

第 2 章

海 龟 绘 图

本章主要内容

- 标准库中模块的引用。
- 使用 turtle 模块绘制基本图形。
- Python 基本语法、数据类型、常用运算符及表达式。
- 程序顺序、分支、循环基本结构和应用。
- 自定义函数和调用。
- 应用类创建对象，并调用其属性和方法。

2.1 引用 turtle 模块

学习目标

- ◆ 能够导入标准库中的模块。
- ◆ 能够调用 turtle 模块的函数与方法。
- ◆ 能够查阅技术文档。

要点提示

1. 常用标准库模块

安装 Python 时通常会安装整个标准库，因此无须单独安装模块。标准库中常用的模块有以下几种。

（1）math：数学函数模块。

（2）random：随机数模块。

（3）datetime：时间和日期模块。

（4）calendar：日历模块。

（5）re：正则表达式模块。

（6）string：字符处理模块。

（7）turtle：海龟绘图模块。

2. 导入模块或库的方法

导入模块或库的常用方法有三种，下面以导入 turtle 模块为例，其主要格式如下。

（1）格式 1：import turtle。

调用 turtle 模块内函数时要加 turtle 前缀，如 turtle.Pen()。

（2）格式 2：import turtle as 别名。

调用 turtle 模块内函数时可以用别名替代 turtle，如别名.Pen()。

（3）格式 3：from turtle import *。

导入了模块包含的全部函数，可以直接调用函数，如 Pen()。

3. 调用 turtle 模块的函数与方法

导入 turtle 模块后可以调用其中的函数与方法。turtle 模块的常用函数与方法如表 2-1-1 所示。

表 2-1-1　turtle 模块的常用函数与方法

函数	功能
forward(50)	相当于 fd(50)，画笔沿当前方向移动 50 像素
backward(50)	相当于 bk(50)，画笔沿当前方向的反方向移动 50 像素
right(90)	顺时针转 90°或右转 90°
left(90)	逆时针转 90°或左转 90°
penup()	提起画笔，当画笔移动时不绘制图形，仅将画笔移动到新起点
goto(x,y)	将画笔移动到坐标为(x,y)的位置
pendown()	按下画笔，当画笔移动时绘制图形
pencolor(colorstring)	设置画笔的颜色，如 red（红）、blue（蓝）、green（绿）
pensize(n)	设置画笔的宽度
fillcolor(colorstring)	设置图形的填充颜色
begin_fill()	开始填充图形颜色
end_fill()	结束填充图形颜色
circle()	绘制圆，半径为正（负）表示圆心在画笔的左边（右边）

经典解析

例 1　在下列选项中，Python 提供的随机数模块是（　　　）。

A．math　　　　　　　　　　B．turtle

C. datetime D. random

> 解析

math 是数学函数模块，random 是随机数模块，datetime 是时间和日期模块，turtle 是海龟绘图模块，上述 4 个选项都是 Python 提供的标准模块。因为题目对应的是随机数模块，所以正确答案为 D。

例 2 在下列选项中，能正确导入 turtle 模块的格式是（ ）。

A. from turtle import as t B. from turtle import *

C. import turtle from ﹡ D. import turtle from all

> 解析

（1）导入标准库中模块的主要格式有以下三种。

格式 1：import turtle。

格式 2：import turtle as 别名。

格式 3：from turtle import *。

（2）在本题 4 个选项中，只有 B 选项的格式正确。其中，A 选项的格式应该是 from turtle import *，不能加别名；在 C 和 D 选项中，import 后不应该有关键词 from。

例 3 查阅表 2-1-1，阅读以下代码，其功能描述正确的是（ ）。

```
import turtle
turtle.pensize(10)
turtle.forward(100)
turtle.pencolor('red')
```

A. 沿当前方向绘制黑色、1px 粗、100px 长的线条

B. 沿当前方向绘制黑色、10px 粗、100px 长的线条

C. 向右绘制红色、10px 粗、100px 长的线条

D. 向右绘制红色、1px 粗、100px 长的线条

> 解析

导入海龟绘图模块后，画笔默认黑色 1px（像素）粗，当前方向水平向右。根据代码执行顺序，画笔已修改为 10px 粗，颜色还没有修改，默认是黑色的，在绘制线条语句之后才将画笔修改为红色，因此绘制的是黑色、10px 粗、当前方向（向右）的线条，正确答案为 B。

实战训练

一、选择题

1. 在下列选项中，属于 Python 提供的海龟绘图模块的是（ ）。

  A．math
  B．turtle

  C．datetime
  D．random

2．语句 import random 导入的模块是（ ）。

  A．数学函数模块
  B．海龟绘图模块

  C．日期模块
  D．随机数模块

3．关于语句"turtle.forward(100)"，下列描述中正确的是（ ）。

  A．turtle 是模块名，forward 是函数名，100 是参数，括号可以省略

  B．turtle 是模块名，forward 是函数名，100 是参数，括号不可以省略

  C．turtle 是函数名，forward 是模块名，100 是参数，括号可以省略

  D．turtle 是函数名，forward 是模块名，100 是参数，括号不可以省略

4．使用语句"import turtle"导入 turtle 模块后，下列调用模块中函数的命令正确的是（ ）。

  A．turtle.left(45)
  B．left(45)

  C．goto(100,200)
  D．t.left(90)

5．使用语句"import turtle as t"导入 turtle 模块后，下列选项中调用 turtle 函数格式正确的是（ ）。

  A．turtle.forward(50)
  B．forward(100)

  C．t:forward(50)
  D．t.forward(100)

6．导入 random 模块，下列选项中正确的是（ ）。

  A．import random as t
  B．from random *

  C．from random import all
  D．import random all

7．导入 math 模块，下列选项中正确的是（ ）。

  A．import * from math
  B．import math from *

  C．import math as m
  D．import math all as m

8．要求使用别名 s 导入 string 模块，下列选项中正确的是（ ）。

  A．from string as　s
  B．import string as s

  C．from s import string
  D．import string all as s

9．在 turtle 模块中，能实现画笔沿当前方向移动绘制的是（ ）。

  A．forward(100)
  B．backward(100)

  C．pendown()
  D．penup()

10．在 turtle 模块中，能实现画笔沿当前方向的反方向移动绘制的是（ ）。

  A．forward(100)
  B．backward(100)

  C．pendown()
  D．penup()

11．在 turtle 模块中，停止画笔绘制但不关闭绘图窗口的是（ ）。

A．penup()　　　　　　　　　　　B．pendown()

C．goto()　　　　　　　　　　　　D．done()

12．在 turtle 模块中，设置画笔向左转动 60°，下列选项中正确的是（　　　）。

A．turtle.left(60)　　　　　　　　B．turtle.right(60)

C．turtle.left(120)　　　　　　　　D．turtle.right(120)

13．在 turtle 模块中设置填充颜色为红色，下列选项中正确的是（　　　）。

A．turtle.pencolor('red')　　　　　B．turtle.fillcolor('red')

C．turtle.pencolor(red)　　　　　　D．turtle.fillcolor(red)

14．在 turtle 模块中设置画笔顺时针转动 45°，下列选项中正确的是（　　　）。

A．turtle.left(45)　　　　　　　　B．turtle.left(135)

C．turtle.right(45)　　　　　　　　D．turtle.right(135)

15．在 turtle 模块中将画笔移动到坐标(20,30)处，下列选项中正确的是（　　　）。

A．turtle.done(20,30)　　　　　　B．turtle.penup(20,30)

C．turtle.pendown(20,30)　　　　　D．turtle.goto(20,30)

二、操作题

1．导入 math 模块，应用 print(dir(math))语句查看该模块中的所有函数、方法和属性的名称。

2．导入 turtle 模块，向右画一条 200px 长的线条。

3．导入 turtle 模块，向左画一条 100px 长、5px 粗的红色线条。

2.2　绘制正方形

学习目标

◆ 能够调用 turtle 模块方法设置画笔的粗细、颜色，实现运动控制。

◆ 能够理解顺序结构，能应用顺序结构设计简单程序。

◆ 能够理解循环结构，掌握 while 及 for 循环格式并能简单运用。

◆ 能够理解并绘制程序流程图。

要点提示

1. turtle 模块标准坐标系和绘制原理

（1）标准坐标系：turtle 默认以画布的中心点为坐标原点 $O(0,0)$，以 x 坐标轴正方向为始边，终边与始边重合为 0° 角，终边逆时针旋转为正角。

（2）绘制原理：默认海龟从标准坐标原点 $O(0,0)$ 位置开始，在代码指令控制下爬行，海龟爬行的路径就是需要绘制的图形。

程序可以通过设置画笔的粗细、颜色修改线条样式，通过前进、后退、转向等运动控制实现图形绘制。常用方法参见 2.1 节中的表 2-1-1。

2. 关系运算及逻辑运算

（1）关系运算符：有大于（>）、小于（<）、等于（==）、大于或等于（>=）、小于或等于（<=）、不等于（!=）6 种。

（2）逻辑运算符：主要有与运算（and）、或运算（or）、非运算（not）三种，运算优先级为 not>and>or。

（3）逻辑值：真（True）、假（False）。

3. 顺序结构和循环结构

顺序结构：自上而下，依次执行程序代码。

循环结构：需要反复执行某个代码段的程序结构，反复判断循环条件以决定是否执行循环体，直至退出循环为止。

4. 程序流程图

按照事务的逻辑顺序，程序算法可以用流程图表示。常用流程图图形符号如表 2-2-1 所示。

表 2-2-1　常用流程图图形符号

名称	图形符号	功能
开始或结束框		算法的开始或结束
输入或输出框		算法中的输入或输出数据
处理框		算法中要执行处理的内容
判断框		算法中进行条件判断
流程线		算法执行的方向

5. while 循环

```
while 循环条件:
    循环体
```

6. for 循环

```
for 循环变量 in 可迭代对象:
    循环体
```

7. 跳出循环

（1）continue 语句：跳出当次循环，重新至循环条件处，判断是否执行循环体。

（2）break 语句：退出当前循环。

8. range()函数

（1）格式：range(start,stop,step)。

其中三个参数分别为初始值、终止值和步长。

只有两个参数时，第一个为 start，第二个为 stop，step 默认为 1。

只有一个参数时，则为 stop，start 默认为 0，step 默认为 1。

（2）返回值：返回一个按照左闭右开原则、以步长位于[初始值,终止值)的数字范围的序列、类型为 range 的可迭代对象。例如：

range(2,20,5)返回的序列为 2，7，12，17。

range(1,4)返回的序列为 1，2，3。

range(6)返回的序列为 0，1，2，3，4，5。

经典解析

例 1　在下列选项中，能正确表示 x 大于 0 且 y 不等于 0 的表达式是（　　　）。

　　A．x > 0 and y <> 0　　　　　　　　B．x > 0 and y!=0

　　C．x > 0 or y <> 0　　　　　　　　　D．x > 0 or y != 0

解析

在四个选项中，只有 B 选项符合题意。不等于的关系运算符是"!="，并且表示同时满足两个条件表达式应该用逻辑运算符"and"。

因此，正确答案为 B。

例 2　在下列关于 while 循环的表述中，正确的选项是（　　　）。

　　A．判断循环条件得到的结果一般是逻辑值真（true）或假（false）

　　B．循环条件不成立时执行循环体，循环条件成立时退出循环

　　C．如果循环条件一直为真，则永远执行循环，出现死循环

　　D．while 循环至少执行循环体一次

解析

A 选项中，逻辑值为真（true）或假（false），逻辑值的首字母应为大写字母。

B 选项中，应该是循环条件成立时执行循环体，循环条件不成立时退出循环，而且只要循环条件一直成立就始终执行循环。

D 选项中，如果循环条件不成立，则一次也不执行循环体。

因此，正确答案为 C。

例3 关于 range(0,4,1)产生的序列，下列选项中正确的是（　　）。

A. 1, 2, 3

B. 1, 2, 3, 4

C. 0, 1, 2, 3, 4

D. 0, 1, 2, 3

解析

range(0,4,1)产生的序列从 0 开始，到 3 结束（不包含 4），步长为 1，产生的序列是 0, 1, 2, 3。因此，正确答案为 D。

例4 运行下列程序代码，绘制图形正确的是（　　）。

```python
import turtle
turtle.pencolor('red')
turtle.fillcolor('red')
turtle.begin_fill()
for i in range(5):
    turtle.forward(100)
    turtle.right(144)
turtle.end_fill()
turtle.done()
```

A.　　　　　　B.　　　　　　C.　　　　　　D.

解析

（1）turtle.begin_fill()语句开始填充，turtle.end_fill()语句结束填充，因此循环体所绘制的五角星是由红色填充的，排除 C 选项和 D 选项。

（2）循环体内 turtle.right(144)语句的功能是向右转向 144°。循环起始默认向右画线段，绘制水平向右的线段后再向右偏转 144°，A 选项图形符合要求，而 B 选项的图形水平方向线段连接的是向左偏转的线段，不符合题目要求。

因此，正确答案为 A。

实战训练

一、选择题

1. Python 设置 turtle 画笔粗细为 5px，下列选项中正确的是（　　）。

A. turtle.size(5)

B. turtle.pensize(5)

C. turtle.size=5

D. turtle.pensize='5'

2．Python 设置 turtle 画笔的颜色为蓝色，下列选项中正确的是（　　）。

    A．turtle.pencolor(blue)   B．turtle.fillcolor(blue)

    C．turtle.pencolor('blue')   D．turtle.fillcolor="blue"

3．Python 控制 turtle 画笔沿当前方向前进 100px，下列选项中正确的是（　　）。

    A．turtle.forward(-100)   B．turtle.backward(100)

    C．turtle.forward(100)   D．turtle.left(100)

4．关于下列代码功能的描述中，正确的选项是（　　）。

```
import turtle
turtle.pencolor("red")
turtle.forward(100)
turtle.left(90)
turtle.forward(100)
turtle.goto(0, 0)
```

    A．先向右画一条 100px 长线段，再左转向上画一条 100px 长线段

    B．先向右画一条 100px 长线段，再右转向下画一条 100px 长线段

    C．画三条线，构成一个红色线段、红色填充的直角三角形

    D．画三条线，构成一个红色线段的直角三角形

5．流程图一般采用一组规定的图形符号来表示，下列选项中用于表示开始/结束框的图形符号是（　　）。

    A.   B.   C.   D.

6．关于关系运算，下列描述中错误的是（　　）。

    A．在 Python 中，所有关系运算符的优先级相同

    B．在 Python 中，字符也能比大小，如'100'比'99'大

    C．在 Python 中，==表示关系相等，!=表示不等于

    D．在 Python 中，关系表达式的运算结果是逻辑值

7．下列选项中能正确表示"a 等于 12 或 a 大于 100"的是（　　）。

    A．a=12 and a>100   B．a==12 or a>100

    C．a==12 or >100   D．a==12 and >100

8．如果 x=True，y=False，则下列表达式值为真的是（　　）。

    A．x and y   B．not x and y

    C．not x or y   D．x or y

9．如果 a=100，b=2，c=-1，则下列表达式的值中与其他项不相同的选项是（　　）。

    A．a>b   B．c>b   C．c<a   D．b<=a

10. 下列选项中能正确表示变量 $-10 \leqslant m \leqslant 20$ 的表达式是（   ）。

    A．m>=-10 or m<=20   B．m>=-10 and m<=20

    C．m≥-10 or m≤20   D．m≥-10 and m≤20

11. 运行下列程序后，程序输出的数值是（   ）。

```
s=0
while s<10:
    s=s+3
print(s)
```

    A．10   B．11   C．12   D．13

12. 运行下列程序段时，循环体执行的次数是（   ）。

```
a=10
while a<0:
    print(a)
    a=a-2
```

    A．0   B．1   C．5   D．6

13. 运行下列程序后，程序输出的数值是（   ）。

```
x=10
s=0
while x>0:
    s=s+x
    x=x-1
print(s,x)
```

    A．55 -1   B．0 10   C．55 0   D．0 9

14. 若用 while 循环绘制一个正方形，则横线处应该填写的内容是（   ）。

```
i=0
while _____
    t.forward(200)
    t.left(90)
    i=i+1
```

    A．i<4:   B．i<=4:   C．i<5   D．i>4

15. 执行下列代码后，正确的程序输出内容是（   ）。

```
k = 10
while k >= 5:
    k = k - 1
    continue
print(k)
```

    A．4   B．5   C．9   D．10

16. 在 for i in range()循环格式中，若 range 格式为 range(a,b,c)，则 a,b,c 三个参数分别表示（　　）。

    A．start,step,stop   B．stop,start,step

    C．step,start,stop   D．start,stop,step

17. range(7)生成的序列是（　　）。

    A．1，2，3，4，5，6，7   B．0，1，2，3，4，5，6

    C．0，1，2，3，4，5，6，7   D．1，2，3，4，5，6

18. 执行下列程序后，正确的程序输出内容是（　　）。

```
for i in range(1,10,3):
    print(i)
```

    A．1　4　7　10   B．1　4　7

    C．4　7　10   D．4　7

19. 执行下列程序后，正确的程序输出内容是（　　）。

```
for n in range(1,10,2):
    print(n,end=" ")
    if n==5:
        break
```

    A．1　3　5   B．1　2　3　4　5

    C．1　3　5　7　9   D．1　3　5　9

20. 算法流程图如图 2-2-1 所示，下列描述中不正确的是（　　）。

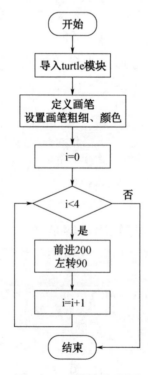

图 2-2-1　算法流程图

A．该算法判断条件 i<4 是否成立，确定是否执行前进和左转操作

B．如果条件不成立，则 i>4 时结束程序

C．该算法实现边长为 200px 的正方形绘制

D．前进和左转是重复执行内容，实现这一功能应采用循环结构程序

二、操作题

1．用 turtle 模块编写程序，绘制一条如图 2-2-2 所示的折线。

说明：折线为红色，粗细为 10px，该折线分为三个线段，其长度分别为 150px、100px、150px，线段间的转角为 45°。

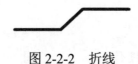

图 2-2-2　折线

2．输入并调试以下程序，观察绘制的正方形图形；在原代码基础上修改，绘制如图 2-2-3 所示的三角形。

```
import turtle
turtle.color("red")
for n in range(4):
    turtle.forward(100)
    turtle.left(90)
```

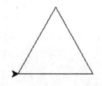

图 2-2-3　三角形

3．用 turtle 模块编写程序绘制一条蟒蛇，如图 2-2-4 所示。

提示：

（1）设置颜色的类型为字符串参数，灰色为"grey"，线条粗细为 20px。

（2）完整图形由尾部线段和 4 段圆弧组成，尾部线段长 20px，圆弧绘制参考 turtle.circle(40,100)和 turtle.circle(-40,100)。

4．用 turtle 模块编写程序绘制半径为 50px 的两个外切圆，上方圆为橙色，下方圆为紫色，如图 2-2-5 所示。

提示：函数或方法参见表 2-1-1，设置颜色的类型为字符串的参数，橙色为"orange"，紫色为"purple"。

图 2-2-4　蟒蛇　　　　　　　　　　　图 2-2-5　外切圆

2.3 绘制有规律图形

学习目标

◆ 能够分析事务逻辑中的重复操作。
◆ 能够掌握使用循环结构设计代码的方法。

要点提示

1. 构建循环结构的方法

在事务逻辑分析中寻找反复进行的操作，设计循环体，寻找每次操作的不同点修改循环代码。

2. 循环嵌套

典型示例如下。

```
for i in range(10):
    for j in range(5):
        print(i, j)
```

经典解析

例 1　绘制如图 2-3-1 所示的折线图，横线上应使用的内容是（　　　）。

```
for i in range(8):
    turtle._____
    turtle.left(90)
```

图 2-3-1　折线图

A．forward(30)　　　　　　　B．forward(30*(i+1))

C．forward(30*i)　　　　　　D．forward(30i))

解析

分析要绘制的图形，从内到外 8 个线段的长度逐渐增长，起始第一个线段的长度不为 0。A 选项绘制的线段长度固定为 30px，C 选项绘制的起始第一个线段的长度为 0，D 选项表达式"30i"错误，均不符合题意。B 选项每次绘制线段的长度均比上一次增长 30px，第一个线段的长度为 30px，符合题目要求。因此，正确答案为 B。

例 2　关于下列程序的描述中，不正确的选项是（　　　）。

```
for i in range(1,3):
    for j in range(4):
        print(i*j,end=", ")
    print()
```

A．运行程序，第 1 行输出 0,1,2,3

B．运行程序，print(i*j,end=", ")共执行 8 次

C．运行程序，第 4 行代码 print()语句共执行 3 次

D．每执行 1 次外循环，内循环 j 依次迭代 0,1,2,3

解析

（1）本题为双重 for 循环，其中内循环的循环变量为 j，print(i*j,end=", ")为循环体；外循环的循环变量为 i，循环体由整个内循环和第 4 行的 print()语句组成。

（2）range(1,3)返回的序列为 1,2，因此外循环变量为 i，迭代次数为 2 次，说明外循环体只执行 2 次。第 4 行代码 print()属于外循环体，因此被执行 2 次，C 选项的描述错误。

（3）range(4)返回的序列为 0,1,2,3，因此内循环变量为 j，迭代次数为 4 次。

（4）当执行 1 次外循环的循环体时，将执行 4 次内循环体，然后执行 1 次第 4 行的 print()语句，D 选项的描述正确。运行程序，内循环共被执行 2×4=8 次，B 选项的描述正确。当 i 的值为 1 时，即第 1 行输出"0,1,2,3"，A 选项的描述正确。

因此，正确答案为 C。

实战训练

一、选择题

1．计算 1+2+3+4+5+6+7+8+9+10 之和，在下列程序的横线处应填写的内容是（　　　）。

```
i=1
s=0
while _____:
```

```
s=s+i
i=i+1
```

A．i<11 　　　　　　　　B．i<10

C．i<9 　　　　　　　　D．i>10

2．输出 5 次"hello!"，在下列程序的横线处应填写的内容是（ 　　 ）。

```
x=5
while x>0:
    _____
    print('hello! ')
```

A．x=x+1 　　　　　　　　B．x=x-1

C．x=x+2 　　　　　　　　D．x=x-2

3．下列程序用 while 语句计算 10+20+30+40+50+60 之和，在横线处应填写的内容是（ 　　 ）。

```
i=1
s=0
while i<=6:
    _____
    i=i+1
print(s)
```

A．s=s+i 　　　　　　　　B．s=s+i*10

C．s=s+(i+1)*10 　　　　　　　　D．s=s+10*i+1

4．关于下列程序的描述中，正确的选项是（ 　　 ）。

```
import turtle
r=3
for r in range(6):
    turtle.circle(5+10*r)
```

A．绘制 3 个圆 　　　　　　　　B．绘制 4 个圆

C．绘制 6 个圆 　　　　　　　　D．绘制 7 个圆

5．运行下列程序后绘制的图形，正确的选项是（ 　　 ）。

```
import turtle
for k in range(5,15):
    turtle.forward(5*k)
    turtle.left(50)
```

A．　　　　　　B．　　　　　　C．　　　　　　D．

6. 绘制如图 2-3-2 所示的图形，下列程序中正确的选项是（   ）。

A. ```
import turtle
turtle.pensize(2)
for i in range(1,6):
    turtle.circle(20+i*5)
    turtle.left(36)
```

B. ```
import turtle
turtle.pensize(2)
for i in range(1,10):
    turtle.circle(20+i*5)
    turtle.left(36)
```

图 2-3-2   圆组合

C. ```
import turtle
turtle.pensize(2)
for i in range(1,10):
    turtle.circle(i*5)
    turtle.right(36)
```

D. ```
import turtle
turtle.pensize(2)
for i in range(1,6):
    turtle.circle(20+i*5)
    turtle.right(36)
```

7. 输出等比数列 1，2，4，8，16，…的前 10 项，下列程序中正确的选项是（   ）。

A. ```
for i in range(10):
    print(2*(i+1), end=",")
```

B. ```
for i in range(11):
    print(2*i, end=",")
```

C. ```
for i in range(11):
    print(2**(i+1), end=",")
```

D. ```
for i in range(10):
    print(2**i, end=",")
```

8. 运行下列程序，程序输出结果正确的是（   ）。

```
s=1
for i in range(3):
    for j in range(1,5,2):
```

```
print(s,end=",")
s=s+1
```

A．1,2,3,4,5,6,   B．1,2,3,4,5,6,7,8,9,

C．1,2,5,6,9,10,   D．1,2,5,6,9,10,13,14,

9．运行下列程序，输出"欢迎"两字的次数是（   ）。

```
for i in range(3):
    for j in range(4):
        print("欢迎")
```

A．6   B．12   C．7   D．20

10．输出如图 2-3-3 所示的内容，在下列程序的横线处应填写的内容是（   ）。

```
1,
2, 4,
3, 6, 9,
4, 8, 12, 16,
5, 10, 15, 20, 25,
6, 12, 18, 24, 30, 36,
7, 14, 21, 28, 35, 42, 49,
8, 16, 24, 32, 40, 48, 56, 64,
9, 18, 27, 36, 45, 54, 63, 72, 81,
```

图 2-3-3 输出结果

```
for i in range(1,10):
    for j in_____:
        print(i*j,end=",")
    print()
```

A．range(i)   B．range(1,i)

C．range(1,i+1)   D．range(i+1)

二、操作题

1．用 for 循环与 turtle 模块编写程序绘制如图 2-3-4 所示的八边形。

说明：线段颜色为红色，粗细为 5px，长度为 100px。

2．用 for 双循环与 turtle 模块编写程序绘制如图 2-3-5 所示的纸花。

提示：图形由 6 个正方形组成，相邻正方形间偏转 60°，正方形边长为 100px。

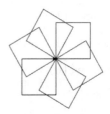

图 2-3-4 八边形   图 2-3-5 纸花

2.4 绘制想要的图形

学习目标

◆ 能够用分支结构实现简单程序设计。

◆ 能够综合顺序结构、循环结构和选择结构，用海龟绘图绘制多变图形。

要点提示

1. textinput()函数和 eval()函数

（1）textinput()函数。

格式：textinput(对话框标题字符串,提示字符串)。

功能：turtle 模块中的函数，为用户提供一个可以输入信息的对话框，返回值为用户在该对话框的文本框中输入的数据，类型为字符串。

（2）eval()函数。

格式：eval(数值字符串)。

功能：将字符串型数值转换成数值型，返回类型为数值型。

例如，若 x=eval ("23.7")，则 x 的值为 23.7，数据类型为数值型（浮点类型）。

2. 分支结构和 if 语句

（1）格式 1：

if　条件：

　　代码段

（2）格式 2：

if　条件：

　　代码段 1

else：

　　代码段 2

3. 嵌套使用

（1）分支结构嵌套。

（2）循环结构和分支结构嵌套。

注意：嵌套使用时不得交叉。

🎓 经典解析

例1 运行下列程序后，程序输出的数值是（　　　）。

```
a="1"
b="2"
print(eval(a+b),eval("1+2"))
```

A. 3　　3 　　　　　　　　　　B. 12　　12

C. 12　　3 　　　　　　　　　　D. 3　　12

解析

eval()函数是将字符串型数值转换成数值型，也能将字符串表达式转换成数值表达式再计算表达式的值。在 eval(a+b)中，a+b 是普通表达式，因此先计算 a+b 的值（"1"+"2"字符串连接答案为"12"），eval(a+b)等价于 eval("12")，答案为 12；eval("1+2")是字符串表达式，等价于 1+2，答案为 3。

因此，正确答案为 C。

例2 x=turtle.textinput('制作哪种图形？','请输入数字：1 表示方形，2 表示圆形')，运行时输入 2，则变量 x 的值的类型和值分别是（　　　）。

A. 数值型　　2 　　　　　　　　B. 数值型　　"2"

C. 字符串型　　"2" 　　　　　　D. 字符串型　　2

解析

textinput()函数的返回类型是字符串类型，值是"2"。

因此，正确答案为 C。

例3 在下列选项中，能正确实现对变量 x 的值是正数还是非正数进行判断的是（　　　）。

```
A. if x>0:
       print("正数")
   else:
       print("非正数")

B. if x>0
       print("正数")
   else
       print("非正数")

C. if x<0:
       print("非正数")
```

```
        else:
            print("正数")
    D. if x<0
            print("非正数")
        else
            print("正数")
```

解析

因为在 if 双分支语句中，if 和 else 后面都要有冒号，故 B、D 选项中的语句格式错误；判断正数的条件是 x>0，而判断非正数的条件是 x<=0，故 C 选项中的条件表达式错误。

因此，正确答案为 A。

例 4　运行下列程序，当提示输入时分别输入 23.8、-12、90、0，程序分别输出的值依次是（　　）。

```
n = 1
while n <= 4:
    x=eval(input("请输入一个数"))
    if x >0:
        print(1)
    else:
        print(0)
    n=n+1
```

A. 1　0　1　1
B. 1　0　1　0
C. 0　1　0　1
D. 1　1　1　0

解析

本题考核 while 循环和 if 双分支的嵌套，while 循环根据条件分析得出循环执行 4 次，if 语句属于循环体，每执行 1 次循环体就执行 if 语句 1 次，因此该语句将被执行 4 次，每次都将判断输入的 x 值的大小，如果 x>0 则输出 1，否则 x<=0 输出 0。因此，程序分别对 23.8、-12、90、0 进行判断，相应的输出为 1、0、1、0。

因此，正确答案为 B。

实战训练

一、选择题

1. 关于 textinput() 函数，下列选项中正确的是（　　）。

A. textinput() 函数的返回值由输入内容决定，如果输入字符则返回值为字符串型，如果输入数字则返回值为数值型

B．textinput(参数 1,参数 2)格式中，参数 1 是提示字符串

C．textinput()函数是 Python 内置函数，可以像 str()函数一样直接调用

D．textinput(参数 1,参数 2)格式中，参数 1 和参数 2 均为字符串型

2．若输入框效果如图 2-4-1 所示，则下列选项中格式正确的是（　　　）。

A．textinput("测试",Python)

B．textinput("测试","Python")

C．textinput("Python","测试")

D．textinput("Python",测试)

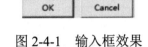

图 2-4-1　输入框效果

3．Python 函数 eval("123.6")的返回值及类型是（　　　）。

A．123　数值型　　　　　　　　B．123.6　数值型

C．124　　数值型　　　　　　　D．"123.6"　字符串型

4．Python 函数 eval("100-200")的返回值是（　　　）。

A．-100　　　　　　　　　　　　B．"100-200"

C．100-200　　　　　　　　　　　D．100

5．运行下列程序后，c 的值是（　　　）。

```
a=15
b=80
c= eval("a+b")
```

A．1580　　　　B．95　　　　　　C．0　　　　　　　　D．语法错误

6．运行 print(eval("12a34"))后的结果是（　　　）。

A．12　　　　　　　　　　　　　B．1234

C．12034　　　　　　　　　　　D．执行错误

7．运行下列程序后，程序输出的结果是（　　　）。

```
x="10+20+2*4"
print(eval(x))
```

A．10+20+2*4　　　　　　　　　B．38

C．10　　　　　　　　　　　　　D．以上都错

8．运行下列程序，当输入为 89.5 时，程序输出的结果是（　　　）。

```
dj="成绩不合格"
cj=eval(input("请输入成绩: "))
if cj>=60:
    dj="成绩合格"
print(dj)
```

A．成绩合格　　　　　　　　　　B．"成绩不合格"

C．dj　　　　　　　　　　　　　D．成绩不合格

9. 在下列选项中，能正确实现求 x 的绝对值的是（　　）。

    A．if x<0:　then x=-x

    B．if x<0

        x=-x

    C．if x<0:

        x=-x

    D．if x>=0:

        x=x

10. 商店购物金额超出 1000 元时，实际支付打 95 折。购物金额为变量 yf，实际支付为变量 sf，下列选项中能实现该功能的是（　　）。

    A．if yf>1000；sf=yf*0.95

    B．if sf>1000:

        yf=sf*0.95

    C．if yf>1000

        sf=yf*0.95

    D．if yf>1000:

        sf=yf*0.95

11. 如果 x 大于或等于 5，则 y=2x+5，否则 y=20-3x，下列选项中能实现该功能的是（　　）。

    A．if x>=5:

        y=2*x+5

    else:

        y=20-3*x

    B．if x>=5:

        y=2x+5

    else:

        y=20-3x

    C．if x>=5

        y=2x+5

    else

        y=20-3x

    D．if x>=5

        y=2*x+5

    else

        y=20-3*x

12. 运行下列程序后，程序输出的结果是（　　　）。

```
a=1
if a<0:
    a=a-1
print(a)
```

A. 0　　　　　　　　B. 1　　　　　　　　C. 5　　　　　　　　D. 6

13. 运行下列程序后，程序输出的结果是（　　）。

```
x=10
if x<0:
    x=x-5
    print(x)
```

A. 10　　　　　　　B. 5　　　　　　　　C. 0　　　　　　　D. 无任何输出

14. 关于以下程序，下列功能描述中正确的是（　　）。

```
x=eval(input("x="))
if x>=0:
    print(x*x+1)
else:
    print(2*x)
```

A. 如果 x 大于零，则输出 x 的平方值加 1，否则输出 x 的 2 倍值

B. 如果 x 小于零，则输出 x 的平方值加 1，否则输出 x 的 2 倍值

C. 如果 x 大于或等于零，则输出 x 的平方值加 1，否则输出 x 的 2 倍值

D. 如果 x 大于或等于零，则输出 x 的 2 倍值，否则输出 x 的平方值加 1

15. 运行下列程序，若运行时输入 90，则正确的程序输出内容是（　　）。

```
x=eval(input("x="))
if x<85:
    y="继续努力"
else:
    y="优秀"
print(y)
```

A. 优秀　　　　B. 继续努力　　　　C. "优秀"　　　　D. "继续努力"

16. 变量 h 表示高度，如果高度在 4m 及以下则提示"允许通行"，否则提示"超出限高，不允许通行"。下列选项中能实现该功能的是（　　）。

A. xx="超出限高，不允许通行"

if h<4:

xx="允许通行"

print(xx)

B. if h>=4:

      xx="超出限高，不允许通行"

   else:

      xx="允许通行"

  print(xx)

C. if h>4:

      xx="超出限高，不允许通行"

   else:

      xx="允许通行"

      print(xx)

D. xx="允许通行"

  if h>4:

      xx="超出限高，不允许通行"

  print(xx)

17. 运行下列程序后，程序输出的结果是（　　）。

```
for i in range(5):
    if i!=3:
        print(i,end=",")
    else:
        print(i*i,end=",")
```

A. 1，2，9，4，5，　　　　　　　B. 0，1，4，3，16，

C. 0，1，2，9，4，　　　　　　　D. 1，4，3，16，25，

18. 运行下列程序后，程序输出内容正确的是（　　）。

```
s=1
for k in range(5,15,2):
    if k<10:
        s=s+1
    else:
        s=s+2
print(s)
```

A. 7　　　　　B. 8　　　　　　C. 9　　　　　　　D. 10

19. 运行下列程序后，程序输出内容正确的是（　　）。

```
i=1
s=0
while i<6:
    if i==1 or i==3:
```

```
        s=s+1
        print(s,end="  ")
    else:
        s=s*2
        print(s,end="  ")
    i=i+1
```

A. 1　2　3　5 　　　　　B. 1　2　3　6　7

C. 1　2　3　5　10　　　　D. 1　2　3　6　12

20. 在下列选项中，与下面程序功能相同的是（　　　）。

```
n=eval(input("自然数n="))
if n>0:
    for i in range(n):
        print(i,end=" ")
else:
    print("非自然数")
```

A.
```
n=eval(input("自然数 n="))
if n<=0:
    print("非自然数")
else:
    i=0
    while i<n:
        print(i,end=" ")
        i=i+1
```

B.
```
n=eval(input("自然数 n="))
if n<=0:
    print("非自然数")
else:
    i=1
    while i<n:
        print(i,end=" ")
        i=i+1
```

C.
```
n=eval(input("自然数 n="))
if n>=0:
    for i in range(n):
        print(i,end=" ")
else:
    print("非自然数")
```

```
D. n=eval(input("自然数 n="))
   if n>0:
       i=0
       while i<n:
           i=i+1
           print(i,end=" ")
   else:
       print("非自然数")
```

二、操作题

1. 用 turtle 模块编写程序绘制图形。程序运行时弹出的输入对话框如图 2-4-2 所示，如果输入 1 则绘制如图 2-4-3 所示的圆及三角形，如果输入其他数字则不绘制图形。

说明：

（1）圆半径为 100px（像素）。

（2）三角形绘制方法：turtle.circle(半径,steps=边数)，如 turtle.circle(100,steps=3)。

图 2-4-2　输入对话框　　　　　　　图 2-4-3　圆及三角形

2. 用 for 循环、if 语句和 turtle 模块编写程序绘制如图 2-4-4 所示的图形，输入并将程序补充完整。

说明：平行四边形的边长为 100px，内角的角度有 30°、150° 两种。

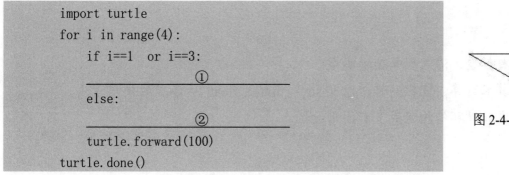

```
import turtle
for i in range(4):
    if i==1  or i==3:
    _____①_____
    else:
    _____②_____
    turtle.forward(100)
turtle.done()
```

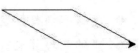

图 2-4-4　平行四边形

3. 用 if 分支、for 双循环和 turtle 模块编写程序绘制图形。程序运行时弹出的输入对话框如图 2-4-5 所示，如果输入 1 则绘制如图 2-4-6 所示的太阳花，如果输入其他数字则绘制如图 2-4-7 所示的六瓣花。

说明：

（1）太阳花由 36 条线段组成，线段长 150px，线之间偏转角度为 170°，线条颜色和填充颜色分别为 red 和 yellow。

（2）六瓣花由 6 段圆弧组成，圆弧半径为 100px，每段圆弧所对的圆心角为 240°，两个圆弧之间偏转角度为 60°，线条颜色和填充颜色分别为 grey 和 pink。

图 2-4-5　输入对话框

图 2-4-6　太阳花

图 2-4-7　六瓣花

4．用 for 双循环和 turtle 模块编写程序绘制如图 2-4-8 所示的图形。

提示：该图形由 8 个平行四边形组成，平行四边形的边长为 100px，内角的角度分别是 45°、135°。

图 2-4-8　纸花

2.5　绘制彩图

学习目标

◆ 能够掌握整数型、浮点型等数据类型。

◆ 能够掌握算术运算、逻辑运算，以及 str()、int()、float()等函数的使用方法。

◆ 能够用分支和循环结构完成多彩图形绘制。

要点提示

1. 数据类型

Python 有 6 种标准数据类型：数值、字符串、列表（list）、元组（tuple）、集合（set）和字典（dict）。数值型主要有整数型（int）、浮点型（float）、复数型（complex）和布尔型（bool）4 类。

2．类型转换

字符串型和数值型的类型转换函数主要有 eval()、int()、float()、str()。

（1）eval()：字符串型转换成数值型，详细内容参阅 2.4 节。

（2）int()：字符串型（字符为整数）转换成整数型数值，如 int("12")为 12。

（3）float()：字符串型（字符为数值）转换成浮点型数值，如 float("2.34")为 2.34，float("12")为 12.0。

（4）str()：数值型转换成字符串型（字符为数值），如 str(-25)为"-25"，str(1.23)为"1.23"。

3．算术运算

算术运算符主要有+（加）、-（减）、*（乘）、/（除）、//（整除）、%（取余）及**（指数幂）。

优先级顺序：算术运算>关系运算>逻辑运算>赋值运算。

算术运算中的优先级顺序：指数运算的优先级最高，其次是乘法、除法、取余和整除，最后是加法和减法。

括号()具有最高的优先级，可以用来强制指定表达式的计算顺序。

4．多分支结构及应用

多分支结构如下：

```
if    条件1:
    代码段1
elif 条件2:
    代码段2
elif 条件3:
    代码段3
...
else:           #else是在上述条件全部不成立时执行
    代码段n
```

 经典解析

例 1　在 Python 中，常数 123.456 的数据类型是（　　）。

A．整数型　　　　　　　　　　B．浮点型

C．列表型　　　　　　　　　　D．字符串型

解析

本题考查数据类型，123.456 是一个带小数的浮点数。

因此，正确答案为 B。

例2 Python 提供多种类型转换函数，下列选项中可以将字符串型转换为整数型（例如将"88"转换为88）的函数是（　　）。

　　A．float()　　　　　　　　　B．int()

　　C．str()　　　　　　　　　　D．type()

解析

（1）本题考查数据类型转换函数，A 选项、B 选项、C 选项都是类型转换函数。

（2）A 选项是将字符串型转换为浮点型，例如 float("88")为 88.0。

（3）C 选项是将数值类型转换成字符串型，例如 str(88)为"88"。

（4）D 选项 type()是 Python 的内置函数之一，用于获取对象的类型，type("88")为<class 'str'>，表示"88"是字符串型。

因此，正确答案为 B。

例3 Python 表达式 31//5-23%4 的值是（　　）。

　　A．-4　　　　　　B．3.2　　　　　　C．-2　　　　　　D．3

解析

（1）本题考查算术运算及优先级顺序，该表达式从左到右，整除//和取余%的优先级高于减运算。

（2）31//5 的值是 6，23%4 的值是 3，表达式 6-3 的值是 3。

因此，正确答案为 D。

例4 运行下列程序，若输入 67，则程序输出结果为（　　）。

```
x=int(input("输入成绩（百分制整数）"))
x=x // 20
if x==5:
    y="优秀！成绩100"
elif x<5:
    y="成绩在[80,99]范围"
elif x<4:
    y="成绩在[60,79]范围"
elif x<3:
    y="成绩在[40,59]范围"
elif x<2:
    y="成绩在[20,39]范围"
else:
    y="成绩在[0,19]范围"
print(y)
```

　　A．成绩在[40,59]范围　　　　　　B．成绩在[60,79]范围

C．成绩在[80,99]范围　　　　D．成绩在[0,19]范围

解析

（1）本题考查多分支语句 elif 的应用，elif 多分支语句是根据条件判断执行第一个满足条件的代码段，如果全部不满足则执行 else 中的代码段。

（2）//是整除，67//20 的结果是 3，此时第二个分支条件 x<5 条件成立，y 被赋值为"成绩在[80,99]范围"。

（3）实际上，本题程序的逻辑存在问题，只要输入的成绩小于 100，都将输出"成绩在[80,99]范围"。

因此，正确答案为 C。

实战训练

一、选择题

1．下列 Python 算术运算符表示错误的是（　　）。

　　A．*乘法运算　　　　　　　　B．%取余运算

　　C．**指数运算　　　　　　　　D．\\整除运算

2．下列 Python 算术运算符中优先级最高的是（　　）。

　　A．+　　　　　　　　　　　　B．-

　　C．**　　　　　　　　　　　　D．%

3．Python 算术表达式 7%4/2 的值是（　　）。

　　A．1.5　　　　B．1　　　　　C．0.5　　　　D．1.0

4．语句 print(2**3,5//2)的输出结果是（　　）。

　　A．6　2　　　B．8　2　　　　C．6　1　　　　D．8　1

5．下列表达式的值为整数 4 的是（　　）。

　　A．7//2　　　B．16/4　　　　C．4%3　　　　D．2**2

6．在下列选项中，三个数正确表示表达式 15//2、15/3、15%6 值的是（　　）。

　　A．7　5　2　　　　　　　　　B．7　5.0　3

　　C．7.5　5.0　2　　　　　　　D．7.5　5.0　3

7．表达式 2+3>4 and 5-2<3 的值是（　　）。

　　A．True　　　　　　　　　　　B．False

　　C．0　　　　　　　　　　　　　D．类型不匹配

8．关于算术运算、关系运算、逻辑运算的优先级，下列选项中排序正确的是（　　）。

　　A．逻辑运算>关系运算>算术运算

　　B．算术运算>逻辑运算>关系运算

C. 关系运算>逻辑运算>算术运算

D. 算术运算>关系运算>逻辑运算

9. 在 Python 中，数据 123456789 的数据类型是（　　）。

　　A. 字符串型　　　　　　　　　　B. 浮点型

　　C. 整数型　　　　　　　　　　　D. 列表型

10. 下列选项中不属于 Python 数据类型的是（　　）。

　　A. 字符串型　　　　　　　　　　B. 浮点型

　　C. 长整型　　　　　　　　　　　D. 复数型

11. 如果 s="Python"，则 type(s)返回的类型是（　　）。

　　A. string　　　B. str　　　　C. bool　　　　D. int

12. 下列选项中，不属于 Python 基本数据类型的是（　　）。

　　A. list　　　　B. tuple　　　C. complex　　D. double

13. 若先给变量执行赋值语句 x="123"，再执行赋值语句 x=45.6，则变量 x 的类型是（　　）。

　　A. 字符串型　　　　　　　　　　B. 浮点型

　　C. 列表型　　　　　　　　　　　D. 无法确定

14. 将一个数值字符串转换为数值型数据，如将"123"、"123.4567"分别转换成 123、123.4567，下列函数中正确的是（　　）。

　　A. float()　　　　　　　　　　　B. int()

　　C. str()　　　　　　　　　　　　D. eval()

15. 函数 str(True)的值及类型是（　　）。

　　A. True　逻辑型　　　　　　　　B. "True"　字符串型

　　C. "1"　字符串型　　　　　　　　D. 1　整数型

16. 运行以下程序，若先后输入的数据是 12 和 34，则程序输出的内容是（　　）。

```
a=float(input("请输入a的值："))
b=float(input("请输入b的值："))
c=a+b
print(c)
```

　　A. 1234　　　　　　　　　　　　B. 46

　　C. 1234.0　　　　　　　　　　　D. 46.0

17. 运行 print(int("9.8"))，输出的内容是（　　）。

　　A. 9.8　　　　　　　　　　　　　B. 9

　　C. 10　　　　　　　　　　　　　D. 以上全错

18. 运行下列程序能绘制 100 条线段，其中第 1 条、第 90 条绘制的线段颜色分别是（　　　）。

```
import turtle as t
for i in range(100):
    x=i % 4
    if x==0:
        t.pencolor('red')
    elif x==1:
        t.pencolor('green')
    elif x==2:
        t.pencolor('purple')
    elif x==3:
        t.pencolor('blue')
    t.pensize(i/100+1)
    t.fd(2*(i+1))
    t.left(92)
```

A. green　　　purple
B. red　　　green
C. red　　　purple
D. green　green

19. 关于第 18 题的程序，下列描述中不正确的是（　　　）。

A. 程序绘制按照红色、绿色、紫色和蓝色 4 色顺序周期性变化的螺旋线

B. 构成螺旋线的线条宽度由粗到细，中间最粗，外圈最细

C. 构成螺旋线的 100 条线段的长度不断增加，每次增加 2px

D. 当 i 为 30 时，线段的颜色为 purple

20. 下列程序用于给 50 个同学排座位，第 1 排从左到右共 8 人，第 2 排从左到右共 8 人……输出结果如图 2-5-1 所示。程序横线处应该补充的正确内容是（　　　）。

```
1排1列,1排2列,1排3列,1排4列,1排5列,1排6列,1排7列,1排8列
2排1列,2排2列,2排3列,2排4列,2排5列,2排6列,2排7列,2排8列
3排1列,3排2列,3排3列,3排4列,3排5列,3排6列,3排7列,3排8列
4排1列,4排2列,4排3列,4排4列,4排5列,4排6列,4排7列,4排8列
5排1列,5排2列,5排3列,5排4列,5排5列,5排6列,5排7列,5排8列
6排1列,6排2列,6排3列,6排4列,6排5列,6排6列,6排7列,6排8列
7排1列,7排2列,
```

图 2-5-1　输出结果

```
for i in range(50):
    r=i%8+1
    n=_____
    if r==8:
        print(str(n)+"排"+str(r)+"列")
    else:
        print(str(n)+"排"+str(r)+"列", end=",")
```

A. i//8
B. i//8-1
C. i//8+1
D. int(i/8)

二、操作题

1. 用 for 循环和 turtle 模块编写程序绘制如图 2-5-2 所示的图形。

说明：

（1）蟒蛇由 4 段正反圆弧组成，使用 circle(40,80)或 circle(-40,80)可以绘制；在绘制这 4 段正反圆弧前，先使用 seth(-40)方法设置海龟朝向（头部方向）为-40°。seth 是 "set heading" 的缩写，该方法使海龟朝向参数所指定的角度。

（2）颜色为 "purple"，4 段正反圆弧线条不断加粗，分别为 10px、11.5px、13px、14.5px。

图 2-5-2　蟒蛇

2. 用 for 循环、多分支结构和 turtle 模块编写程序绘制如图 2-5-3 所示的图形。

说明：

（1）该图形由 16 个内切圆组成，最小的圆的半径为 5px，相邻每个圆的半径增加 8px。

（2）线条粗细为 2px，线条颜色从最小圆开始按照 red、green、blue、orange 这 4 种颜色周期性地变化。

图 2-5-3　内切圆

3. 用 for 循环、多分支结构和 turtle 模块编写程序绘制如图 2-5-4 所示的图形。

说明：

（1）该图形由 200 条线段组成，第 1 条线段的长度为 1px，相邻每次增加 2px，线与线之间的偏转角度为 95°。

（2）第 1 条线段的粗细为 1px，相邻线段每次增加 1/50px。

（3）线段颜色按照 red、green、blue、orange 这 4 种颜色周期性地变化。

图 2-5-4　螺旋线

4．用 for 双循环、if 语句和 turtle 模块编写程序绘制如图 2-5-5 所示的图形。

（提示：该图形由 8 个平行四边形组成，平行四边形的边长为 100px，内角为 45°和 135°，平行四边形的线条颜色和填充颜色为红色或蓝色，相邻平行四边形以红、蓝间隔。）

图 2-5-5　纸花

2.6　满天繁星

学习目标

◆ 能够自定义和调用函数。

◆ 能够初步理解实际参数（简称实参）和形式参数（简称形参）。

◆ 能够用 random 模块随机绘制图形。

要点提示

1. 自定义函数及格式

```
def 函数名称(参数1,参数2,…):
    函数体
```

函数名称用于唯一标识函数，其命名规则与变量名命名规则相同。

2. 实际参数和形式参数

（1）实际参数：主程序调用函数时写在函数名称右侧括号中的参数是实际参数。

（2）形式参数：自定义函数时的参数，如"def 函数名称(参数 1,参数 2,…)"中写在函数名称右侧括号中的"参数 1""参数 2"就是形式参数。形式参数只在自定义函数中起作用，其有效范围为该函数体。

3. random 模块和随机整数生成函数 randint()

random 模块：Python 标准库中的一个随机数模块。

randint()函数：random 模块中一个常用的随机整数生成函数。例如，random.randint(1, 10)

生成一个闭区间[1,10]之间的随机整数。

4．自定义函数的返回值

自定义函数既可以有返回值，也可以没有返回值。

返回多个值时使用元组，返回一个值时使用简单变量，函数返回类型即变量类型，没有返回值时返回 None。

如果有返回值，则通过 return 语句指定返回值。例如，return x 可以将变量 x 的值返回。

5．全局变量和局部变量的作用范围

（1）全局变量是在整个程序里都有效的变量，任何函数都可以访问该变量，其有效期是程序的整个运行过程。

（2）局部变量是函数内部的变量，只在本函数体内有效。不同函数体内的局部变量不可互相调用。

 经典解析

例 1 定义自定义函数使用的关键字是（   ）。

A．class   B．return   C．def   D．import

解析

def 是定义函数使用的关键字，是函数定义的标识；class 是定义类使用的关键字；return 是函数返回值使用的关键字；import 是导入模块或库的关键字。

因此，正确答案为 C。

例 2 关于下面程序的表述，下列选项中正确的是（   ）。

```
def js(a,b):
    c=a*b
    return c
x=float(input("请输入一个数x"))
y=float(input("请输入一个数y"))
z=js(x,y)
print(z)
```

A．c 是形参   B．a、b 是实参

C．x、y 是实参   D．z 是实参

解析

A 选项，c 是函数体内的普通变量，既不是实参也不是形参；B 选项，a、b 在 def 定义语句函数名后的括号内，符合形参概念，所以是形参；C 选项，x、y 是程序调用函数时在函数名后的括号内使用，所以是实参；D 选项，z 是主程序的普通变量，既不是形参也不是实参。

因此，正确答案为 C。

例 3　关于下面程序的表述，下列选项中正确的是（　　　）。

```
def js(a,b):
    c=a+b
    d=a-b
    return c,d
x=float(input("请输入一个数x"))
y=float(input("请输入一个数y"))
z=js(x,y)
print(z)
```

　　A．运行上述程序后，z 的类型是元组

　　B．函数名是 js，函数的功能是计算并返回 a、b 两数之和

　　C．"return c,d" 语句格式错误，返回多个数值不能用 "," 分隔

　　D．运行时，如果 a 输入 10，b 输入 23，则输出结果为[33.0,-13.0]

解析

函数有多个返回值时使用元组，所以 A 选项正确，z 是元组类型；B 选项，函数名 js 正确，函数的功能表达不完整，应该是计算并返回 a、b 两数之和、两数之差；C 选项，"return c,d" 语句格式正确，返回多个数值用 "," 分隔；D 选项，应该是元组(33.0,-13.0)而不是列表。

因此，正确答案为 A。

例 4　在下列选项中，能正确表示产生一个 2 位正整数范围的随机整数的表达式是（　　　）。

　　A．random.random(10,100)　　　　B．random.random()*100

　　C．random.randint(10,100)　　　　D．random.randint(10,99)

解析

2 位正整数范围是[10,99]，所以题意是生成一个[10,99]范围的随机整数，可以用 randint() 函数，正确的格式为 random.randint(10,99)。random()函数可生成一个[0,1)的随机浮点数，random.random()*100 产生的不是整数，不符合题目要求。

因此，正确答案为 D。

例 5　运行下列程序后，正确的程序输出内容是（　　　）。

```
def hanshu():
    y=1
    print(x,y)
x=5
hanshu()
```

A．null　　1　　　　　　　　　B．5　　1

C．None　　1　　　　　　　　　D．语法错误：x 未定义

解析

本题考查变量作用域。x 在主程序中定义是全局变量，在主程序和函数体内都有效，所以值为 5。而 y 在函数体内定义是局部变量，只在 hanshu()函数内有效，print(x,y)语句在函数体内，输出值是 5　　1。

因此，正确答案为 B。

实战训练

一、选择题

1．生成一个[34,56)范围（"["表示闭区间，")"表示开区间）的随机整数，下列选项中正确的是（　　）。

　　A．randint(34,56)　　　　　　B．random(34,56)

　　C．randint(34,55)　　　　　　D．randint(34,57)

2．关于 randint(a,b)函数的表述，下列选项中正确的是（　　）。

　　A．randint(a,b)函数返回值是生成闭区间[a, b]内的随机小数

　　B．randint(a,b)函数返回值是生成闭区间[a, b]内的随机整数

　　C．randint(a,b)函数返回值是生成开区间(a,b)内的随机整数

　　D．randint(a,b)函数返回值是生成开区间(a,b)内的随机小数

3．下列说法中正确的是（　　）。

　　A．randint()函数是 math 模块中的一个随机整数生成函数

　　B．math 模块提供了与数相关的常用函数，如三角函数、随机整数函数等

　　C．randint(a,b)函数中的 a 和 b 只能是正数，不能是负数

　　D．randint(a,b)函数中的 a 和 b 只能是整数，不能是小数

4．下列选项中的"("")"表示开区间、"["“]"表示闭区间，函数 randint(123,456)生成的随机整数范围表示正确的是（　　）。

　　A．(123,456)　　　　　　　　B．[123,456)

　　C．[123,456]　　　　　　　　D．(123,456]

5．海龟绘图中的 x 坐标范围为[-500,500]，y 坐标范围为[-400,400]，若让海龟随机出现在某个坐标点(ranx,rany)，下列语句中坐标设置正确的是（　　）。

　　A．ranx=randint(-500,500)和 rany=randint(-400,400)

　　B．ranx=randint(-400,400)和 rany=randint(-500,500)

　　C．ranx=randint[-500,500]和 rany=randint[-400,400]

    D．ranx=randint[-400,400]和 rany=randint[-500,500]

6．下列选项中可以将一段实现特定功能的代码逻辑封装起来，通过调用实现重复利用的是（　　）。

    A．if 语句　　　　　　　　　　B．函数

    C．变量　　　　　　　　　　　D．for 语句

7．函数名用于唯一标识函数，下列选项作为函数名，其格式正确的是（　　）。

    A．1_sum　　　　　　　　　　B．sum+ab

    C．sum　　　　　　　　　　　D．for

8．定义一个函数，其名称为 hanshu，形参为 a 和 b，下列选项中格式正确的是（　　）。

    A．def hanshu(a　b)　　　　　　B．def hanshu(a,b)

    C．def hanshu(a;b)　　　　　　D．dim hanshu(a,b)

9．定义一个函数 squar1()，用于绘制一个边长为 100px 的正方形，下列选项中正确的是（　　）。

    A．def squar1()
```
    for i in range(1,5):
        fd(100)
        left(90)
```

    B．def squar1
```
    for i in range(4):
        fd(100)
        left(90)
```

    C．def squar1():
```
    for i in range(1,5):
        fd(100)
        left(90)
```

    D．def squar1:
```
    for i in range(4):
        fd(100)
        left(90)
```

10．自定义函数 sum1(a,b)用于求解变量 a 和 b 之和，程序中要调用自定义函数 sum1()求变量 x 和 y 之和，下列选项中正确的是（　　）。

    A．z=sum1(x,y)　　　　　　　B．z=sum1(a,b)

    C．z=return sum1(x,y)　　　　D．z=return sum1(a,b)

11. 若有自定义函数 hs()如下所示，程序中要调用 hs()函数输出 4 次"hello!"，格式正确的是（　　）。

```
def hs():
    for i in range(4):
        print("hello!")
```

 A．hs   B．hs(4)

 C．hs(4,"hello!")   D．hs()

12. 有下列程序，选项中描述正确的是（　　）。

```
def printstar(n):
    for i in range(n):
        print("*", end="")
x=int(input("请输入*个数"))
printstar(x)
```

 A．n 是形参，x 是形参

 B．n 是实参，x 是实参

 C．n 是形参，x 是实参

 D．n 是实参，x 是形参

13. 有下列程序，如果运行时 x 输入为 20，则程序输出表述正确的是（　　）。

```
def printstar(n):
    for i in range(n):
        print("*", end="")
n=15
x=int(input("请输入*个数"))
printstar(x)
```

 A．输出 20 个*，每行 1 个

 B．在同一行连续输出 20 个*

 C．输出 15 个*，每行 1 个

 D．在同一行连续输出 15 个*

14. 自定义函数要返回函数值，使用的关键字是（　　）。

 A．def   B．return

 C．result   D．print

15. 自定义函数如果有多个返回值，则通常返回值的类型是（　　）。

 A．列表型   B．字符串型

 C．字典型   D．元组型

16. 下列自定义函数用于生成随机坐标位置，横线处能正确实现注释要求的语句是（　　）。

```
def hanshu():
    x=randint(100,200)
    y=randint(200,300)
    _____#函数值返回随机数坐标
```

A. hanshu=(x,y)　　　　　　B. hanshu=x,y

C. return x,y　　　　　　　D. return(x y)

17. 运行下列程序后，正确的程序输出内容是（　　　）。

```
def hanshu(x):
    y=x+1
x=100
z=hanshu(x)
print(x,z)
```

A. 100　101　　　　　　　B. 101　101

C. 101　100　　　　　　　D. 100　None

18. 运行下列程序后，函数 hanshu()的返回值类型是（　　　）。

```
def hanshu(x):
    y=x*2
    return y
a=5
z=hanshu(a)
```

A. 整型　　　　　　　　　B. 浮点型

C. 类型不定　　　　　　　D. 元组型

19. 下列自定义函数 star()用于绘制指定参数半径为 s 的黄色五角星，横线处应填写的正确内容是（　　　）。

```
def _____:
    angle=180-(180/5)
    t.color('yellow')
    t.begin_fill()
    for i in range(5):
        t.forward(s)
        t.right(angle)
    t.end_fill()
```

A. star()　　　　　　　　B. star(s)

C. star　　　　　　　　　D. star　s

20. 下列关于函数的描述中不正确的是（　　　）。

A. 函数一般由函数名、参数（可选）和函数体构成

B. 实际参数只在自定义函数中起作用，其有效范围为该函数体

C．函数调用时，实际参数的个数不能多于形式参数的个数

D．实际参数和形式参数的名称既可以相同也可以不同

21．运行下列程序后，正确的程序输出内容是（　　）。

```
def hanshu(a):
    a=a*a
    return a
a=5
z=hanshu(a)
print(a,z)
```

A．5　25 　　　　　　　　　　B．25　25

C．25　5 　　　　　　　　　　D．25　None

22．运行下列程序后，正确的程序输出内容是（　　）。

```
def hanshu(a):
    y=a+2
    print(a,x,y)
x=1
hanshu(x)
```

A．1 None 3 　　　　　　　　B．1　0　3

C．1　1　3 　　　　　　　　　D．语法错误

23．运行下列程序后，正确的程序输出内容是（　　）。

```
def test(n):
    n=n*8
k=1
test(k)
print(k,n)
```

A．1　8 　　　　　　　　　　B．1　0

C．1　None 　　　　　　　　　D．语法错误

24．有下列程序，选项中描述正确的是（　　）。

```
def test1(n):
    s=1
    n=n*3
    print(n,s)   #test1函数中的输出
    return n
def test2(x):
    s=9
    x=s+x
    print(x,s)   #test2函数中的输出
    return x
```

```
a=100
b=-7
c=test1(a)+test2(b)
print(c)
```

A．test1()函数中的 s 和 test2()函数中的 s 是同一个变量

B．test1()函数中的 s 和 test2()函数中的 s 相互在两个函数体内均有效但在主程序中无效

C．a 和 b 只在主程序中有效，在两个函数体内无效

D．test1()函数中的 s 和 test2 函数中的 s 是局部变量，但值不相同

25．运行第 24 题的程序后，主程序中的 print(c)的输出内容是（　　　）。

A．302　　　　　B．310　　　　　C．309　　　　　D．10

二、操作题

1．定义自定义函数，函数名为 jiafa，参数为变量 x，功能是实现将变量 x 的值加 1 后赋值给变量 x，并输出该值。主程序用 for 循环调用 jiafa()函数输出参数 x 分别为 10～19 整数时的相应结果。

2．定义自定义函数，函数名为 mymax，参数为变量 a 和变量 b，实现找出变量 a 和变量 b 两数中的大数并作为函数返回值。主程序完成以下操作 3 次：每次操作均输入一个整数 x，用 random 模块生成另一个随机整数 y（范围为 1～100），调用 mymax()函数找出最大值再输出。主程序输出结果如图 2-6-1 所示。

```
请输入一个数x:12
12 19 19
请输入一个数x:45
45 94 94
请输入一个数x:67
67 78 78
```

图 2-6-1　输出结果

3．定义自定义函数 myhs()实现绘制 6 个内切圆（6 个内切圆：最小的圆半径为 5px，相邻每个圆半径增加 5px；圆的线条颜色分别为 red、green、blue、orange、red、green）。主程序用 for 循环调用 myhs()函数 6 次绘制 6 组内切圆，6 组内切圆的画圆起点位置(x,y)中的 y 为 0，x 分别是-250，-150，-50，50，150，250，程序运行结果如图 2-6-2 所示。

图 2-6-2　内切圆

4．定义一个自定义函数 drawcircle()，参数为变量 r，绘制指定半径为 r、线条颜色及填充颜色为黄色的圆。主程序应用 while 循环调用 drawcircle()函数 30 次绘制 30 个圆，圆位置

随机生成（x 范围为[-500,500]、y 范围为[-200,200]），圆半径随机生成（范围为[5,50]），画布背景为蓝色，程序运行结果如图 2-6-3 所示。

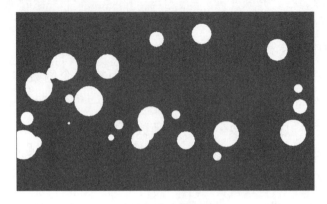

图 2-6-3　随机圆

2.7　两支画笔

学习目标

◆ 能够理解类和对象的关系。

◆ 能够用类创建对象，并调用其属性和方法完成任务。

要点提示

1. 类和对象

（1）类：是对一类具有相同属性和方法的对象的抽象描述，class 关键字用于定义类。

（2）对象：是指一个在内存中开辟空间并存储数据的实体，每个对象都有一个类型，以及一组属性和方法。

2. 类与对象的关系

典型示例：

```
import turtle
pen=turtle.Turtle()
pen.forward(100)
```

（1）使用 turtle 模块中的画笔类 Turtle，创建画笔对象 pen。

（2）创建的画笔对象 pen 具有类 Turtle 的全部属性和方法，可以用于绘图。

（3）类 Turtle 不能直接用于绘图，但该类可以创建多个画笔对象。

经典解析

例 1 （ ）是指一个在内存中开辟空间并存储数据的实体，具有一组属性和方法。

A．类 　　　　 B．对象 　　　　 C．函数 　　　　 D．数据类型

解析

本题考查对象的概念。对象是指一个在内存中开辟空间并存储数据的实体，具有一组属性和方法。

因此，正确答案为 B。

例 2 定义海龟画笔为 t，下列语句中正确的是（ ）。

A．t=turtle.Pen() 　　　　　　 B．t=turtle.pen()

C．t=Turtle.Pen() 　　　　　　 D．t=Turtle.pen()

解析

Python 严格区分大小写。turtle 是海龟绘图模块，使用类 Pen 的构造函数 Pen()创建一个画笔对象 t，其中构造函数 Pen()中的 P 是大写字母，因此 A 选项正确，其他三个选项中的 t 或 P 的字母大小写均有错误。

因此，正确答案为 A。

实战训练

一、选择题

1．（ ）是对一类具有相同属性和方法的对象的抽象描述。

A．对象 　　　 B．类 　　　　 C．库 　　　　 D．函数

2．用户可以自定义类，自定义类用的关键字是（ ）。

A．dim 　　　　 B．def 　　　　 C．class 　　　 D．creat

3．用语句 pen1=turtle.Pen()和 pen2=turtle.Pen()定义了两支画笔，下列描述中正确的是（ ）。

A．pen1 和 pen2 是两个类，具有相同的属性和方法

B．pen1 和 pen2 是两个对象，由同一个类创建

C．turtle 是类，相当于画笔的模型

D．pen1 和 pen2 是两个对象，必须具有相同的属性和方法

4．用 turtle 模块中的 Turtle 类创建一支画笔 p1，下列选项中正确的是（ ）。

A．p1=turtle.Turtle() 　　　　 B．p1=Turtle.turtle()

C．p1=Turtle.Turtle() 　　　　 D．p1=turtle.turtle()

5．下列关于对象或类的描述中正确的是（　　）。

A．对象是对具有相同属性和方法的元素的统一描述

B．应用不同类创建的对象具有相同的属性和方法

C．在 turtle 模块中，Turtle 是一个对象，可以用于创建画笔实例（也称画笔对象）

D．对象是一个在内存中存储数据的实体

6．绘制如图 2-7-1 所示的图形（左侧线段为红色，右侧线段为黑色），下列描述中不正确的是（　　）。

图 2-7-1　绘制图形

A．绘制图形程序很可能定义了两支画笔，即两个对象

B．两支画笔默认形状不相同，一支是海龟形状，另一支默认为箭头形状

C．两支画笔可能属于相同的类，都是用"画笔"模型创建的

D．两支画笔中，一支粗，另一支细；颜色为一支红，另一支黑，因属性设置不同，故属于不同的类

7．定义画笔 pen1 的笔触形状为海龟（"turtle"），下列语句正确的是（　　）。

A．pen1.shape("turtle")　　　B．pen1.shape(turtle)

C．pen1.shape("Turtle")　　　D．pen1.shape(Turtle)

8．关于下列程序的描述中正确的是（　　）。

```
import turtle
pen1=turtle.Pen()
pen2=turtle.Pen()
pen1.forward(-100)
    pen2.forward(200)
```

A．pen1 画笔水平向右绘制 100px 长线段，pen2 画笔水平向右绘制 200px 长线段

B．pen1 画笔水平向左绘制 100px 长线段，pen2 画笔水平向左绘制 200px 长线段

C．pen1 画笔水平向左绘制 100px 长线段，pen2 画笔水平向右绘制 200px 长线段

D．pen1 画笔水平向右绘制 100px 长线段，pen2 画笔水平向左绘制 200px 长线段

9．运行下列程序，绘制的图形中正确的是（　　）。

```
import turtle
pen1=turtle.Pen()
pen2=turtle.Pen()
pen1.pensize(10)
pen1.circle(30)
    pen2.forward(100)
```

A.

B.

C.

D.

10. 定义两支画笔 pen1 和 pen2 后，下列程序绘制的图形中正确的是（ ）。

```
for i in range(2):
    pen1.circle(30)
    pen1.left(120)
    pen2.forward(50)
```

A.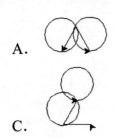

B.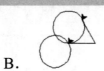

C.

D.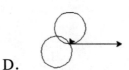

二、操作题

1. 在 turtle 模块中用类 Pen 创建画笔 p1，并用 print(dir(p1)) 查看画笔 p1 的属性和方法。

2. 用循环及 turtle 模块中的类 Turtle 创建两支画笔，绘制如图 2-7-2 所示的图形。

说明：

（1）两支画笔中，一红一黑，粗细均为 5px，形状均为海龟。

（2）红色、黑色海龟分别从坐标(-200,0)、(200,0)位置向坐标(0,0)处相向而行，每次前进 1px，行进中间某时刻效果如图 2-7-3 所示。

图 2-7-2　绘制完成　　　　　　　　图 2-7-3　相向而行

第 3 章

数 据 类 型

本章主要内容

- 字符串及其使用方法。
- 列表及其使用方法。
- 元组及其使用方法。
- 字典的定义和遍历。
- 集合的定义和特点。

3.1 永不消逝的电波【字符串】

学习目标

- 能够对字符串进行取值、切片和运算操作。
- 能够查找和遍历字符串。
- 能够掌握字符串相关的常用方法。
- 能够运用成员关系运算符 in 和 not in。

要点提示

1. 字符串取值、切片和运算操作

（1）字符串的索引。

在 Python 中，字符串是字符的有序集合，可以通过其位置（索引）取值。索引从 0 开始递增，以此类推。如果取负值，则表示从末尾开始提取，最后一个为-1，倒数第二个为-2。

（2）字符串的取值。

根据索引的定义，当变量 a 为"Python"时，a[4]和 a[-2]的值都为"o"。

（3）字符串的切片。

sequence[start:end:step]

切片时遵循"左闭右开"原则，相当于数学上的数值范围：[起始位置,结束位置)，即从"起始"位开始,到"结束"位的前一位结束（不包含结束位本身）。例如：

当变量 a 为"Python"时，a[1:4]和 a[1:4:1]的值都为"yth"，a[1:4:2]的值为"yh"。

（4）字符串的运算。

"+"：连接字符串，例如 a = "Hi", b = "Bob"，则 a+b = "HiBob"。

"*"：重复连接字符串，例如 a = "Hi"，则 a * 3 = "HiHiHi"。

2．遍历字符串

典型示例：

```
for i in "Python":
    print(i)
```

3．字符串相关的常用方法

假设 a = "Hello World"；b = "我们,你们,他们,人们"。

（1）find()方法和 rfind()方法：用于检测字符串中是否包含子字符串，并返回子字符串开始位置的索引，若未找到则返回"-1"。find()方法从查找对象的左侧开始查找，rfind()方法从右侧开始查找。

例如：n = a.find("H")。

（2）index()方法和 rindex()方法：用于检测字符串中是否包含子字符串，并返回子字符串开始位置的索引，若未找到则报错。index()方法从查找对象的左侧开始查找，rindex()方法从右侧开始查找。

例如：n = b.index("你们")。

（3）count()方法：用于统计字符串中某个字符或子字符串出现的次数。

例如：n = a.count("o")。

（4）len()函数：返回字符串的长度，即字符的个数。

例如：len(a)的值为 10。

（5）max()函数和 min()函数：根据字符所对应的 ASCII 值，返回字符串中值最大和最小的字符。

例如：max("Z5a")的值是"a"。

（6）upper()方法：将字符串中的小写字母全部转变为大写字母。例如：

```
a.upper()的值为"HELLO WORLD"。
```

（7）lower()方法：将字符串中的大写字母全部转变为小写字母。例如：

```
a.lower()的值为"hello world"
```

（8）replace(old,new)方法：把字符串 string 中的 old 字符串替换成 new 字符串，从而生成新字符串，并将其作为返回值。例如：

```
a.replace("World","Python")的结果为"Hello Python"
```

（9）str.join(seq)方法：通常用于将序列 seq（字符串、元组、列表、字典等）中的元素以指定的字符 str 连接生成新字符串，注意序列中的每个元素必须是字符串类型。例如：

```
string1= "-".join(a)
print(string1)
```

输出结果：H-e-l-l-o- -W-o-r-l-d。

（10）split(str,max)方法：参数 str 为分隔符，max 为分割次数，根据指定的分隔符和分割次数将字符串拆分成子字符串列表。默认情况下，分隔符使用空白字符（空格、制表符、换行符等），分割次数默认为-1，即所有出现次数。例如：

```
result1 = a.split()
print(result1)
result2 = b.split(",")
print(result2)
result3 = b.split(",",2)
print(result3)
```

输出结果：

```
["Hello","World"]
["我们","你们","他们","人们"]
["我们","你们","他们,人们"]
```

4. in 与 not in

in（not in）是成员关系运算符，用于检查某个值在/不在指定的序列（字符串、列表、元组和集合等）中，如果判断成功则返回 True，反之，则返回 False。

例如：

```
if "张三" in "团队成员有李四王五张三和赵六":
    print("张三在团队成员名单中。")
```

输出结果：

```
张三在团队成员名单中。
```

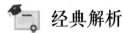 经典解析

例 1　text = "Hello,World!"，text[6:13]的值为（　　　　）。

　　A．"Hello"　　B．"World!"　　　C．",World"　　　D．"World"

解析

（1）根据字符串切片的"左闭右开"原则，text[6:13]截取的是字符串 text 中索引 6～12 的内容；

（2）由于字符串的索引值起始位是从 0 开始的，所以起始索引 6 是"W"，6～12 的内容是"World!"。

因此，正确答案为 B。

例 2　如果 string1 = "Hello";string2="World"，则可将这两个字符串拼接成"HelloWorld"的选项是（　　）。

　　A．result = string1 + string2

　　B．result = string1 * string2

　　C．result = string1.join(string2)

　　D．result = string1.(string2)

解析

（1）A 选项中的"+"是字符串的常用运算符之一，用于字符串拼接，结果符合题意。

（2）B 选项中的"*"用于重复连接字符串，string2 要求是数字，运行时出现类型错误 (TypeError)。

（3）join 方法也可以实现字符串的拼接，但在 C 选项中，string2 会被逐个插入 string1 中，得到"Whelloohellorhellolhellod"，因此 C 选项也是错误的。

（4）D 选项是明显的语法结构错误。

因此，正确答案为 A。

例 3　给定字符串 message = "Hello,how are you?"，以下选项中无法输出字符串中每个字符的是（　　）。

　　A．for char in message:

　　　　print(char)

　　B．for i in range(len(message)):

　　　　print(message[i])

　　C．for char in range(message):

　　　　print(char)

　　D．for char in "Hello,how are you?":

　　　　print(char)

解析

（1）A、D选项均使用 for 循环完成字符串的遍历。

（2）B选项通过 len()函数得到了 message 字符串变量的长度为 19，然后通过变量 i 和 range()函数遍历 19 次，以索引访问的方式依次输出字符串 message 中的每个字符。

（3）C选项中，range(message)将字符串变量作为 range()函数的参数，程序出错无法完成遍历。

因此，正确答案为 C。

例 4 字符串 str="Hello World"，则 len(str.count("o"))的值为（ ）。

A．2　　　　　B．1　　　　　C．10　　　　　D．程序报错

解析

（1）str.count("o")计算"o"在"Hello World"中的个数，得到结果 2。

（2）len()函数是一个内置函数，用于返回对象（如字符串、列表、元组等）的长度或元素个数，它无法求出 int 数据的长度，因此当出现 len(2)时，程序报错。

因此，正确答案为 D。

例 5 str = "Hello World"，则 str.find("o")的值为（ ）。

A．2　　　　　B．4　　　　　C．5　　　　　D．7

解析

（1）find()方法用于查找参数"o"在对象 str 中的位置。

（2）str="Hello World"，使用 find()方法后，会返回第一个"o"所在的位置，也就是 4，B选项是正确的。

（3）要返回第二个"o"所在的位置，发现它离右侧最近，可用 rfind()方法。

因此，正确答案为 B。

例 6 str1="PYTHON"; str2="Python"，则语句 print(str1 >= str2)的输出结果是（ ）。

A．True　　　　B．False　　　　C．1　　　　D．-1

解析

（1）使用比较运算符（如<、<=、>、>=、==等）可以比较两个字符串的大小。

（2）每个字符都有对应的 ASCII 码值，两个字符串会从左到右依次比较相同位置上字符的 ASCII 码值，直到比出大小才结束。如在"PYTHON"和"Python"的对比中，第 1 个字符都是"P"，则比较第 2 个字符"Y"和"y"，已知大写字母的 ASCII 码值比小写字母的 ASCII 码值小 32，也就是说"Y" < "y"，故"PYTHON" < "Python"；则 str1 >= str2 不成立，结果为 False。

因此，正确答案为 B。

实战训练

一、选择题

1. word="我爱我的祖国"，此时 n = word[0]，则 n 的值是（　　）。

    A. "我"　　　　B. "爱"　　　　C. "祖"　　　　D. "国"

2. word = "我爱我的祖国"，要通过切片获取字符"爱"，以下选项中正确的是（　　）。

    A. word[0]　　B. word[3]　　C. word[1]　　D. word[-4]

3. word = "我爱我的祖国"，以下选项中可通过切片获取字符"国"的表达式是（　　）。

    A. word[-2]　　B. word[-1]　　C. word[6]　　D. word[7]

4. word="我爱我的祖国"，以下选项中可通过切片获取字符"我"的是（　　）。

    A. word[1]　　B. word[3]　　C. word[4]　　D. word[2]

5. word="我爱我的祖国"，以下选项中可通过切片获取字符串"我的祖国"的是（　　）。

    A. word[3:6]　B. word[2:]　　C. word[2:5]　　D. word[3:]

6. word = "我爱我的祖国"，则 word[::2]的值是（　　）。

    A. "我爱"　　　B. "我我"　　　C. "我我祖"　　　D. "祖国"

7. text = "Programming is fun!"，该字符串的各单词间只有一个空格，则以下哪个选项可以获取从第 5 个字符到倒数第 3 个字符的子字符串？（　　）

    A. text[4:-2]　　　　　　　B. text[5:-3]

    C. text[4:-3]　　　　　　　D. text[5:-2]

8. text = "Python"，使用切片获取字符串 text 中奇数索引位置的字符，以下选项中正确的是（　　）。

    A. text[::2]　　　　　　　B. text[1::2]

    C. text[1:5:2]　　　　　　D. text[0::2]

9. a="1"; b="2"; c="3"，运行 print(a+b+c)后，输出结果是（　　）。

    A. "6"　　　　B. 6　　　　C. 123　　　　D. 程序报错

10. a="Python"; b = "is"; c = "fun!"，运行 print(a+b+c)后，输出结果是（　　）。

    A. Python is fun!　　　　　B. Pythonisfun!

    C. Python+is+fun!　　　　　D. "Python is fun!"

11. a="Python"; b = 3，运行 print(a*b)后，输出结果是（　　）。

    A. Python Python Python　　　B. PythonPythonPython

    C. Python3　　　　　　　　　D. 程序报错

12. a="Python"，运行 print(3*a)后，输出结果是（　　）。

    A. 3Python　　　　　　　　B. 3"Python"

  C．PythonPythonPython   D．Python Python Python

13．a="Python"；b = 3，运行 print(a+3*b)后，输出结果是（ ）。

  A．Python333   B．Python9

  C．PythonPythonPython   D．程序报错

14．如果想在一个字符串中查找特定子字符串的位置，且未找到时不会报错，以下选项中正确的是（ ）。

  A．find()   B．search()   C．count()   D．index()

15．text = "Python is easy and Python is fun"，则 text.index("i")的值是（ ）。

  A．2   B．6   C．7   D．26

16．text="Python is easy and Python is fun"，则 text.find("z")的值是（ ）。

  A．0   B．1   C．-1   D．报错

17．text = "Python is easy and Python is fun"，以下选项中能从 text 中得到第 2 个 "Python" 的起始位置的是（ ）。

  A．text.count("Python")   B．count(text,"Python")

  C．text.find("Python")   D．text.rfind("Python")

18．以下选项中可以逐行输出"Welcome to Python"的每个字符的是（ ）。

  A．
```
str="Welcome to Python"
for i in str:
    print(str)
```

  B．
```
str="Welcome to Python"
for i in str:
    print(i)
```

  C．
```
for i in Welcome to Python:
    print(i)
```

  D．
```
str="Welcome to Python"
for i in range(str):
    print(i)
```

19．string = "Welcome to Python"，循环遍历字符串中的每个字符，并统计字母 "o" 出现的次数。以下选项中错误的是（ ）。

  A．
```
count = 0
for char in string:
    if char == "o":
        count += 1
    print(count)
```

B. count = 0

    for i in range(len(string)):

        if string[i] == "o":

            count += 1

    print(count)

C. count = string.count("o")

    print(count)

D. count = 0

    for i, char in enumerate(string):

        if char == "o":

            count = i

    print(count)

20．text = "Python"，以下选项中可以获取该字符串长度的是（　　）。

    A．len(text)　　　　　　　　B．text.length()

    C．length(text)　　　　　　　D．lens(text)

21．str = "Hello,world!我要学习编程！"，该字符串中没有空格，则该字符串的长度是
（　　）。

    A．11　　　　　B．18　　　　　C．19　　　　　D．25

22．string = "Welcome to Python"，要统计该字符串中'o'的个数，以下选项中正确的是
（　　）。

    A．string.count("o")　　　　　　B．count(string, "o")

    C．string.find("o")　　　　　　　D．string.index("o")

23．word = "Python is powerful,i use Python"，使用以下哪种方法可以将其中的第一个
"Python" 替换为 "Java"?（　　）

    A．word.replace("Python", "Java")

    B．word.replace("Java", "Python")

    C．replace(word, "Python", "Java")

    D．word.replace("Python", "Java", 1)

24．str1="Python is simple,Python is easy to learn"，则 str1.replace("Python","Java",2)的值是
（　　）。

    A．"Python is simple,Python is easy to learn"

    B．"Java is simple,Python is easy to learn"

    C．"Python is simple,Java is easy to learn"

    D．"Java is simple,Java is easy to learn"

25．word="我 爱 我 的 祖 国"，使用 split()方法将字符串 word 分割成单个字，下列代码中正确的是（　　）。

　　A．words = word.split(",")　　　　　B．words = split(word, " ")

　　C．words = word.split()　　　　　　D．words = word.join(" ")

26．word="我爱我的祖国"; print(word.split("我"))，以下输出结果中正确的是（　　）。

　　A．["我爱", "我的祖国"]　　　　　B．["", "爱", "的祖国"]

　　C．["我"，"我"]　　　　　　　　D．["爱"，"的祖国"]

27．str1 = "To"; str2 = "World"，则 str1.join(str2)的值是（　　）。

　　A．"ToWorld"　　　　　　　　　B．"TWorldoWorld"

　　C．"WTooTorTolTod"　　　　　　D．"To World"

28．str1 = "Hi"; str2 = "World"，则 str1 + "".join(str2)的值是（　　）。

　　A．"WHioHirHilHid"　　　　　　B．"HWorldiPWorld"

　　C．"HiWorld"　　　　　　　　　D．"Hi World"

29．str1 = 2024; str2 = "2024 年是龙年"; print(str1 in str2)，以下输出结果中正确的是（　　）。

　　A．True　　　　B．False　　　　C．not in　　　　D．程序报错

30．运行以下程序，输出结果是（　　）。

```
str1="we"
str2="Welcome to my home"
if str1 in str2:
    print("包含we！")
```

　　A．True　　　　B．False　　　　C．包含 we！　　　D．无输出结果

二、操作题

1．str = "学习 Python 好处多"，遍历输出 str 变量中的每个字符。

2．str = "Welcome to Python"，输出该字符串中索引位为奇数的字符。

3．str= "Hello World"，输出该字符串中第二个"o"的位置。

4．str= "自爱，自立，自强，自信"，处理该字符串，参照以下格式输出结果。

```
自爱
自立
自强
自信
```

5．给定任意一个包含多个单词的字符串，其中每个单词以空格分隔，输出最后一个单词的长度。例如：

输入一个包含多个单词的字符串：Hello World Hi Python。

最后一个单词的长度是：6。

3.2　浪漫的科学礼物【列表】

学习目标

- ◆ 能够定义、访问、切片和遍历列表。
- ◆ 能够修改、添加和删除列表元素。
- ◆ 能够实现列表拼接、操作和相关运算。
- ◆ 能够使用列表常用的函数与方法。

要点提示

1. 列表的定义、访问、切片和遍历

（1）定义列表。

使用方括号[]将所有元素包括在其中，各元素之间用逗号分隔，即可定义列表。例如：list1=['新','年','快','乐',2024]（注：以下均使用此例）。

定义空列表：例如 list2 = []或者 list2 = list()。

（2）访问列表。

与字符串的索引类似，在正向索引中，第 1 个字符的索引为 0；在反向索引中，第 1 个字符的索引为-1。通过索引可以获取元素的值。

例如，list1[0]为'新'，list1[-1]为 2024。

（3）切片列表。

根据左闭右开原则实现切片列表，例如：

list1[0:2]为['新','年']；

list1[:4]为['新','年','快','乐']；

list1[2:]为['快','乐',2024]；

list1[:-1]为['新','年','快','乐']。

（4）遍历列表。

列表是可迭代对象，可以使用 for 循环遍历列表，例如：

```
for i in list1:
    print(i)
```

2. 列表的拼接、操作和相关运算

（1）列表拼接："+"和"*"。

例如，list3 = ['龙年吉祥']。

```
print('拼接后的列表：', list1 + list3)
print('拼接后的列表：', list3 * 3)
```

输出结果：

```
拼接后的列表：  ['新', '年', '快', '乐', 2024, '龙年吉祥']
拼接后的列表：  ['龙年吉祥', '龙年吉祥', '龙年吉祥']
```

（2）列表的操作。

① append()方法：用于在列表末尾增加元素。

例如 list1.append('！')，则 list1 为['新', '年', '快', '乐',2024,'!']。

② pop()方法：移除列表中的一个元素。

例如 list1.pop()，默认指移除列表中最后一个元素，返回值为 2024，此时 list1 为['新','年','快','乐']。

list1.pop(2)则移除列表中索引为 2 的元素，返回值为'快'，list1 为['新','年','乐',2024]。

③ insert()方法：插入列表元素。

例如 list1.insert(4,'!')，则 list1 为['新','年','快','乐','!',2024]。

④ clear()方法：删除列表元素。

例如 list1.clear()，则 list1 为[]。

⑤ del 命令：删除列表元素或列表。

例 1：del list1[-1]，则 list1 为['新','年','快','乐']。

例 2：del list1 删除列表，list1 列表将不存在。

（3）相关运算。

① in 与 not in：成员之间的运算符。

例 1：print(2024 in list1)   #输出 True

例 2：print('2024' not in list1)   #输出 True

② 比较运算符：<、>、<=、>=、==、!=等。例如：

```
a = ['P', 'Y', 'T', 'H', 'O', 'N']
b = ['p', 'y', 't', 'h', 'o', 'n']
print(a > b)     #输出结果为False
```

3. 列表常用的函数与方法

（1）list()函数：将字符串或元组转换为列表。

例如：list4=list('繁荣')，则 list4 为['繁','荣']。

（2）len()函数：返回列表的元素个数。例如 len(list1)为 5。

（3）max()和 min()函数：分别返回列表中值最大和最小的元素。

例如：max(list1[0:-1])得到'新'。

（4）sorted()函数：对可迭代对象进行排序，不修改原始对象，返回一个新的已排序列表。

例如：list5 = [1,4,3,2]。

sorted(list5)的返回值为[1,2,3,4]，list5 仍为[1,4,3,2]。

sorted(list5, reverse = True)的返回值为[4,3,2,1]，list5 不变。

（5）sort()方法：是列表对象的一个方法，用于对列表进行排序。该方法会直接修改原列表，返回值是 None。

例如：list5 = [1,4,3,2]。

执行 list5.sort()后，list5 的值为[1,2,3,4]。

执行 list5.sort(reverse = True)后，list5 的值为[4,3,2,1]。

（6）index()方法：查找目标对象，从列表中找出第一个与目标对象相匹配的项并返回其索引，如果没找到则抛出异常。

例如：list1.index('新')的返回值是 0。

list1.index('旧')的返回值是出错提示。

（7）count()方法：统计列表中某元素出现的次数。例如：list6=['Hello','my','name','is','Bob']，则 list6.count("o")的值为 0；list6.count("is")的值为 1。

（8）remove()方法：用于删除列表中指定值的元素。例如 list7=[1,2,3,4,5]，list1=list7.remove(5)，则 list1 的值为[1,2,3,4]。

经典解析

例 1　以下定义列表的方式中错误的是（　　　）。

A．list1 = list()　　　　　　　　　B．list1 = []

C．list1 = list('新年快乐')　　　　D．list1 = list(1234)

解析

（1）A、B 选项都可以定义空列表，故 A、B 选项正确。

（2）list()函数可以将字符串或元组转换为列表，故 C 选项正确；但是 list()函数无法将数值类型转换为列表，故 D 选项错误。

因此，正确答案为 D。

例 2　list1=[1,2,[0,1,2,3],4]，以下选项中可以获得整数 2 的是（　　　）。

A．list1[2]　　　　　　　　　　B．list1[2][2]

C．list1[-2]　　　　　　　　　　D．list1[3]

解析

（1）在列表中，正向索引起始为 0，list1[2]为[0,1,2,3]，故 A 选项错误；list1[2][2]则访问子列表[0,1,2,3]中的元素，得到整数 2，故 B 选项正确。

（2）在列表中，负向索引起始位为-1，list1[-2]得到的元素为[0,1,2,3]，故 C 选项错误。

（3）list1[3]得到的元素为整数 4，故 D 选项错误。

因此，正确答案为 B。

例 3 list1 = [1,2,[0,1,2,3],4]，以下程序使用 for 循环遍历 list1 列表中的部分元素：

```
for i in list1[:-1]:
    print(i)
```

最后 1 次循环时，输出的内容是（　　）。

　　A．1　　　　　　B．2　　　　　　C．[0,1,2,3]　　　　D．4

解析

（1）list1[:-1]为[1,2,[0,1,2,3]]。

（2）在 for 循环迭代 list1[:-1]后，print()函数逐个输出[1,2,[0,1,2,3]]中的元素，第 1 次输出 1，第 2 次输出 2，第 3 次输出[0,1,2,3]。

因此，正确答案为 C。

例 4 当 list1 = [1,2,[1,2,4],4]时，执行以下哪个操作将无法得到列表[1,2,4]？（　　）

　　A．list1.pop(2)　　　　　　　　B．list1.insert(2,0)

　　C．del list1[2]　　　　　　　　D．list1[2]

解析

（1）A 选项中，list1.pop(2)将删除索引为 2 的元素，此时 list1 为[1,2,4]。

（2）B 选项中，list1.insert(2,0)将元素 0 插入列表中索引为 2 的位置，此时 list1 为[1,2,0,[1,2,4],4]。

（3）C 选项中，del list1[2]删除列表中索引为 2 的元素，此时 list1 为[1,2,4]。

（4）D 选项中，list1[2]获得的元素为[1,2,4]。

因此，正确答案为 B。

📖 实战训练

一、选择题

1．以下定义空列表的方法中错误的是（　　）。

　　A．list1 = []　　　　　　　　　B．list1 = list()

　　C．list1 = [,]　　　　　　　　　D．list1 = list('')

2．word = '我爱我的祖国'，以下可以将其转换为列表['我','爱','我','的','祖','国']的是（　　）。

　　A．word.list()　　　　　　　　　B．[word]

　　C．word.[]　　　　　　　　　　D．list(word)

3. word = '我爱我的祖国'，以下可以将其转换为列表['我爱我的祖国']的是（　　　）。

    A．word.list()　　　　　　　　　　B．[word]

    C．word.[]　　　　　　　　　　　　D．list(word)

4. word = '我爱我的祖国'，以下可以输出内容['我','的','祖','国']的是（　　　）。

    A．print(list(word))　　　　　　　B．print(list(word)[3:])

    C．print(list(word[2:]))　　　　　D．print(list([2:]))

5. list1 = ['新', '年', '快', '乐']，则 list1[0]的值是（　　　）。

    A．'新'　　　　　　　　　　　　　B．'年'

    C．'快'　　　　　　　　　　　　　D．'乐'

6. list1=['新', '年', '快', '乐']，则 list1[-2]的值是（　　　）。

    A．'新'　　　　B．'年'　　　　C．'快'　　　　D．'乐'

7. list1 = [1,2,[0,1,2,3],4]，则 list1[2][2]的值是（　　　）。

    A．0　　　　B．2　　　　C．1　　　　D．[0,1,2,3]

8. list1 = [1,2,[0,1,2,3],4]，以下程序使用 for 循环遍历列表 list1：

```
for i in list1:
    print(i)
```

共输出了（　　　）行。

    A．1　　　　B．3　　　　C．4　　　　D．7

9. list1 = ['新', '年', '快', '乐']，以下程序使用 for 循环遍历列表 list1：

```
for i in list1:
    print(i)
    if i == _____:
        break
```

输出结果：

```
新
年
```

在横线上填写代码，以下选项中正确的是（　　　）。

    A．1　　　　B．2　　　　C．'年'　　　　D．'快'

10. list1 = [1,2,[0,1,2,3],4]，以下程序使用循环遍历列表 list1：

```
while True:
    for i in list1:
        print(i)
```

语句 print(i)执行到第 7 次时，输出的内容是（　　　）。

    A．1　　　　B．2　　　　C．4　　　　D．[0,1,2,3]

11．list1 = ['新','年'], list2 = ['快','乐']，执行以下哪个选项可以得到 ['新','年','快','乐']？（   ）

    A．list1.list2   B．list1.append(list2)

    C．list1+list2   D．list1.list('快','乐')

12．list1 = ['新','年','快','乐'], list2 = [2024]，则 list2+list1 的值是（   ）。

    A．['2024 新年快乐']   B．[2024，'新','年','快','乐']

    C．['2024','新','年','快','乐'] D．程序报错

13．list1 = ['新','年','快','乐']，执行以下哪个选项可以得到 ['龙','年','快','乐']？（   ）

    A．list1['新']   B．list1[0]+'龙'

    C．'龙' + list1[1:]   D．['龙'] + list1[1:]

14．list1 = ['新','年'];list2 = ['快','乐']，执行以下哪个选项可以得到 ['龙','年','快','乐']？（   ）

    A．list1 + list2   B．list1['龙'] + list2

    C．['龙','年'] + list2   D．'龙' + list1[1] + list2

15．当 list1 = ['新','年','快','乐']，则表达式 "'龙' in list1" 的值是（   ）。

    A．'新','年','快','乐'   B．True

    C．False   D．程序报错

16．执行以下程序，输出结果为（   ）。

```
list1 = ['2024', '龙年', '快乐']
print(2024 not in list1)
```

    A．'2024','龙年','快乐' B．True

    C．False   D．程序报错

17．list1 = [1,2,[0,1,2,3],4]，则表达式 len(list1)的值是（   ）。

    A．1   B．2   C．[0,1,2,3] D．4

18．list1 = [1,2,3,4,5]，则表达式 "max(list1) + min(list1)" 的值是（   ）。

    A．1   B．5   C．6   D．程序报错

19．list1 = [8,6,2,7,3,5,4]，执行语句 "list1.sort(reverse=True)" 后，list1 的值正确的是（   ）。

    A．None   B．[2,3,4,5,6,7,8]

    C．[8,7,6,5,4,3,2]   D．程序报错

20．执行以下程序，输出结果为（   ）。

```
list1 = [8, 6, 2, 7, 3, 5, 4]
print(list1.sort())
```

    A．None   B．[2,3,4,5,6,7,8]

    C．[8,7,6,5,4,3,2]   D．程序报错

21．list1 = [2,3,4,5,6,7,8]，则语句"print(list1.index(3))"的输出结果是（　　）。

　　A．[2,3,4]　　　B．3　　　　　　C．1　　　　　　　D．0

22．list1 = [2,4,6,8,10]，则 list1.index(1)的返回值是（　　）。

　　A．None　　　　B．2　　　　　　C．4　　　　　　　D．程序报错

23．list1 = [2,3,4,5,6,7,8]，要删除列表中的最后一个元素，以下选项中正确的是（　　）。

　　A．list1-[8]　　　　　　　　　B．list1.pop(8)

　　C．del list1[6]　　　　　　　　D．list1.clear(5)

24．list1 = ['新', '年', '快', '乐']，要使 list1 的值为 ['新', '年', '快', '乐','！']，以下选项中错误的是（　　）。

　　A．list1 + '！'　　　　　　　　B．list1.append('！')

　　C．list1.insert(4,'！')　　　　　D．list1 = list1 + ['！']

二、操作题

1．str='Welcome to Python'，将其生成新列表['Welcome','to','Python']。

2．list1=[1,22,13,54,65,26,87,68,99]，设计程序遍历输出 list1 中的奇数。

3．list1=[1,2,3,4,['Welcome','to','Python'],6,7,8]，设计程序遍历输出 list1 中的"Welcome"、"to"和"Python"。

4．编写程序完成以下任务：

（1）随机生成 5 个 1～9 范围内的整数，生成新列表，第 1 次输出该列表。

（2）将数字 0、5、10 依次插入该列表的末尾，第 2 次输出该列表。

（3）按照从小到大的顺序对该列表排序，第 3 次输出该列表。

5．现有若干副扑克牌，按照牌的种类从大到小的顺序依次排列为："大王","小王","2","A","K","Q","J","10","9","8","7","6","5","4","3"。

（1）完善程序，满足以下条件：

① 当用户输入 1 时，随机给用户发牌（可以重复发相同种类的牌），并将此次发牌的种类输出在屏幕上。

② 直至用户输入 2 时结束发牌，此时输出用户手上的所有牌。

程序代码：

```
list1=["大王", "小王", "2", "A", "K", "Q", "J", "10", "9", "8", "7", "6", "5", "4", "3"]
#牌的种类列表
list2=[]   #存放用户拿到的扑克牌
```

（2）设计程序，满足以下条件：

① 当用户输入 1 时，随机给用户发牌（可以重复发相同种类的牌），并将此次发牌的种类输出在屏幕上。

② 用户每次拿到新牌后都将新牌插入，使手上的牌从左到右按照从小到大的顺序连续排

放，拿到已经有的相同种类的牌则放在相同种类的牌的最左侧，同时输出新牌插入的位置和插入后手上的所有牌。

③ 直至用户输入 2 时结束发牌，此时输出用户手上的所有牌。

3.3 不可修改的序列【元组】

学习目标

◆ 能够定义、访问、切片和遍历元组。

◆ 能够实现元组拼接和切片。

◆ 能够掌握元组常用的函数与方法。

要点提示

1. 定义、访问、切片和遍历元组

（1）定义元组。

使用括号()将所有元素包括在其中，各元素之间用逗号分隔，即可定义元组。例如：tuple1 = (2024,'年','是',['甲辰年'])（注：以下均使用此例）。

定义空元组：如 tuple2 = ()或者 tuple2 = tuple()。

（2）访问元组。

与字符串、列表的索引类似，在正向索引中，第 1 个索引为 0；在反向索引中，第 1 个索引为-1。通过索引可以获取元素的值。

例如：tuple1[0]为'2024'，tuple1[-1]为['甲辰年']。

（3）元组切片。

遵循左闭右开原则，例如：

```
tuple1[0:2]为(2024,'年')；
tuple1[:3]为(2024,'年','是')；
tuple1[2:]为('是', ['甲辰年'])；
tuple1[::-1]为(['甲辰年'], '是', '年', 2024)。
```

（4）遍历元组。

元组同样是可迭代对象，可以使用 for 循环遍历元组，例如：

```
for i in tuple1:
    print(i)
```

2．元组的拼接和相关运算

（1）元组的拼接："+"和"*"。

例如，tuple3 = (2,0); tuple4 = (2,4); tuple5 = ('新年','快乐')。

print('拼接后的元组：', tuple3 + tuple4)。

print('拼接后的元组：', tuple3 * 2)。

print('拼接后的元组：', tuple3 + tuple4 + tuple5)。

输出结果：

拼接后的元组：(2, 0, 2, 4)。

拼接后的元组：(2, 0, 2, 0)。

拼接后的元组：(2, 0, 2, 4, '新年', '快乐')。

（2）元组的其他操作：元组不可改变，不能添加、修改和删除元组的元素。

删除元组：del 语句。

例如：del tuple1，则元组 tuple1 将不存在。

（3）相关运算。

① 成员运算符：in 与 not in。

例 1：print(2024 in tuple1) #输出 True。

例 2：print(['甲辰年'] not in tuple1) #输出 False。

② 比较运算符：<、>、<=、>=、==、!= 等。例如：

a=('年',2024)

b=('年',2023)

print(a > b) #输出结果为 True。

3．元组常用的函数与方法

（1）tuple()函数：将字符串或列表转换为元组。

例如：tuple6 = tuple('甲辰年')，则 tuple6 的值为('甲','辰','年')。

（2）len()函数：返回元组的元素个数。例如，len(tuple1)为 4。

（3）max()和 min()函数：分别返回元组中值最大和最小的元素。

例如：tuple3 = (20,30,50,10,70,65)，则 max(tuple3)的值为 70。

（4）sorted()函数：对可迭代对象进行排序，不会修改原始对象，而是返回一个新的已排序列表。

例如：tuple7=(1,4,3,2)，则 sorted(tuple7)的返回(1,2,3,4)，而 tuple7 仍为(1,4,3,2)。

sorted(tuple7,reverse = True)则返回(4,3,2,1)，tuple7 没有改变。

（5）index()方法：查找目标对象，从元组中找出第一个与目标对象相匹配的项并返回其索引，如果没找到则抛出异常。

例如：tuple1.index(['甲辰年'])的返回值是 3。

（6）count()方法：用于统计元组中某个元素出现的次数。

例如：tuple1.count('年')的值为1。

经典解析

例1 以下定义空元组的方式中错误的是（　　）。

A．tuple1 = tuple()　　　　　　B．tuple1 = ()

C．tuple1 = tuple('')　　　　　　D．tuple1 = tuple(,)

解析

（1）A选项、B选项都是常用的创建元组的方法，故A选项、B选项正确。

（2）C选项在tuple()的参数中添加了内容为空的字符串元素，视为创建了空元组，故C选项正确。

（3）元组与列表类似，使用","分隔各个元素。D选项，tuple()在无对象的情况下单独使用了","分隔符，系统会返回报错信息，故D选项错误。

因此，正确答案为D。

例2 对于元组tuple1 = (1,2,3,4,5)执行以下操作，以下选项中错误的是（　　）。

A．tuple1[1]=6　　　　　　B．max(tuple1)

C．min(tuple1)　　　　　　D．len(tuple1)

解析

（1）A选项给元组tuple1的第2个元素赋值，由于元组创建后是不可改变的，故A选项错误。

（2）B选项、C选项分别取到了元组tuple1的最大值和最小值。

（3）D选项可以获取元组tuple1中的元素个数。

因此，正确答案为A。

例3 阅读以下程序，以下选项中描述正确的是（　　）。

```
tuple1=('明日复明日','明日何其多','我生待明日','万事成蹉跎')
count = 0
for i in tuple1:
    if '明日' in i:
        count+=1
if count>=3:
    print(tuple1[3][3:5])
```

A．执行print(tuple1[0].index('明日',2))，输出结果为0

B．程序结束时，变量count的值为4

C．程序结束时，输出的结果是'蹉跎'

D．将 print(tuple1[3][3:5])改为 print(tuple1[3][3:])，结果发生变化

解析

（1）A 选项是在 tuple1 的第 1 个字符串元素'明日复明日'中找第 2 个'明日'所在的位置，输出结果是 3，所以 A 选项错误。

（2）程序结束时，count 的值是 3，故 B 选项错误。

（3）程序结束时，count 的值是 3，符合判断条件，可以执行 print(tuple1[3][3:5])语句，得到结果'蹉跎'，故 C 选项正确。

（4）tuple1[3]的值为'万事成蹉跎',最大索引为4,所以在本题中tuple1[3][3:5]与tuple1[3][3:]都取到了字符串的末尾，结果不会发生变化，故 D 选项错误。

因此，正确答案为 C。

例 4　当 tuple1 =（1,2,3），执行 id(tuple1)后，得到关于内存地址的返回值为 2792027559360，以下描述中正确的是（　　　）。

A．再次执行 id(tuple1)后，返回的内存地址发生变化

B．因为元组不可以修改，所以执行 tuple1=(4,5)后程序会报错

C．执行 tuple1=(4,5)后，再次执行 id(tuple1)，返回的内存地址发生变化

D．执行 id(tuple1[0])得到的返回值与 tuple1 的内存地址相同

解析

（1）A 选项中再次执行 id(tuple1)后，元组 tuple1 没有发生变化，故内存地址不会发生变化，A 选项错误。

（2）B 选项对元组 tuple1 赋值，而不是对元组中的元素赋值，可以正常运行，故 B 选项错误。

（3）C 选项对元组 tuple1 重新赋值后，指向了新的内存空间，id(tuple1)返回的内存地址随之变化，故 C 选项正确。

（4）id(tuple1[0])得到的是 tuple1 中第 1 个元素的内存地址，故 D 选项错误。

因此，正确答案为 C。

实战训练

一、选择题

1．以下定义元组的方式中正确的是（　　　）。

A．tuple1 = tuple(1,2,3)

B．tuple1 = (1,2,3)

C．tuple1 = tuple(新年快乐)

D．tuple1 = (新年快乐)

2．以下定义元组的方式中错误的是（　　　）。

A．tuple1 = tuple([1,2,3])

B．tuple1 = ([1,2,3])

C．tuple1 = tuple('新年快乐')

D．tuple1 = tuple('新年','快乐')

3．执行以下程序，输出结果为（　　　）。

```
a1 = (11, 22, 33)
a2 = (66, 44, 22)
for i in a1:
    for j in a2:
        if i == j:
            print(i)
```

A．11　　　　　　B．22　　　　　　C．33　　　　　　D．66

4．执行以下程序，输出结果的行数为（　　　）。

```
tuple1 = (2024, '年', '是', ['甲辰年'])
for i in tuple1:
    print(i)
```

A．1　　　　　　B．2　　　　　　C．4　　　　　　D．6

5．a = range(1,6);b = tuple(a)，执行 print(b)，输出结果是（　　　）。

A．(1,2,3,4,5)　　　　　　　　B．1,2,3,4,5

C．range(1,6)　　　　　　　　D．(1,6)

6．a = (1,2,3);b=(4,5,6)，表达式 a+b 的值是（　　　）。

A．(1,2,3,4,5,6)　　　　　　　B．((1,2,3),(4,5,6))

C．((1,2,3),4,5,6)　　　　　　D．(1,2,3,(4,5,6))

7．tuple1 = (2024,'年','是',['甲辰年'])，则 type(tuple1[3])的返回值是（　　　）。

A．<class 'str'>　　　　　　　B．<class 'list'>

C．<class 'tuple'>　　　　　　D．<class 'int'>

8．tuple1=(1)，则 type(tuple1)的返回值是（　　　）。

A．<class 'str'>　　　　　　　B．<class 'list'>

C．<class 'tuple'>　　　　　　D．<class 'int'>

9．tuple1 = (1,)，则 type(tuple1)的返回值是（　　　）。

A．<class 'str'>　　　　　　　B．<class 'list'>

C．<class 'tuple'>　　　　　　D．<class 'int'>

10. tuple1 = (2024,'年','是',['甲辰年'])，执行 print(tuple1[2])，输出结果是（　　　）。

    A. 2024　　　　　　　　　　B. 年

    C. 是　　　　　　　　　　　D. ['甲辰年']

11. tuple1 = (2024,'年','是',['甲辰年'])，以下值为('甲辰年')的选项是（　　　）。

    A. tuple1[3]　　　　　　　　B. tuple1[-1]

    C. tuple(tuple1[3])　　　　　　D. (tuple1[3])

12. tuple1 = (1,(1,2,3,4),5)，以下选项中结果为整数 4 的是（　　　）。

    A. tuple1[4]　　　　　　　　B. tuple1[1][4]

    C. tuple1[1][-1]　　　　　　　D. tuple1[1]

13. t = ('cat','dog','tiger', 'human')，则 t[::-1]的值是（　　　）。

    A. 'human'　　　　　　　　B. ('human')

    C. ('human','tiger','dog','cat')　D. 程序报错

14. a1 = (11,22,33);a2 = (66,44,22)，则表达式 a1 < a2 的值是（　　　）。

    A. True　　　　　　　　　　B. False

    C. 0　　　　　　　　　　　D. 程序报错

15. a3 = (11,22,33);a4 = (11,22,33,44,55,66)，则表达式 a3 in a4 的值（　　　）。

    A. True　　　　　　　　　　B. False

    C. 0　　　　　　　　　　　D. 程序报错

16. t = ('cat','dog','tiger', 'human')，则 t.count('a')的返回值是（　　　）。

    A. 0　　　　　　　　　　　B. 1

    C. -1　　　　　　　　　　　D. 程序报错

17. tuple1 = (1,2,3,4)，执行语句 del tuple1[1]，下列选项中正确的是（　　　）。

    A. tuple1 中的 1 被删除　　　B. tuple1 中的 2 被删除

    C. tuple1 被删除　　　　　　D. 程序报错

18. 执行以下程序，输出结果是（　　　）。

```
tuple1=(1, 2, 3, 4, 5)
a=sum(tuple1)
b=min(tuple1)
print(a+b)
```

    A. 1　　　　　　　　　　　B. 5

    C. 6　　　　　　　　　　　D. 16

19. 阅读并补充以下程序，使输出结果为 True，正确的选项是（　　　）。

```
tuple1=(1, 2, 3, 4, 5)
tuple2=(5, 4, 3, 2, 1)
        ①
```

①

```
        ②
print(list1 == list2)
```

A. ①list1=tuple1　②list2=tuple2

B. ①list1=sorted(tuple1,reverse=True)　②list2=list(tuple2)

C. ①list1=sorted(tuple1)　②list2=list(tuple2)

D. ①list1=list(tuple1)　②list2=list(tuple2)

20. tuple1 = (1,2,3,4,5)，要使 tuple2 的值不是(5,4,3,2,1)，以下选项中正确的是（　　）。

A. tuple2=(5, 4, 3, 2, 1)

B. tuple2=tuple1[::-1]

C. tuple2=sorted(tuple1,reverse=True)

D.
```
list1=[]
for i in tuple1[::-1]:
        list1.append(i)
tuple2=tuple(list1)
```

二、操作题

1. tuple1=('努力学习','学习进步','天天向上','认真学习','好好学习','学习勤奋')，编写程序自动统计 tuple1 中包含'学习'的元素的个数。

2. 本学期"程序设计"考试已经结束，老师批完试卷后将各同学的分数录入在元组 scores 中，值为(85,92,78,95,88,60,72,98,83,75,55,86,78,83,90,88,76,62,65,72)。编写程序帮老师统计不同分数段的学生人数。程序输出段格式如下。

90 分及以上：××人。

70～89 分（含 70 分）：××人。

60～69 分（含 60 分）：××人。

60 分以下：××人。

3. 学校开展羽毛球双打比赛，每支参赛队具有 2 名队员，报名成功后，参赛队员不允许更换。羽毛球双打参赛队报名名单如表 3-3-1 所示。

表 3-3-1　羽毛球双打参赛队报名名单

参赛队名称	A	B	C	D
队员 1 姓名	王大	周二	张三	李四
队员 2 姓名	李庆	张青	周勇	王伟

使用 input()函数提示用户，逐行输入表 3-3-1 中的参赛队名称、队员 1 姓名、队员 2 姓名，将信息保存在元组中；输入各参赛队信息后，输出该元组，循环输入、输出 4 个参赛队的报名信息，具体流程和格式如下。

输入内容：

　　输入参赛队名称：A
　　输入队员1姓名：王大
　　输入队员2姓名：李庆

输出内容：

　　('A', '王大', '李庆')
　　参赛队A：王大、李庆, 报名成功!

　　...

　　输入参赛队名称：D
　　输入队员1姓名：李四
　　输入队员2姓名：王伟
　　('D', '李四', '王伟')
　　参赛队D：李四、王伟, 报名成功!
　　报名结束!

3.4　密码字典和集合【字典和集合】

学习目标

◆ 能够定义、访问、修改字典。

◆ 能够遍历字典的键、值和键值对。

◆ 能够使用字典的常用函数与方法。

◆ 能够定义、访问、遍历集合。

◆ 能够运用集合特点删除重复元素。

要点提示

1. 字典的定义、特点、访问、修改与相关运算

（1）定义字典。

字典以键（key）和值（value）形成的键值对存储数据，使用{}将所有键值对包括在其中，各键值对之间用逗号分隔，即可定义字典。

例如：dict1 = {'姓名':'Bob', '性别':'男', '年龄':18}（注：以下均使用此例）。

定义空字典：如 dict1 = {}或者 dict2 = dict()。

（2）字典的特点。

① 不允许同一个键重复出现。

② 键必须是不可变的数据。

③ 字典的存储是无序的。

④ 字典中键值对的值都需要用键进行取值。

（3）访问字典。

与字符串、列表和元组的索引不同，获取字典中键值对的值都需要用键进行取值。

例如：dict1['姓名']为'Bob'，dict1['年龄']为18。

（4）修改字典。

① 通过给新键赋值添加键值对，如 dict1['身高']=180，则字典 dict1 中增加键值对{'身高':180}。

② 直接给键赋值可修改键值对，如 dict1['年龄']=20，则字典 dict1 中'年龄'的值修改为20；

③ 使用 del 语句删除字典，如 del dict1，则字典 dict1 将不存在。

④ 使用 del 语句删除键值对，如 del dict1['年龄']，则字典 dict1 中将不存在键值对{'年龄':18}。

（5）相关运算。

① 成员运算符：in 与 not in。

例1：print('姓名' in dict1)　　　　　　#检查值是否存在字典的键中。

例2：print('Bob' in dict1.values())　　#检查值是否存在字典的值中。

② 比较运算符：<、>、<=、>=、==、!= 等。例如：

dict2={'性别':'男', '姓名':'Bob', '年龄':18}

print(dict1 == dict2)　　　#输出结果为 True

如果两个字典的内容相同，则无论键值对的顺序如何，会被认为相同。

2. 字典常用的函数与方法

（1）dict()函数：用于创建字典对象或将其他可迭代对象转换为字典。

例如：dict3 = dict(name = "Allen", age = 25)，则 dict3 为{'name': 'Allen', 'age': 25}。

（2）len()函数：返回字典的键值对的个数。例如：len(dict1)为3。

（3）keys()方法：返回视图对象，内容为字典中各键的合集。例如：dict1.keys()，返回值为 dict_keys(['姓名', '性别', '年龄'])。

（4）values()方法：返回视图对象，内容为字典中各键值的合集。例如：dict1.values()，返回 dict_values(['Bob', '男', 18])。

（5）items()方法：返回视图对象，内容为由字典中各键值对转化过来的元组的合集。例如：dict1.items()，返回 dict_items([('姓名', 'Bob'), ('性别', '男'), ('年龄', 18)])。

（6）get()方法：返回指定键的值，如果键不在字典中，则返回默认值；如果原先没有设置过默认值，则返回 None。例如：dict1.get('姓名')，返回'Bob'。

（7）update()方法：把参数中的键值对更新到字典对象中。例如：dict1.update({'身高':180})，则 dict1 为{'姓名': 'Bob', '性别': '男', '年龄': 18, '身高': 180}。

（8）pop()方法：删除字典给定键 key 及对应的值，返回值为被删除键的值。例如：dict1.pop('年龄')，则返回值为 18，dict1 为{'姓名': 'Bob', '性别': '男'}。

（9）clear()方法：用于删除字典中所有的键值对，返回一个空字典。

3. 遍历字典的键值、值和键值对

（1）使用 for 循环遍历字典中所有键值对中的键值，例如：

```
for key in dict1.keys():
    print(key)
```

（2）使用 for 循环遍历字典中所有键值对中的值，例如：

```
for value in dict1.values():
    print(value)
```

（3）使用 for 循环遍历字典中所有键值对，例如：

```
for key, value in dict1.items():
    print(key, value)
```

4. 集合的定义、特点与遍历

（1）定义集合。

定义集合时，使用花括号{ }将所有元素包括其中，各元素之间用逗号分隔。例如：set1 = {10 , 'A'}（注：以下均使用此例）

定义空集合：定义空集合不能使用{}，只能用 set()创建，例如 set2= set()

（2）集合的特点。

① 集合是无序的；

② 集合内的元素不可重复。

（3）遍历集合。

因为集合具有无序的特点，所以不能采用索引访问集合中的元素。但是集合是可迭代对象，使用 for 循环可以遍历集合，例如：

```
for i in set1:
    print(i)
```

5. 集合常用的函数与方法

（1）set()函数：可以将可迭代对象作为参数创建集合，如列表、元组、字符串等。因为集合内的元素不可重复，所以可以利用这个特点，删除序列中重复的元素。例如：

```
list1=[1, 2, 3, 3, 4, 4, 5, 5]
print(set(list1))           #输出{1, 2, 3, 4, 5}。
```

（2）len()函数：返回集合的元素个数。例如：len(set1)值为 2。

（3）add()方法：向集合添加一个元素。例如：set1.add(4)，set1 的值为{10,'A',4}（注：元素顺序随机）。

（4）update()方法：向集合添加多个元素。

例如：set1.update([5, 6])，set1 的值为{10,'A',5,6}。

（5）remove()方法：从集合中移除指定元素，如果元素不存在，则会抛出 KeyError 异常错误。例如：set1.remove(10)，set1 的值为{'A'}。

（6）discard()方法：从集合中移除指定元素，如果元素不存在，则不会抛出异常。例如：set1.discard(10)，set1 的值为{'A'}。

（7）pop()方法：随机移除并返回集合中的一个元素。

例如：set1.pop()，若移除并返回的值为 10，则 set1 的值为{'A'}。

（8）clear()方法：移除集合中的所有元素。

例如：set1.clear()，set1 为空集合。

6. 集合的运算

set2 = {1,2,3,4,5}；set3 = {3,4,5,6,7}。

① 成员运算符：in 与 not in。

例如：print(3 in set2) #输出 True。

② 比较运算符：<、>、<=、>=、==、!= 等。

例如：print(set2 == set3) #输出结果为 False。

③ 交集运算符：&，得到两个集合中相同的元素。

例如：print(set2 & set3) #得到{3, 4, 5}。

④ 并集运算符：|，得到两个集合合并，并去除重复元素。

例如：print(set2 | set3) #得到{1, 2, 3, 4, 5, 6, 7}。

⑤ 差集运算符：-，得到一个集合在另一个集合中没有的元素。

例 1：print(set2 - set3) #得到{1, 2}。

例 2：print(set3 - set2) #得到{6, 7}。

⑥ 异或集运算符：^，得到只在一个集合中出现的元素。

例如：print(set2 ^ set3) #得到{1, 2, 6, 7}。

经典解析

例 1 下面哪个选项不能创建一个空字典？（　　　）

A．dict()   B．dict(zip())

C．{}   D．set()

解析

（1）A、C 选项都可以用于创建空字典。

（2）B 选项中，因为 zip() 中没有添加参数，故仍能创建出空字典。

（3）set() 函数用于创建集合，不能创建空字典，故 D 选项正确。

因此，正确答案为 D。

例2 运行下面程序，以下哪个选项的描述是正确的？（　　　）

```
my_dict = {'name': 'Alice', 'age': 25, 'height':175}
for i in my_dict.keys():
    print(i)
```

A．该程序共输出 6 行内容

B．会逐行输出 my_dict 中的键值

C．输出结果中的第 1 行为('name', 'Alice')

D．该字典中所有的键和值都为字符串元素

解析

（1）运行该程序，将遍历 my_dict 字典中的键，输出结果中的第 1 行为 name，故 C 选项错误；该字典共有 3 个键值对，输出结果共 3 行，故 A 选项错误、B 选项正确。

（2）my_dict 字典中的键'height'对应值 175 的数据类型是整数，故 D 选项错误。

因此，正确答案为 B。

例3 下面哪个选项可以同时获取字典中的键和值？（　　　）

A．keys()　　　　　　　　　B．keys(values())

C．items()　　　　　　　　　D．get()

解析

（1）A 选项用于获取字典中的键，故 A 选项错误。

（2）B 选项的语法错误。

（3）C 选项中的 items() 方法获取字典中的键值对，故 C 选项正确。

（4）get() 方法用于返回字典中指定键的值，故 D 选项错误。

因此，正确答案为 C。

例4 以下哪个选项不能被添加到集合中？（　　　）

A．1　　　　　　B．'hello'　　　　　C．[1, 2, 3]　　　　D．True

解析

（1）A 选项的数据类型为整型，B 选项的数据类型为字符串，都可以添加到集合中。

（2）列表是一种不可哈希（unhashable）的对象，这意味着列表是可变的，并且不能被用作字典的键或集合的成员。元组不可变，是一种可哈希的对象，可以作为字典的键或集合的成员，故 C 选项不能作为集合的元素。

（3）D 选项中的 True 是一个布尔类型的值，可以被添加到集合中。

因此，正确答案为 C。

例 5 运行下面程序，以下选项中描述正确的是（　　　）。

```python
list1 = [1, 2, 2, 3, 4, 4, 5, 5]
set1 = set(list1)
list2 = list(set1)
print(list2)
```

A．list2 中有 10 个元素　　　　　　B．set1 中有 5 个元素

C．set1[0]的值为 2　　　　　　　　D．list2[0]的值不固定

解析

（1）该程序利用了集合中的元素不可重复性，创建的集合 set1 为{1,2,3,4,5}，于是 list2 为[1,2,3,4,5]，故 A 选项错误，B 选项正确。

（2）set1 为集合，具有无序性，无法使用索引值进行访问和取值，故 C 选项错误。

（3）在当前列表 list2 没有改变的情况下，列表中的元素是固定的，故 D 选项错误。

因此，正确答案为 B。

实战训练

一、选择题

1．以下选项中不是 Python 字典特性的是（　　　）。

    A．字典是无序的

    B．字典的键值对中的值可以是任意类型的数据

    C．字典可以存储多个键值对

    D．字典的大小是固定的

2．Python 字典中的键值对是通过什么符号分隔的？（　　　）

    A．逗号　　　　　B．分号　　　　　C．冒号　　　　　D．句号

3．以下选项中不能作为字典的键的是（　　　）。

    A．123　　　　　B．'hello'　　　　C．[1, 2, 3]　　　　D．None

4．以下选项中可以定义一个字典变量的是（　　　）。

    A．dict1 = dict('username':'password')

    B．dict1 = {'username':'password'}

    C．dict1 = dict(zip('username':'password'))

    D．dict1 = ('username':'password')

5. dict1 = {'a':1,'b':2,'b':'3'}，执行 print(dict1['b'])，输出结果为（　　　）。

    A. 1　　　　　　　B. 2　　　　　　　C. 3　　　　　　　D. None

6. 当 list1=['姓名','性别','年龄'];list2=['Bob','男','18']时，要将 list1 与 list2 组合成一一对应的字典元素，以下选项中合适的语句是（　　　）。

    A. zip(list1,list2)　　　　　　　B. list1.dict(list2)

    C. dict(zip(list1,list2))　　　　D. {list1,list2}

7. 当 dict1 = {'姓名':'Bob','性别':'男','年龄':18}时，想要获取'Bob'，以下选项中正确的是（　　　）。

    A. dict1[0]　　　　　　　　　　B. dict1['姓名']

    C. dict1.items()　　　　　　　　D. dict1.items('姓名')

8. 当 dict1 = {'姓名':'Bob','性别':'男','年龄':18}，想要获取 dict1 中所有的 value 值，以下选项中正确的是（　　　）。

    A. for keys in dict1.items():
        print(keys)

    B. for values in dict1.items():
        print(values)

    C. for values in dict1.values():
        print(values)

    D. for values in dict1.items(keys):
        print(values)

9. 根据键获取字典中的值，如果键不存在则返回默认值，使用的函数是（　　　）。

    A. keys()　　　　　　　　　　　B. values()

    C. items()　　　　　　　　　　　D. get()

10. 字典 a 中有多个键值对，以下指令中可以清空字典并保留字典变量的是（　　　）。

    A. a.remove()　　　　　　　　　B. a.pop()

    C. a.clear()　　　　　　　　　　D. del a

11. dict1 = {'姓名':'Bob','性别':'女','年龄':18}。字典变量 dict1 记载了 Bob 的个人信息，但性别登记出现错误，以下选项中能将信息修改正确的是（　　　）。

    A. dict1.clear()　　　　　　　　B. dict1.pop('性别')

    C. dict1['性别']='男'　　　　　　D. dict1('性别')='男'

12. 运行下面程序，以下选项中正确的是（　　　）。

```
dict1 ={'Ten':10, 'Twenty':20, 'Thirty':30, 'Forty':40}
dict2 = dict1.pop('Forty')
print(dict2)
```

    A. 程序输出的内容为{'Ten':10,'Twenty':20,'Thirty':30}

B．dict1 的内容为{'Ten':10,'Twenty':20,'Thirty':30}

C．程序输出的内容为'Forty'

D．程序输出的内容为 40

13．list1=['Ten','Twenty','Thirty','Forty'];list2=[10,20,30,40]，要输出结果{'Ten':10,'Twenty':20,'Thirty':30,'Forty':40}，以下语句中正确的是（　　　）。

A．print(zip(list1,list2))　　　　　　B．print(dict(list1,list2))

C．print{(list1:list2)}　　　　　　　D．print(dict(zip(list1,list2)))

14．dict1={'Ten':10,'Twenty':20};dict2={'Thirty':30,'Forty':40}，要输出结果{'Ten':10,'Twenty':20,'Thirty':30,'Forty':40}，以下语句中正确的是（　　　）。

A．print(dict1.update(dict2))

B．dict1.update(dict2)

　　print(dict1)

C．print(dict1+dict2)

D．print(dict1.get(dict2))

15．运行下面程序，以下选项中正确的是（　　　）。

```
dict1={'name': 'Zhangsan', 'age': 20, 'city': 'SH', 'gender': 'male'}
for keys,values in dict1.items():
    print(keys)
print(values)
```

A．程序共输出 4 行

B．程序共输出 8 行

C．输出结果中的第 2 行为 age

D．dict1 中所有的元素的类型都是字符串

16．运行下面程序，以下选项中正确的是（　　　）。

```
dict1={'name': 'Zhangsan', 'age': 20, 'city': 'SH', 'gender': 'male'}
print(len(dict1))
```

A．程序输出结果为 4　　　　　　B．程序输出结果为 8

C．程序输出结果为 None　　　　D．程序报错

17．运行下面程序，以下选项中正确的是（　　　）。

```
dict1={'name':'DingYi','id':3320080808,'birthday':('20080808')}
if '20080808' in dict1:
    print("字典中存在该字段")
else:
    print("字典中不存在该字段")
```

A．程序输出"字典中存在该字段"

B. 将第 2 行代码修改为 if '20080808' in dict1.items('id'),程序输出"字典中存在该字段"

C. 将第 2 行代码修改为 if '20080808' in dict1.get('id'),程序输出"字典中存在该字段"

D. 将第 2 行代码修改为 if '20080808' in dict1.values(),程序输出"字典中存在该字段"

18. 要将字典键中"杭州"的美食修改成"藕粉",下列选项中正确的是（　　　　）。

```
dict1={
    "杭州":{"景点":"西湖","美食":"醋鱼"},
    "宁波":{"景点":"东钱湖","美食":"汤圆"}
}
```

A. dict1[0]["美食"]="藕粉"

B. dict1["杭州"][1]="藕粉"

C. dict1["杭州"]["美食"]="藕粉"

D. dict1["杭州"][美食]="藕粉"

19. 运行下面程序，则以下选项中描述不正确的是（　　　　）。

```
user1={'id': '330265', 'username': 'John', 'password': '123456' }
output = ""
word=input("请输入你要检索的信息: ")
if word in user1.keys():
    output+=user1.get(word)
print(output)
```

A. 输入'id'，程序输出 330265

B. 输入'name'，程序输出 None

C. 输入'username'，程序输出 John

D. 输入'password'，返回的值的类型为字符串

20. 下面程序中的字典 dict1 存储了 5 位同学的期中考试分数，下列选项中正确的是（　　　　）。

```
dict1 = {"stu_nums":5,
        "stu_score":[
                {"姓名":"张小燕","score":91},
                {"姓名":"王小虎","score":85},
                {"姓名":"马小跳","score":76},
                {"姓名":"张小磊","score":90},
                {"姓名":"石小猛","score":66}
            ]}
```

A. 通过 dict1[1]["姓名"]，可以获取到"张小燕"

B. 通过 dict1[1]["score"]，可以获取到"张小燕"的成绩

C. 通过 dict1["stu_score"][1]，可以获取到字典元素

D. dict1["stu_score"][1]["score"]>dict1["stu_score"][3]["score"]

21. 以下选项中不是集合特性的是（   ）。

    A．无序性   B．可由不同类型的元素组成

    C．包含的元素具有可变性   D．无重复元素

22. 运行下面程序，以下选项中描述正确的是（   ）。

```
list1 = [1, 2, 2, 3, 5, 7, 7, 10]
set1 = set(list1)
print(set1[2])
```

    A．程序的输出结果是 2   B．程序的输出结果是 3

    C．程序报错   D．set1 中有 8 个元素

23. 以下选项中可以合并两个集合的是（   ）。

    A．& 运算符   B．| 运算符

    C．and 运算符   D．or 运算符

24. set1={1,2,3,4,5};set2={4,5,6,7,8}，要得到{4,5}，以下表达式中正确的是（   ）。

    A．set1 + set2   B．set1 - set2

    C．set1 | set2   D．set1 & set2

25. 阅读下面程序，哪个选项的描述是正确的？（   ）

```
set1={1, 2, 3}
list1=[3, 4, 5]
set1.update(list1)
print(set1)
```

    A．输出的是列表   B．程序会报错

    C．set1 中有 5 个元素   D．set1 中有 6 个元素

二、操作题

1. 近几年，小明旅游经过了不少省份和城市，他都一一记录在字典 city 中，其值为 {"浙江":["杭州","宁波","温州","绍兴","嘉兴","台州","金华","湖州","衢州","舟山","丽水"],"江苏":["南京", "苏州","扬州"],"福建":["福州","厦门","泉州","宁德","漳州"]}。请编写 Python 程序完成以下功能：

（1）遍历该字典，逐行输出小明旅游经过的省份和所对应的城市列表。

（2）遍历该字典，逐行输出小明在浙江省旅游经过的各个城市的名称。

2. Python 程序中的字典变量 person= {"name": "李华", "nickname": "小李", "gender": "female","hobby": "music"}，内容是与李华同学相关的信息，但有几个地方与表 3-4-1 不同，请编写程序纠正并输出该字典。

表 3-4-1　李华信息表

name	nickname	gender	hobby	(height,weight)
李华	小李	male	["music","sport"]	[175,70]

3．宠物医院会给每个宠物都登记宠物的种类和主人的信息，以确保不混淆。宠物信息 list1=["泰迪犬","博美犬","英短猫","长毛猫"]；主人信息：list2=["小李","小张","小枣","小王"]；请根据表 3-4-2，编写 Python 程序，通过字典保存信息，并完成如下功能。

表 3-4-2　宠物信息表

宠物（键）	泰迪犬	博美犬	英短猫	长毛猫
主人姓名（值）	小李	小张	小枣	小王

（1）为每个键值对创建一个字典，该键值对的键和值分别为宠物类型与主人名字，创建的字典变量分别用 dict1~dict4 命名。

（2）将 dict1~dict4 这 4 个字典变量存储在一个名为 pets 的列表中。

（3）遍历列表 pets，输出所有宠物的信息，格式如下。

输出结果：

宠物清单：　[{'泰迪犬': '小李'}, {'博美犬': '小张'}, {'英短猫': '小枣'}, {'长毛猫': '小王'}]

泰迪犬的主人是小李

博美犬的主人是小张

英短猫的主人是小枣

长毛猫的主人是小王

4．高一开学时，班主任开展了新生入学情况调查工作，其中已参与调查的同学名单在字典变量 dict1 中，其值为{1:'张三',2:'李四',3:'王五',4:'赵六',5:'朱七'}；而未参与调查的同学名单在列表 list1 中，其值为['王大','周二']。

请编写一个 Python 程序，完成以下功能。

（1）遍历这个人员名单，对于已参与调查的同学，给每人输出一条表示感谢的消息；格式如下：

```
1号张三，感谢你的调查！
2号李四，感谢你的调查！
...
```

（2）对于还未参与调查的同学，给每人输出一条邀请他参与调查的消息；格式如下：

```
王大，请你参加调查！
周二，请你参加调查！
```

（3）收到调查邀请的同学会逐个完成调查，完成后给每人输出一条表示感谢的消息，再把他们按顺序添加到原字典 dict1 中，最后输出当前已参与调查的同学名单（dict1）。格式如下：

> 6号王大，感谢你的调查！
>
> 7号周二，感谢你的调查！
>
> 现在已参与调查的名单是：{1: '张三', 2: '李四', ..., 7: '周二'}

5．编写 Python 程序完成以下功能。

（1）随机生成 20 个范围在 1～20 的整数，加入列表 a 中，并输出该列表。

（2）使用集合进行列表去重的操作，输出去重后创建的集合。

（3）判断集合中的整数是否小于或等于 10，是则放置到列表 part1 中，不是则放置在列表 part2 中。

（4）键值对如表 3-4-3 所示，以列表 part1 和 part2 生成字典，并输出该字典。

表 3-4-3　键值对

键	'part1'	'part2'
值	[1,3,4...]	[11,12,15...]

第 **4** 章

程 序 算 法

本章主要内容

- 列举法。
- 选择排序法。
- 冒泡排序法。
- 顺序查找法。
- 二分查找法。
- 递推法。
- 递归法。

4.1 列举法

学习目标

◆ 能够判断能否用列举法解决问题。

◆ 能够通过遍历范围的判断，确定循环变量的范围。

◆ 能够正确书写各种条件语句。

要点提示

1. 列举法

（1）列举法的算法思想。

列举法又称为穷举法，通过逐一列举问题所涉及的可能情况来寻找问题的解，常用于解决"是否存在"和"有多少种可能"的问题。例如，常用于密码破解、数学计算和图形搜索等领域。

（2）列举法的算法过程。

① 确定问题中需要列举的对象或变量。

② 确定每个列举对象或变量的取值范围。

③ 按照指定的顺序逐个列举并处理所有可能的情况。

④ 对于每个列举得到的结果，判断其是否符合问题的要求。

⑤ 输出符合要求的解。

（3）用 for…in…循环结构实现列举法。

字符串、列表、元组、集合和字典等均可用 for…in…循环遍历。

典型示例：

```
for i in [1, 2, 3]:
    for j in [1, 2, 3]:
        print (i, j)
```

 经典解析

例 1　以下情况中不能用列举法解决的是（　　　）。

　　A．求出 100 以内能被 23 整除的数

　　B．已知小明全班同学的身高，统计班里有多少位同学的身高超过小明

　　C．小明唱歌很棒，他想罗列出班里比他唱得还好的同学

　　D．已知小明全班同学的程序设计成绩，统计出 90 分以上的同学人数

解析

（1）A 选项中遍历的范围为 1～100（定量），满足能被 23 整除条件（定性），可以用列举法。

（2）B 选项中遍历的范围为全班身高（定量），满足大于小明身高条件（定性），可以用列举法。

（3）C 选项中遍历的范围为全班，但是唱歌能力不能用定量描述，因此不能用列举法。

（4）D 选型中遍历的范围为全班成绩（定量），满足大于 90 分条件（定性），可以用列举法。

因此，正确答案为 C。

例 2　找出 0～21 能被 3 整除的整数，以下选项中能输出这些数的是（　　　）。

　　A．for i in range(21):print(i)　　　　B．for i in range(0,21,3):print(i)

　　C．for i in range(0,22):print(i)　　　　D．for i in range(0,22,3):print(i)

解析

（1）A 选项中遍历的范围为 0～20；B 选项中遍历的范围为 0,3,6,9,12,15,18。

（2）C 选项中遍历的范围为 0～21；D 选型中遍历的范围为 0,3,6,9,12,15,18,21。

因此，正确答案为 D。

例 3 能被 4 整除但不能被 100 整除，或者能被 400 整除的年份为闰年。在以下判断用户输入的年份（Year）是否为闰年的条件表达式中书写正确的是（　　　）。

  A．Year % 4==0 and Year % 100!=0 or Year % 400==0

  B．Year % 4=0 and Year % 100!=0 or Year % 400=0

  C．Year % 4==0 or Year % 100!=0 or Year % 400==0

  D．Year // 4==0 and Year // 100!=0 or Year // 400==0

解析

（1）求模运算符为"%"，条件语句中的等于号为"=="，注意不是赋值运算符"="。

（2）能被 4 整除但不能被 100 整除：Year % 4==0 and Year %100!=0。

能被 400 整除：Year % 400==0。

（3）逻辑运算符优先级：not >and >or；同一优先级，从左往右计算。

因此，正确答案为 A。

实战训练

一、选择题

1．以下选项中不能使用列举法解决的问题是（　　　）。

  A．求出所有能被 23 整除的数

  B．求出 100 以内能被 23 整除的数

  C．求出 100 以内的奇数

  D．求出所有水仙花数（水仙花数：3 位正整数，各个位上的数字立方和等于该数）

2．以下选项中能用列举法解决的问题是（　　　）。

  A．求出 100 以内所有素数

  B．求出 100 以内能做幸运数的数字

  C．找出所有偶数

  D．找出所有奇数

第 3～4 题的代码如下：

```
for chicken in range(_____①_____):
    for rabbit in range(_____①_____):
        if chicken+rabbit==30 and _____②_____:
```

```
        print（f'鸡有{chicken}只，兔有{rabbit}只'）
        break
```

3．鸡、兔共有 30 只，允许存在只有鸡或兔的情况，在①处填入最合适的代码为（　　）。

    A．[1, 2, 3, 4, 5, 6, 7, 8, 9, 10, 11, 12, 13, 14, 15, 16, 17, 18, 19, 20, 21, 22, 23, 24, 25, 26, 27, 28, 29, 30]

    B．range(0, 31)

    C．range(0, 31, 2)

    D．range(1, 15, 2)

4．鸡、兔共有 30 只且鸡、兔脚数相加刚好也为 100，②为判断脚数，以下代码填入最合适的是（　　）。

    A．chicken*2+rabbit*4==100

    B．chicken*2==100

    C．rabbit*4==100

    D．chicken*2-rabbit*4==100

5．以下哪个选项在实现 for...in...方式形成的循环遍历过程中会出错？（　　）

    A．for i in "123":　　　　　　B．for i in ["1", "2", "3"]:

    C．for i in ("1", "2", "3"):　　　D．for i in 123:

6．在 "for i in range(1,8,3):" 中，变量 i 能遍历的数据有（　　）。

    A．1,2,3,4,5,6,7,8　　　　　　B．1,4,7

    C．1,4,7,8　　　　　　　　　　D．1,8,3

7．水仙花数是一个 3 位数，它的每个位上的数字立方和相加刚好等于该数，以下选项中找所有水仙花数最合适的代码是（　　）。

    A．
```
for a in range(0, 10):
    for b in range(0, 10):
        for c in range(0, 10):
            if a**3+b**3+c**3==a*100+b*10+c:
                print(a*100+b*10+c,"该数为水仙花数")
```

    B．
```
for i in range(100, 999):
    a=i // 100
    b=i // 10 % 10
    c=i % 10
    if a**3+b**3+c**3==i:
        print(i,"为水仙花数")
```

    C．for a in range(1, 10):

```
            for b in range(0,10):
                for c in range(0,10):
                    if a**3+b**3+c**3==a*100+b*10+c:
                        print(a*100+b*10+c,"该数为水仙花数")
    D. for i in range(1000):
        a=i // 100
        b=i // 10 % 10
        c=i % 10
        if a**3+b**3+c**3==i:
            print(i,"为水仙花数")
```

8. range(3,8,2)生成的序列为（　　）。

A. 3,4,5,6,7,8　　　　　　　　B. 3,5,7,8

C. 3,8,2　　　　　　　　　　　D. 3,5,7

9. 鸡兔同笼问题：今有鸡兔同笼，上有 35 个头，下有 94 只脚，问：鸡兔各几只？假设鸡的只数为 Chicken，兔的只数为 Rabbit，允许存在只有鸡或兔的情况下，以下哪个选项没有列举出所有可能的情况？（　　）

```
    A. for Chicken in range(36):
            for Rabbit in range(36):
    B. for Chicken in range(36):
            Rabbit=35-Chicken
    C. for Rabbit in range(36):
            Chicken=35-Rabbit
    D. for Chicken in range(35):
            for Rabbit in range(35):
```

10. 以下选项中不是逻辑运算符的是（　　）。

A. or　　　　　B. and　　　　　C. if　　　　　D. not

11. 补充完整代码，输入一个数，并输出这个数的所有因子（约数），以下选项中正确的是（　　）。

```
n=int(input("请输入一个自然数"))
for i in range(_____):
    if n % i==0:
        print(i)
```

A. n　　　　　B. n+1　　　　　C. 1,n　　　　　D. 1,n+1

12. 求共有几个 2 位数偶数的代码，以下选项中正确的是（　　）。

```
    A. for i in range(10,100):
```

```
        if i % 2 ==0:
            count+=1
    print(f"共有{count}个2位偶数。")
```

B.
```
count=0
for i in range(10,99):
    if i % 2 ==0:
        count+=1
print(f"共有{count}个2位偶数。")
```

C.
```
count=0
for i in range(10,100):
    if i % 2 =0:
        count+=1
print(f"共有{count}个2位偶数。")
```

D.
```
count=0
for i in range(10,100):
    if i % 2 ==0:
        count+=1
print(f"共有{count}个2位偶数。")
```

二、操作题

1. 老师给小明 100 元钱，要求他买笔和本子的数量之和为 35，已知一支笔的价格为 2 元，一个本子的价格为 5 元，允许只买同一种类物品，用列举法编写程序求出买笔和本子的数量各为多少。

2. 小明的奶奶在农贸市场卖菜，卖 1 斤白菜能赚 2 元钱，卖 1 斤土豆能赚 1 元钱，卖白菜比卖土豆多赚 20 元，今天白菜和土豆共卖出 40 斤，用列举法编写程序求出小明的奶奶今天卖出白菜和土豆各多少斤。

3. 百马百砖问题。这是一个古老的问题：有 100 匹马（包括公马、母马、马驹）驮 100 块砖，每匹公马驮 3 块，每匹母马驮 2 块，每 2 匹马驹驮 1 块。用列举法编写程序求出公马、母马和马驹各多少匹。

4.2 选择排序法

学习目标

◆ 能够理解最值法。

◆ 能够理解选择排序法的算法流程。

◆ 能够应用列表嵌套。

要点提示

1. 最值法

（1）最值法的算法思想。

最值法通常是指计算 1 组数据中最大值或最小值的算法，其算法思想是，将第 1 个数据作为当前最大值（最小值），在依次和每个数据比较时，更新当前最大值（最小值），直到遍历完所有数据。该过程如同打擂台，将第 1 个数据作为擂主，其余数据依次和它比较，比它大（小）的数作为新擂主，剩余数据依次和新擂主比较，重复这个过程直至遍历所有数据，擂主即最大值（最小值）。

（2）最值法的算法过程。

① 初始化最大值（最小值）为 1 组数据中的第 1 个元素。

② 遍历各个数据，比较每个数据与当前最大值（最小值）的大小关系。

③ 如果当前数据比当前最大值（最小值）大（小），则将当前数据设为最大值（最小值）。

④ 重复步骤②、③，直到所有数据都被比较为止。

⑤ 返回最大值（最小值）。

2. 选择排序法

（1）选择排序法的算法思想。

选择排序是指将待排序的序列分成已排序序列和未排序序列（初始序列视为未排序序列），每次从未排序序列中选择最小（或最大）的元素，和未排序序列的第 1 个元素交换位置后列入已排序序列，直到整个序列有序为止。

（2）选择排序法的过程。

① 将原始序列视为未排序序列。

② 从未排序序列中找到最小（或最大）的元素，与未排序序列的第 1 个元素交换位置。然后，将这个未排序序列中的第 1 个元素列入已排序序列，其余仍为未排序序列。

③ 继续从未排序序列中找到最小（或最大）的元素，与未排序序列的第 1 个元素交换位置。

④ 重复步骤②、③，直到所有元素都有序为止。

3. 列表嵌套

例如，如果有 list1=[["张亮",98],["李元",89],["王小二",90],["鲁小班",91]]，则 list1[0][0] 为 "张亮"，List1[0][1] 为 98。

经典解析

例1 找出列表 Scores=[50,10,20,30,40]中最大值的代码如下，以下选项中填入横线处的正确代码是（   ）。

```
Scores=[50, 10, 20, 30, 40]

_____

for i in range(1, len(Scores)):
    if Scores[i]>max:
        max=Scores[i]
print(Scores, '中最大值为', max)
```

A. max=Scores[1]　　　　　　　　B. max=Scores[0]

C. max=0　　　　　　　　　　　　D. max=len(Scores)

解析

（1）列表中的元素索引从 0 开始，Scores[1]代表列表的第 2 个元素，A 选项将列表的第 2 个元素赋值给 max 变量作为擂主显然不合理。

（2）B 选项将列表的第 1 个元素赋值给 max 变量作为擂主，按照求最值算法该选项正确。

（3）C 选项将 0 赋值给 max 变量作为擂主显然不合理。

（4）len(Scores)为 5，D 选项将 5 赋值给 max 变量作为擂主显然不合理。

因此，正确答案为 B。

例2 采用选择排序算法，列表 Scores=[50,10,20,30,40]一般需要经过（   ）轮打擂，可以得到有序序列。

A. 1　　　　　　B. 2　　　　　　C3　　　　　　D. 4

解析

（1）选择排序算法即通过 $n-1$ 轮寻找擂主的方式，最终得到有序序列，n 为列表元素的个数。

（2）题目中的列表共有 5 个列表元素，可通过 4 轮寻找擂主的方式，从大到小（从小到大）得到列表元素。

因此，正确答案为 D。

例3 有嵌套列表 Scores=[["张亮",98],["李元",89],["王小二",90],["鲁小班",91]]，通过选择排序按照分数降序排序的正确代码为（   ）。

A.

```
Scores=[["张亮",98], ["李元", 89], ["王小二", 90], ["鲁小班", 91]]
for i in range(len(Scores)-1):
```

```
        max=i
        for j in range(i+1,len(Scores)):
            if Scores[j][1]>Scores[max][1]:
                max=j
        if max!=i:
            Scores[i],Scores[max]=Scores[max],Scores[i]
print("按照分数降序为：",Scores)
```

B.

```
Scores=[["张亮",98],["李元",89],["王小二",90],["鲁小班",91]]
for i in range(len(Scores)-1):
    max=i
    for j in range(i+1,len(Scores)):
        if Scores[j][0]>Scores[max][0]:
            max=j
    if max!=i:
        Scores[i],Scores[max]=Scores[max],Scores[i]
print("按照分数降序为：",Scores)
```

C.

```
Scores=[["张亮",98],["李元",89],["王小二",90],["鲁小班",91]]
for i in range(len(Scores)-1):
    max=i
    for j in range(i+1,len(Scores)):
        if Scores[j][0]>Scores[max][0]:
            max=j
    if max!=i:
        Scores[i],max=max,Scores[i]
print("按照分数降序为：",Scores)
```

D.

```
Scores=[["张亮",98],["李元",89],["王小二",90],["鲁小班",91]]
for i in range(len(Scores)-1):
    max=Scores[i]
    for j in range(i+1,len(Scores)):
        if Scores[j][1]>Scores[max][1]:
            max=j
    if max!=i:
        Scores[i],Scores[max]=Scores[max],Scores[i]
print("按照分数降序为：",Scores)
```

解析

（1）B选项，if语句中的逻辑表示式错误，Scores[i][0]为姓名，Scores[i][1]才是分数，该语句错误地将姓名做了大小比较。

（2）C 选项，max 变量中存放的是最值所对应的索引，不是最值本身，不能作为每轮找到新擂主后的交换数据。

（3）D 选项，max 变量存放对象混淆，max 变量中需要存放的是本轮中最值所对应的索引，而此选项中 max 变量存放了最大值本身。

因此，正确答案为 A。

实战训练

一、选择题

1. 找出列表 Scores=[50,10,20,30,40]中最小值的代码如下，以下选项中填入横线处的正确代码是（   ）。

```
Scores=[50, 10, 20, 30, 40]
min=Scores[0]
for i in range(1, len(Scores)):
    if ___①___ :
        min=Scores[i]
print(Scores, '中最小值为', min)
```

A. Scores[i]<min

B. Scores[i]>min

C. Scores[i]<Scores[min]

D. Scores[i]<Scores[min]

2. 采用选择排序算法，已有列表 Scores=[4,1,2,3,5,7,15]，一般经过（   ）轮打擂，可以得到该列表最大值。

A. 5   B. 6   C. 7   D. 1

第 3～4 题中采用选择排序算法进行排序的代码如下。

```
Scores=[40, 10, 20, 30, 50, 70, 5]
for i in range(len(Scores)-1):
    (___①___)
    for j in range(i+1, len(Scores)):
        if Scores[j]>Scores[p]:
            p=j
    if ___②___ :
        Scores[i], Scores[p]=Scores[p], Scores[i]
print("降序序列：", Scores)
```

3. 选择排序（降序），每轮开始设置该轮的第 1 个数为最大值，结合本题代码，以下选项中在①处填入最合适的代码为（   ）。

A. i=p   B. p=i

C. p=Scores[i]　　　　　　　D. p=Scores[j]

4．该轮结束，如果最大值的位置发生变化，则交换最大值和该轮的第一个数，结合本题代码，以下选项中在②处填入最合适的代码为（　　　）。

A. p!=i　　　　　　　　　　B. p!=j

C. i!=j　　　　　　　　　　D. Scores[p]!=Scoes[j]

5．以下（　　　）函数可以返回给定参数的最大值，参数可以为序列。

A. max()　　　　　　　　　B. min()

C. strip()　　　　　　　　　D. len()

6．已有列表 Scores=[40,10,20,30,50,70,5]，运用选择排序算法得到降序序列，经过第 1 轮的选择、交换，产生的新序列为（　　　）。

A. [70,10,20,30,40,50,5]　　　B. [40,10,20,30,50,5,70]

C. [70,50,20,30,10,40,5]　　　D. [70,10,20,30,50,40,5]

7．已有列表 Scores=[10,50,20,30,40]，运用选择排序算法得到降序序列，经过两轮的选择、交换，产生的新序列为（　　　）。

A. [50,10,20,30,40]　　　　　B. [50,40,30,20,10]

C. [50,20,30,40,10]　　　　　D. [50,40,20,30,10]

8．有列表 Scores=[["张小小",89],["李大勇",90],["罗素锦",88],["余小乐",85]]，以下选项中能找出其中分数最高的同学及对应分数的正确代码是（　　　）。

A.

```
list1=[["张小小",89],["李大勇",90],["罗素锦",88],["余小乐",85]]
max=list1[0]
p=0
for i in range(1,len(list1)):
    if list1[i][1]>max:
        max=list1[i][1]
        p=i
print(f"分数最高的同学是:{list1[p][0]},最高分为:{list1[p][1]}")
```

B.

```
list1=[["张小小",89],["李大勇",90],["罗素锦",88],["余小乐",85]]
max=list1[0][1]
p=0
for i in range(1,len(list1)):
    if list1[i][1]>max:
        max=list1[i][1]
        p=i
print(f"分数最高的同学是:{list1[p][0]},最高分为:{list1[p][1]}")
```

C.

```
list1=[["张小小",89],["李大勇",90],["罗素锦",88],["余小乐",85]]
max=list1[0][1]
p=0
for i in range(1,len(list1)):
    if list1[i]>max:
        max=list1[i][1]
        p=i
print(f"分数最高的同学是:{list1[p][0]},最高分为:{list1[p][1]}")
```

D.

```
list1=[["张小小",89],["李大勇",90],["罗素锦",88],["余小乐",85]]
max=list1[0][1]
p=0
for i in range(1,len(list1)):
    if list1[i][1]>max:
        max=list1[i][1]
        p=i
        print(f"分数最高的同学是:{list1[p][0]},最高分为:{list1[p][1]}")
```

9. 小明编写以下代码,利用选择排序对列表 list1 进行降序排序。下列选项中错误的是
(   )。

```
list1=[2,6,1,9]#①
for i in range(len(list1)-1):#②
    p=i#③
    for j in range(i+1,len(list1)):#④
        if list1[j]<list1[p]:#⑤
            p=j#⑥
    if p!=i:#⑦
        list1[p],list1[i]=list1[i],list1[p]#⑧
    print(list1)#⑨
```

A. ①③　　　B. ⑤⑨　　　C. ⑧⑨　　　D. ②⑨

第 10~11 题为采用选择排序算法进行排序的代码。

有列表 Scores=[["001",98],["002",89],["003",90],["004",91]],以下选项中在横线处填写正确降序排序代码的是(   )。

```
Scores=[["001",98],["002",89],["003",90],["004",91]]
for i in range(len(Scores)-1):
    p=i
    for j in range(i+1,len(Scores)):
        if (  —10—  ):
            p=j
```

```
        if p!=i:
            （—11—）
    print("降序序列：",Scores)
```

10．判断是否超过该轮第 1 个数的分数，条件表达式为（　　　）。

  A．Scores[j][0]>Scores[p][0]

  B．Scores[j][1]<Scores[p][1]

  C．Scores[j][1]>Scores[p][1]

  D．Scores[j]>Scores[p]

11．找到该轮最大值，与本轮第 1 个数进行交换，代码正确的是（　　　）。

  A．Scores[j],Scores[p]=Scores[p],Scores[j]

  B．Scores[i],Scores[p]=Scores[p],Scores[i]

  C．Scores[i][0],Scores[p][0]=Scores[p][0],Scores[i][0]

  D．Scores[i][1],Scores[p][1]=Scores[p][1],Scores[i][1]

12．列表 Scores=[["001",95],["002",92],["003",90],["004",98]]，按照选择排序（降序）算法，一轮选择、交换之后的新序列为（　　　）。

  A．[["001", 98], ["002", 92], ["003", 90], ["004", 95]]

  B．[["004", 98], ["002", 92], ["003", 90], ["001", 95]]

  C．[["001", 98], ["003", 90], ["002", 92], ["004", 95]]

  D．[["001", 98], ["002", 90], ["003", 92], ["004", 95]]

二、操作题

1．随机产生 5 个 2 位数的正整数并在不用 max() 函数的情况下找出其中的最大值。

2．编写程序，用选择排序法对由任意 5 个自然数组成的列表（如 list1[23,12,9,15,6]）按元素从小到大的顺序排序并输出。

3．12 个月的电费数据列表如下：

[["1 月",220],["2 月",200],["3 月",195],["4 月",150],["5 月",160],["6 月",148],["7 月",198],["8 月",145],["9 月",120],["10 月",100],["11 月",180],["12 月",201],]

编写程序，用选择排序法按照每个月的电费降序排序并输出。

4.3 冒泡排序法

学习目标

◆ 能够理解冒泡排序法的算法思想。

◆ 能够利用冒泡排序法分析代码。

◆ 能够确定冒泡排序法的循环控制变量。

◆ 能够确定循环控制变量的取值范围。

要点提示

1. 冒泡排序法

（1）冒泡排序法的算法思想。

冒泡排序法是一种简单的排序算法，其算法思想是不断地比较相邻数据，当前一个数据大于（小于）后一个数据时两者位置互相交换，反之则保持不变。最终越大（小）的数据会通过交换慢慢"下沉"到序列底端，越小（大）的数据会"浮"到序列顶端，如同碳酸饮料中的二氧化碳气泡上浮到顶端。

（2）冒泡排序法的算法过程。

① 从未排序序列的起始位置开始，比较相邻的两个数据，如果前面的数据比后面的数据大，则交换它们的位置。

② 继续往后比较每对相邻数据，重复执行第①步，直到把未排序序列中最后一个数据和倒数第 2 个数据比较为止。如此确保序列中最大的数据已经"下沉"到了当前未排序序列的最后一个位置，列入已排序序列。

③ 重复上述过程，但只比较未排序序列中的数据，直到所有数据都被排序为止。

2. Python 内置函数 sorted()和方法 sort()

（1）sort()是属于列表的方法，在原列表上进行排序。例如，list1.sort()。

（2）内置函数 sorted()可以对所有可迭代的对象进行排序，不在原数据上进行排序，而是返回一个新的对象。例如以下代码：

```
list1=[85, 75, 95, 55, 65]
print(f"原列表为：{list1}")
list2=sorted(list1)
print(f"排序后原列表为：{list1}")
print(f"排序产生的新列表为：{list2}")
```

运行结果：

```
原列表为：[85, 75, 95, 55, 65]
排序后原列表为：[85, 75, 95, 55, 65]
排序产生的新列表为：[55, 65, 75, 85, 95]
```

经典解析

例 1 对列表[50,10,20,30,40]进行冒泡（升序）排序，以下选项中在横线处填写正确代码的是（　　）。

```
Scores=[50, 10, 20, 30, 40]
for i in range(len(Scores)-1):
    for j in range(len(Scores)-i-1):
        if _____:
            Scores[j], Scores[j+1]=Scores[j+1], Scores[j]
print("排序后为", Scores)
```

A. Scores[i]<Scores[j]   B. Scores[j+1]>Scores[j]

C. Scores[i]>Scores[j]   D. Scores[j+1]<Scores[j]

解析

（1）冒泡排序法不断地比较 Scores[j] 和 Scores[j+1] 这对相邻数据。

（2）当相邻两数中后面一个数小于前面一个数时，则交换两数的位置，从而实现升序。

因此，正确答案为 D。

例 2 列表 Scores=[50,20,10,30,40] 通过冒泡排序（升序）排序，第 1 轮排序后，得到的新序列为（   ）。

A. [20, 10, 30, 40, 50]   B. [40, 20, 10, 30, 50]

C. [10, 20, 30, 40, 50]   D. [10, 20, 30, 40, 50]

解析

第 1 轮比较，比较 Scores[j] 和 Scores[j+1]，其中 j 依次迭代 0,1,2,3。

Scores[0]>Scores[1]，即 50>20 则交换，得[20,50,10,30,40]。

Scores[1]>Scores[2]，即 50>10 则交换，得[20,10,50,30,40]。

Scores[2]>Scores[3]，即 50>30 则交换，得[20,10,30,50,40]。

Scores[3]>Scores[4]，即 50>40 则交换，得[20,10,30,40,50]。

因此，正确答案为 A。

例 3 Python 中的方法 sort() 和函数 sorted() 可以用于列表排序。以下选项中对列表 Scores=[50,20,10,30,40] 进行升序排序不正确的是（   ）。

A.

```
Scores=[50, 20, 10, 30, 40]
Scores.sort()
print(Scores)
```

B.

```
Scores=[50, 20, 10, 30, 40]
NewScores=sorted(Scores)
print(NewScores)
```

C.

```
Scores=[50, 20, 10, 30, 40]
NewScores=sorted(Scores, reverse=False)
print(NewScores)
```

D.

```
Scores=[50, 20, 10, 30, 40]
NewScores=sort(Scores)
print(Scores)
```

解析

（1）sort()方法将直接在原列表上进行排序，在此应为 Scores.sort()，默认为升序，可通过设置参数 reverse=True 实现降序。

（2）sorted()函数不直接在原列表上进行排序，一般返回新对象得到排序后的序列，在此应为 NewScores=sorted(Scores)，默认为升序，可通过设置参数 reverse=True 实现降序。

D 选项不能实现升序排序，因此，正确答案为 D。

实战训练

一、选择题

1．对列表 Scores=[50,10,20,30,40]进行冒泡（升序）排序，以下选项中填入括号的正确代码是（　　）。

```
Scores=[50, 10, 20, 30, 40]
n=len(Scores)
for i in range(n-1):
    for j in range(    ):
        if Scores[j]>Scores[j+1]:
            Scores[j],Scores[j+1]=Scores[j+1],Scores[j]
print("排序后为",Scores)
```

A. n-1　　　　　　B. n-1-i　　　　　　C. n　　　　　　D. 0,n-1

2．对列表 Scores=[85,70,65,90,88]进行冒泡排序（升序），第 1 轮排序后得到的新序列为（　　）。

A. [65, 70, 85, 88, 90]　　　　B. [70, 65, 85, 88, 90]

C. [85, 70, 65, 88, 90]　　　　D. [65, 70, 85, 88, 90]

3．对序列 Scores=[50,10,20,30,40]进行冒泡（升序）排序，以下选项中代码不正确的是（　　）。

```
Scores=[50, 10, 20, 30, 40]
n=len(Scores)
```

```
for i in range(n-1):
    for j in range(n-i-1):①
        if Scores[j]>Scores[j+1]:②
            Scores[j],Scores[j+1]=Scores[j+1],Scores[j]③
    print(f"第{i+1}轮排序后的新序列为：{Scores}")④
print("排序后为",Scores)
```

A. ①　　　　　B. ②　　　　　C. ③　　　　　D. ④

4. 对序列 Scores=[50,10,20,30,40]进行冒泡（升序）排序，以下选项中代码不正确的是
（　　）。

```
Scores=[50, 10, 20, 30, 40]
n=len(Scores)
for i in range(n-1):
    for j in range(n-i-1):①
        if Scores[j]<Scores[j+1]:②
            Scores[j],Scores[j+1]=Scores[j+1],Scores[j]③
        print(f"第{i+1}轮排序后的新序列为：{Scores}")④
print("排序后为",Scores)
```

A. ①　　　　　B. ②　　　　　C. ③　　　　　D. ④

5. 已有如下程序段。

```
Scores=[46, 26, 35, 56, 12, 68]
for i in [0, 1, 2]:
    for j in range(len(Scores)-1-i):
        if Scores[j]<Scores[j+1]:
            Scores[j],Scores[j+1]=Scores[j+1],Scores[j]
print(Scores)
```

执行该程序后，列表 Scores 为（　　）。

A. [68, 56, 46, 35, 26, 12]　B. [56, 68, 46, 35, 26, 12]

C. [56, 46, 68, 35, 26, 12]　D. [46, 56, 35, 68, 26, 12]

6. 已有列表 a=[56,23,78,11,8]。

```
a=[56, 23, 78, 11, 8]
for i in range(len(a)-1):
    for j in range(0, 4-i):
        if a[j+1]<a[j]:
            a[j],a[j+1]=a[j+1],a[j]
print(a)
```

执行上述程序段，循环控制变量 i 共遍历（　　）个数，当 i 遍历第 1 个数时，执行循环体后列表 a 的值为（　　）。

A. 4；[23, 56, 11, 8, 78]　　B. 5；[23, 11, 8, 56, 78]

C. 4; [11, 8, 23, 56, 78]　　D. 5; [8, 11, 23, 56, 78]

7. 已有列表 Scores=[10,50,20,30,40]，结合冒泡排序法得到升序序列算法代码。经过两轮的冒泡过程，产生的新序列为（　　）。

A. [10, 20, 50, 30, 40]　　B. [10, 50, 20, 30, 40]

C. [10, 20, 30, 40, 50]　　D. [10, 20, 30, 50, 40]

8. 对列表 Scores=[["001",98],["002",89],["003",90],["004",91]]进行冒泡（升序）排序，请完善下方代码：

```
Scores=[["001", 98], ["002", 89], ["003", 90], ["004", 91]]
for i in range(len(Scores)-1):
    for j in range(len(Scores)-i-1):
        if _____:
            Scores[j],Scores[j+1]=Scores[j+1], Scores[j]
print("升序序列：", Scores)
```

A. Scores[j][1]>Scores[j+1][1]

B. Scores[j][1]<Scores[j+1][1]

C. Scores[j]>Scores[j+1]

D. Scores[j]>Scores[i]

第 9~10 题：对较多元素进行冒泡排序时，发现当经过几轮后已经形成有序序列，但冒泡排序法还是继续运行代码，从而浪费资源。对以下代码进行完善，从而优化冒泡排序算法。

```
Scores=[15, 20, 9, 14, 10, 12, 15.5, 17, 7, 6, 14.5, 17.5, 16.5, 13.5, 12.5]
for i in range(len(Scores)-1):
        ——9——
    for j in range(len(Scores)-i-1):
        if Scores[j]>Scores[j+1]:
            Scores[j],Scores[j+1]=Scores[j+1], Scores[j]
            ——10——
    if Flag==False:
        break
    print(f"第{i+1}趟排序后，新序列为：{Scores}")
print("升序序列：", Scores)
```

9. 引入标志变量，以下选项中用于判断本轮是否有数据变化的是（　　）。

A. Flag=True　　B. Flag=False

C. Flag==True　　D. Flag==False

10. 当前后两数满足交换条件进行交换时，以下选项中将标志变量重新赋值的是（　　）。

A. Flag=True　　B. Flag=False

C. Flag==True　　D. Flag==False

11. （　　）用于中断当前的循环，并跳出循环，执行后续的代码。

　　A. continue
　　B. break

　　C. pass
　　D. if

12. 能对所有可迭代对象进行排序的函数是（　　）。

　　A. sort()
　　B. min()

　　C. sorted()
　　D. max()

二、操作题

1. 随机产生 10 个 100 以内的正整数，对这 10 个数进行冒泡（升序）排序后输出。

2. 编写程序，运用冒泡排序法，对列表 [["张亮":98], ["李元":89], ["王小二":90,] ["鲁小班":91]] 按照成绩从小到大的顺序进行排列。

3. 程序设计比赛即将举行，根据以下 6 名学生的选拔赛成绩选出前 3 名参加正式比赛，请应用冒泡排序法编写程序对以下成绩按降序排列，并输出参加正式比赛的学生名单。

选拔赛成绩如下：

张小山：70；李大力：89；钟一鸣：94；王小白：60；陆小黑：98；商一诺：88。

4.4　顺序查找法

📖 学习目标

◆ 能够理解顺序查找法的算法思想和算法过程。

◆ 能够运用顺序查找法解决问题。

◆ 能正确使用 index() 和 find() 方法查找数据。

⏳ 要点提示

1. 顺序查找法

（1）顺序查找法的算法思想。

顺序查找法也称为线性查找法，其算法思想是从头到尾逐个地查找与要查找的数据相等的数据。

（2）顺序查找法的算法过程。

① 从第 1 个数据开始，逐个将每个数据与要查找的数据进行比较，直到找到与它相等的数据或查找完所有数据为止。

② 如果查找完所有数据后还没有找到与要查找的数据相等的数据，则给出查找不到

的结论。

2. 用 for...in...循环结构实现顺序查找

典型示例：

```
name=input('请输入要查找的客户姓名：')
for i in ['刘炳晨', '黄心乐', '吴庆', '王一凡', '张洪伟']:
    if i==name:
        print('此人是会员')
```

3. index()和 find()方法

index()和 find()方法都用于查找数据，并返回数据在序列中的位置。只不过，index()方法查找失败会报异常，而 find()方法会返回-1。

4. 序列遍历和查找方法对比

序列遍历和查找方法对比如表4-4-1所示。

表 4-4-1　序列遍历和查找方法对比

数据类型	for..in...语句遍历	查找并返回索引
字符串	√	find()、index()
列表	√	index()
元组	√	index()
集合	√	×
字典	√	×

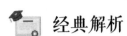

经典解析

例 1　顺序查找法也称为_____查找法，其算法思想是从头到尾_____地查找与要查找的数据相等的数据。

    A．线性　　　　　　　　　B．非线性

    C．逐个　　　　　　　　　D．随机

解析

顺序查找法强调的是对序列中的元素从头到尾地对每个元素按顺序依次进行比较，而不是随机地和跳跃地，因此顺序查找法也称为线性查找法，其算法思想是从头到尾地逐个查找与要查找的数据相等的数据。

因此，正确答案为 A 和 C。

例 2　代码填空：输出 1～20 之间所有能被 3 整除的数。以下选项中正确的是（　　　）。

```
for i in range(1,21):
    if _____:
```

```
print(i,end=' ')
```

A．i/3=0

B．i%3=0

C．i//3==0

D．i%3==0

解析

（1）本题中需要逐一判断 1～20 之间每个数是否能被 3 整除，需要使用顺序查找法。

（2）如果一个数能被另一个数整除，则余数一定为 0，所以用 a%b==0 可以判断一个数能否被另一个数整除。其中，"%" 是取余运算符，而 "//" 是整除符号，运用整除运算符后结果是商，无法判断能否被整除。因此，A 和 C 选项都是错误的。

（3）B 选项中虽然使用了 "%"，但判断是否相等的逻辑运算符是 "=="，而不是赋值运算符 "="。

因此，正确答案为 D。

例 3　请在以下程序的横线处填空，实现在杭州地铁 1 号线湘湖站到凤起路站和地铁 5 号线东新园站到候潮门站中换乘。以下选项中正确的是（　　）。

```
list1=['湘湖','滨康路','西兴','滨和路','江陵路','近江','婺江路','城站','定安路','龙翔桥','凤起路']
list5=['东新园','杭氧','打铁关','宝善桥','建国北路','万安桥','城站','江城站','候潮门']
for i in range(len(list1)):
    for j in range(len(list5)):
        if _____:
            print('可在{}站点换乘地铁5号线'.format(list1[i]))
```

A．i=j

B．i==j

C．list1[i]==list5[j]

D．list1[i]= list5[j]

解析

（1）本题中需要逐一判断 list1 列表中的数据是否在 list5 列表中，需要使用双循环。

（2）如果 list1 列表中的某个元素与 list5 列表中的某个元素相同，则表示有相同站点，可以换乘。

（3）A 选项是将 j 变量的值赋给 i 变量；B 选项是比较列表元素的位置是否相同；D 选项是赋值，而不是比较是否相同。

因此，正确答案为 C。

例 4　检测列表 list1=[1,2,3,4]中是否存在 3 这个数字，可以使用的方法是（　　）。

A．find()

B．index()

C．count()

D．append()

解析

（1）在字符串中查找子字符串可以通过字符串的 find()方法或 index()方法实现。然而，在列表中没有 find()方法，只有 index()方法用于查找元素，返回值为查找对象的索引，如果没有找到则抛出异常，故 A 选项是错误的。

（2）C 选项用于统计列表中某个元素出现的次数。D 选项用于在列表末尾添加新的元素。因此，正确答案为 B。

实战训练

一、选择题

1. 下列程序采用顺序查找法，在横线处可以填写的正确代码是（　　）。

```
list1=[2,7,6,10]
n=int(input('请输入你要查找的数字'))
for i in range(_____):
    if n==list1[i]:
        print('这个数在该列表中')
```

A. 3　　　　　　B. list1　　　　　　C. len(list1)　　　　D. list1.count()

2. 下列程序循环的次数是（　　）。

```
kh=["黄心乐","张洪伟","刘炳晨","吴天凡"]
xm=input("请输入学生姓名：")
flag=0
for item in kh:
    if xm==item:
        print(xm,"欢迎用户登录！")
        flag=1
if flag==0:
    print(xm,"你是非法用户！")
```

A. 3 次　　　　　B. 4 次　　　　　C. 5 次　　　　　D. 6 次

3. 下列哪个选项的程序采用的是顺序查找法？（　　）

A.

```
st='python'
for i in st:
    if i.lower()=='k':
        print('该字符串中包括字母K')
```

B.

```
jg=[160,168,178,150,180]
i=0
for j in range(0,4):
    if jg[j]>jg[j+1]:
        jg[j],jg[j+1]=jg[j+1],jg[j]
```

```
print('最大的数是：', jg[4])
```

C.

```
n=int(input("请输入一个正整数"))
flag=0
for i in range(2, n):
    if n%i==0:
        flag=1
        break
if flag==0:
    print(n, "是素数")
else:
    print(n, "是合数")
```

D.

```
jg=[160, 168, 178, 150]
i=0
x=0
for j in range(1, 4):
    if jg[x]<jg[j]:
        x=j
if x!=i:
    jg[x], jg[i]=jg[i], jg[x]
print('最大的数是：', jg[0])
```

4. 下列程序的运行结果是（　　　）。

```
lst=[26, 14, 50, 32, 19, 44]
s=0
for i in range(len(lst)):
    if lst[i]>=25:
        s=s+lst[i]
print(s)
```

A. 33　　　　　　B. 150　　　　　　C. 152　　　　　　D. 185

5. 运行下列程序后，出现了如图 4-4-1 所示的异常错误信息，图中横线处使用的方法是（　　　）。

```
>>> lst=[2, 7, 6, 10]
>>> lst._____(8)
Traceback (most recent call last):
  File "<pyshell#4>", line 1, in <module>
    lst.index(8)
ValueError: 8 is not in list
```

图 4-4-1　异常错误信息

A. append　　　　B. insert　　　　C. find　　　　D. index

6. 下列程序的运行结果是（　　　）。

```
lst=[1, 4, 7, 9, 4]
print(lst.index(4))
```

A. 1　　　　　　B. 2　　　　　　C. -1　　　　　　D. 4

7. 下列程序的运行结果是（　　　）。

```
st='python'
print(st.find('k'))
```

A. 0　　　　　　B. -1　　　　　　C. 出错信息　　　　　　D. 6

8. find()方法用于在（　　　）类型数据中查找数据。

A. 元组　　　　B. 列表　　　　C. 字符串　　　　D. 字典

二、操作题

1. 用键盘连续输入一组数字，判断每位数字是否为偶数，并统计为偶数的个数。例如：

请输入一组数字：23758461。

这组数字中的偶数有 4 个。

2. 下列是杭州地铁 1 号线从湘湖站出发至凤起路站的站点列表：

list1=['湘湖','滨康路','西兴','滨和路','江陵路','近江','婺江路','城站','定安路','龙翔桥','凤起路']

（1）请用程序实现站点查询功能。

例如：

请输入要查询的站点：滨和路。

该站点为地铁 1 号线从湘湖站出发后抵达的第 4 站。

请输入要查询的站点：建业路。

该站点不在地铁 1 号线中。

（2）地铁线两站之间所需行驶时间约为 3min，请用程序求出从湘湖站出发到查询站点的时间。

例如：

请输入要查询的站点：滨和路。

该站点为地铁 1 号线从湘湖站出发后抵达的第 4 站，从起点到该站大约需要行驶 9min。

4.5 二分查找法

学习目标

◆ 能够理解二分查找法的算法思想和算法过程。

◆ 能够应用二分查找法解决问题。

要点提示

1. 二分查找法

1）二分查找法的算法思想

二分查找法也称为折半查找法，其算法思想是在有序序列中查找指定数据，将有序序列分成左右两半的两个子序列来递归地查找目标数据所在的位置，每次将目标数据与当前子序列中间位置的数据进行比较，以确定接下来要搜索的子序列。

2）二分查找法的算法过程

（1）将该序列升序（降序）排列成有序序列。

（2）初始化查找区域的左边界 left 和右边界 right 分别为第一个数据与最后一个数据的位置；

（3）当 right>=left 时，执行以下步骤。

① 计算中间位置 mid，mid = (left + right) // 2。

② 若目标数据等于中间位置的数据，则返回该位置，结束查找。

③ 若目标数据小于中间位置的数据，则在左半部分继续查找，即将 right 更新为 mid-1。

④ 若目标数据大于中间位置的数据，则在右半部分继续查找，即将 left 更新为 mid+1。

（4）当 right<left 时，则已遍历所有数据，仍未找到目标数据，提示找不到该数据。

2. 用 while 循环结构实现二分查找法

典型示例：

```
list1=[10, 4, 15, 2, 6, 8, 14, 12, 16, 18, 20]
listsort=sorted(list1)
findValue=eval(input('请输入要查找的数'))
left=0
right=len(list1)-1
while right>=left:
    mid=(left+right)//2                 #计算中间位置mid
    if listsort[mid]==findValue:        #若目标数据等于中间位置的数据
        print('可在列表中找到该数')
        break
    elif listsort[mid]>findValue:       #若目标数据小于中间位置的数据
        right=mid-1
    else:                               #若目标数据大于中间位置的数据
        left=mid+1
if right<left:
    print('列表中没有该数')
```

经典解析

例1 在以下程序的横线上填写代码，实现在列表中快速找到幸运数字16，并输出查找次数。

```python
list1=[10, 4, 15, 2, 6, 8, 14, 12, 16, 18, 20]
listsort=_____①_____    #按照升序排序
i=0
left=0
right=len(list1)-1
while right>=left:
    i=i+1
    mid=(left+right)//2
    if _____②_____==16:
        print('成功找到幸运数字，查找次{0}'.format(i))
        break
    elif listsort[_____③_____]>16:
        right=_____④_____
    else:
        left=_____⑤_____
if right<left:
print('列表中没有幸运数字')
```

① 横线处填写的代码是（   ）。

   A. sorted(list1)   B. list1

   C. len(list1)   D. list1[0:len(list1)//2]

② 横线处填写的代码是（   ）。

   A. list1(mid)   B. list1[mid]

   C. listsort(mid)   D. listsort[mid]

③ 横线处填写的代码是（   ）。

   A. len(listsort)   B. mid-1

   C. mid   D. mid+1

④ 横线处填写的代码是（   ）。

   A. listsort[mid-1]   B. mid-1

   C. listsort[mid+1]   D. mid+1

⑤ 横线处填写的代码是（   ）。

   A. listsort[mid-1]   B. mid-1

   C. listsort[mid+1]   D. mid+1

解析

（1）二分查找法要求被查找数据序列必须是有序的，否则无法使用二分查找法，因此①横线处填写 sorted(list1)，对原列表进行排序并生成新的列表 listsort，sorted()函数中不设置 reverse 参数时，默认为升序排序。故横线①处应选择 A 选项。

（2）二分查找法通过比较序列区域中间位置的数据是否为目标数据来确定是否查找成功，因此横线②处应选择 D 选项。

（3）调整区域左、右边界时，应将中间值与目标数据进行比较，进行区域调整。因此横线③处应选择 C 选项。

（4）当中间值大于目标数据时，说明目标数据在区域的左半部分，即在中间值的左侧，应调整区域右边界的索引为中间值的索引减 1，因此横线④处应选择 B 选项。同理，当中间值小于目标数据时，说明待查找数据在区域的右半部分，即在中间值的右侧，应调整区域右边界的索引为中间值的索引加 1，因此横线⑤处应选择 D 选项。

因此，正确答案为①A，②D，③C，④B，⑤D。

例 2 物品价格竞猜节目，小明采用二分查找法对 0～1000 元的商品进行竞猜。很幸运的是，小明第 3 次就猜中了价格，故该商品的价格不可能是（　　　）。

　　A．625 元　　　　B．875 元　　　　C．312 元　　　　D．375 元

解析

根据二分查找法的算法思想，每次必将有序序列区域中间位置的数据与目标数据进行比较。小明第 1 次必然猜测 0～1000 区域的中间值 500，如图 4-5-1 中的 A 点。

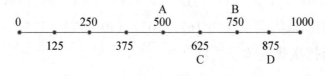

图 4-5-1　二分法猜测

如果第 1 次猜小了，那么第 2 次必然猜测 500～1000 的中间值 750，如图 4-5-1 中的 B 点；由于小明猜了 3 次才猜中，所以小明还得继续猜 1 次。如果第 2 次猜大了，那么就猜 500～750 的中间值 625，如图 4-5-1 中的 C 点；如果第 2 次还是猜小了，那么就猜 750～1000 的中间值 875，如图 4-5-1 中的 D 点；故 A 选项和 B 选项均有可能。

同理，如果第 1 次猜大了，那么第 2 次必然猜测 0～500 的中间值 250；由于小明猜了 3 次才猜中，所以小明还得继续猜 1 次。如果第 2 次猜大了，那么就猜 0～250 之间的中间值 125；如果第 2 次猜小了，那么就猜 250～500 的中间值 375；故 D 选项有可能。

因此，正确答案为 C。

实战训练

一、选择题

1．小王用天平称量的过程如下：先放置 100g 砝码，砝码偏重；然后将砝码改为 50g，砝码偏轻；再将砝码改为 75g……通过这种策略，小王很快完成物品称重工作。与此过程相似的程序设计算法是（　　）。

    A．排序法　　　　　　　　　　B．二分查找法

    C．顺序查找法　　　　　　　　D．累加法

2．下列哪个选项属于二分查找法的优点？（　　）

    A．算法简单　　　　　　　　　B．适用于所有序列

    C．适用于序列数据较少的情况　D．查找效率高

3．在使用二分查找法在列表中查找一个元素时，以下选项中描述错误的是（　　）。

    A．处于乱序状态下的列表无法使用二分查找法

    B．对列表进行降序排列后可以使用二分查找法

    C．二分查找一定比顺序查找能更快获取结果

    D．如果列表升序排列，可以使用二分查找法

4．在二分查找法中，变量 left 和变量 right 分别记录待查找列表 list1 的左、右边界位置（索引），它们的初值设置正确的是（　　）。

    A．left,right=0,len(list1)　　　B．left,right=0,len(list1)-1

    C．left,right=1,len(list1)　　　D．left,right=1,len(list1)-1

5．7 位学生的身高从低到高依次为 162，165，170，172，175，177，178。用二分查找法找到 165 所需要的查找次数是（　　）。

    A．1　　　　　B．2　　　　　C．3　　　　　D．4

6．7 位学生的专业成绩从高到低依次为 178，177，175，172，170，165，162。在用二分查找法找到 178 的过程中，依次被访问到的数据是（　　）。

    A．178　　　　　　　　　　　B．172，175，178

    C．172，177，178　　　　　　D．172，175，177，178

7．在有序序列内进行二分查找，如果中间位置上元素的数值大于查找值，而接下来的查找范围确定在序列的后半部分，则序列的排序方式为（　　）。

    A．升序　　　　B．降序　　　　C．无序　　　　D．无法确定

8．下列程序采用二分查找法，在横线处可以填写的代码是（　　）。

```
list1=[10,7,6,4,2]
left=0
right=4
```

```
while right>=left:
    mid=(left+right)//2
    if list1[mid]==4:
        print('列表中有数字4')
        break
    elif list1[mid]  ___①___  4:
        right=mid-1
    else:
        left=mid+1
if right<left:
    print('列表中没有数字4')
```

A. <   B. >   C. =   D. ==

9. 运行下列程序后，屏幕上输出的 k 值是（   ）。

```
list1=[26,14,50,32,19,44]
list2=sorted(list1)
i,k,j=0,0,5
while j>=i:
    k=k+1
    m=(i+j)//2
    if list2[m]==32:
        break
    elif list2[m]>32:
        j=m-1
    else:
        i=m+1
print(k)
```

A. 1   B. 2   C. 3   D. 4

10. 运行以下 Python 程序，当程序结束时，下列选项中描述正确的是（   ）。

```
a=[34,35,38,41,41,41,45,45,69,78]
i=0
j=6
while i<=j:
    m=(i+j)//2
    if a[m]>41:
        j=m-1
    else:
        i=m+1
```

A. 此时 i 的值是 3   B. 此时 j 的值是 3
C. 此时 i 的值是 6   D. 此时 j 的值是 6

11．如果二分查找的目标元素在列表中多次出现，该算法会返回（　　　）。

    A．第一次出现的位置

    B．任意一个出现的位置

    C．最后一次出现的位置

    D．所有出现的位置

12．运行下列程序后，left 和 right 值分别为（　　　）。

```python
list1=[34,35,38,41,41,45,45,69,78]
left,right=0,len(list1)-1
while right>=left:
    mid=(left+right)//2
    if list1[mid]==45:
        print('可在列表中找到该数')
        break
    elif list1[mid]>45:
        right=mid-1
    else:
        left=mid+1
if right<left:
    print('列表中没有该数')
```

  A．5；8　　　　　B．5；7　　　　　C．4；8　　　　　D．4；7

二、操作题

1．随机生成 10 个 1～100 的数字，编写 Python 程序使用二分查找法查找其中是否有数字 55，如果有，则输出随机生成的数字和"这些数字中有数字 55"，否则输出"这些数字中没有数字 55"。

例如：

生成的数字为 3，75，26，74，81，55，39，38，90，71。

这些数字中有数字 55。

2．list1= [['刘炳晨',89],['黄心乐',92],['吴庆',80],['王一凡',85],['张洪伟',90],['李明宇',91],['谢宏',93]]，列表 list1 中的元素为由考生姓名和该考生面试成绩组成的列表。请编写一个 Python 程序，根据用户输入的考生姓名，使用二分查找法查找该考生的面试成绩并输出，如果未能找到，则输出"该考生没有参加面试"。

例如：

输入要查找的考生姓名：张洪伟。

你的面试成绩为：90。

提示：使用以下代码可以将列表 list1 按照考生姓名降序排列。

```python
sorted(list1,key=lambda info:info[0],reverse=True)
```

3. list1=[{'歌曲名':'大海','歌手名':'张雨生'},{'歌曲名':'大鱼','歌手名':'周深'},{'歌曲名':'半生雪','歌手名':'叶泽浩'},{'歌曲名':'孤勇者','歌手名':'陈奕迅'},{'歌曲名':'我期待的不是雪','歌手名':'张妙格'}]，列表 list1 中的元素类型为字典，包括歌曲名称和歌手姓名。

编写一个 Python 程序，实现以下功能：

根据用户输入的歌曲名称，使用二分查找法，在列表中查找并输出该歌曲的歌手姓名，如果不存在，则输出"未找到该歌曲"。

例如：

输入要查找的歌曲名：孤勇者。

歌手姓名：陈奕迅。

提示：使用以下代码可以将列表 list1 按照歌曲名称降序排列。

```
sorted(list1,key=lambda info:info['歌曲名'],reverse=True)
```

4.6　递推法

学习目标

◆ 能够理解递推的概念。

◆ 能够建立简单的递推公式。

◆ 能够确定递推法中的初始条件和结束条件。

要点提示

1. 递推法

（1）递推法的算法思想。

递推法是一种基于已知条件推导出未知量的算法。其算法思想是一种逐步推演的思想，通过定义初始条件和递推公式，在已知条件下，依次计算得到未知的数值或变量。

（2）递推法的算法过程。

① 定义初始条件：确定问题的起点，即已知的数值或变量。

② 设定递推公式：根据问题描述，找到递推的规律，并将其表示为一组数学公式。

③ 进行递推计算：利用递推公式，从初始条件开始，逐步计算得到后续的数值或变量。

④ 判断是否满足条件：当计算到一定程度时，需要判断是否已经得到了所要求的结果，如果满足终止条件，则停止递推计算，输出结果；否则，返回到第③步，继续进行递推计算，直到满足终止条件为止。

2．用for...in...循环结构实现递推法

典型示例：计算阶乘 n!

```
n=eval(input("请输入一个整数："))
result=1
if n!=0:
    for i in range(1,n+1):
        result=i*result
print("{0}!={1}".format(n,result))
```

经典解析

例1　猴子爱偷桃，对刚采下来的 1 筐桃子，猴子在第 1 天偷了 1 个桃子，在第 2 天偷的桃子数是第 1 天的 2 倍，假如猴子以这种规律偷吃桃子，到第 5 天猴子偷了几个桃子？

在以下程序的横线处填写代码，实现上述功能。

```
result=1
for i in range(____①____):
    result=____②____
print('猴子第5天偷了{}个桃子'.format(result))
```

① 横线处填写的代码是（　　　）。

A．2,5　　　　　B．1,6　　　　　C．2,6　　　　　D．0,5

② 横线处填写的代码是（　　　）。

A．result*i　　　B．result*2　　　C．result*(i+1)　　　D．result*(i-1)

解析

（1）在递推法中，最重要的是推导出递推公式。

如果将猴子每天偷的桃子数记为 f(n)，则根据题意可知：

f(1)=1

f(2)=f(1)*2

f(3)=f(2)*2

f(4)=f(3)*2

f(5)=f(4)*2

观察上式可得递推公式为 f(n)=f(n-1)*2，其中 n>=2，f(1)=1。

（2）f(1)=1 为递推的起点，变量 result 存储猴子每天偷的桃子数，result=1 表示猴子在第 1 天偷了 1 个桃子，这是初始条件。

（3）用 for 循环计算第 2 天到第 5 天猴子每天偷的桃子数，循环体需要执行 4 次，故横线①处应选择 C 选项。

（4）根据递推公式 f(n)=f(n-1)*2，在循环体内横线②处应该填写 result*2，故选 B 选项。因此，正确答案为① C；② B。

例 2　在以下程序的横线处填写 Python 代码，以递推法求 1+2+3+...+n-1+n 的和。

```
n=int(input('请输入一个正整数：'))
s=1
for i in range(2,n+1):
    _____
print('1+2+3...+{0}={1}'.format(n,s))
```

横线处填写的代码是（　　　）。

A．s=i

B．s=i+i+1

C．s=i+1

D．s=s+i

解析

（1）如果用 f(n)表示 1+2+3+...+n-1+n 的和。则

f(1)=1

f(2)=1+2=f(1)+2

f(3)=1+2+3=f(2)+3

f(4)=1+2+3+4=f(3)+4

...

f(n)=f(n-1)+n

观察上式可得递推公式为 f(n)=f(n-1)+n，其中 n>=2，f(1)=1。

（2）f(1)=1 为递推的起点，变量 s 用来存储每次计算的结果，s=1 表示 1 这一个数，这就是初始条件。

（3）反复求和的过程可以用 for 循环来实现。用 for 循环计算每次的求和结果，通过 range(2,n+1)函数生成 2 到 n 的序列，每次循环将 i 值累加到 s 中。

（4）根据递推公式 f(n)=f(n-1)+n，在循环体内横线处应该填写 s=s+i，故选 D 选项。

因此，正确答案为 D。

实战训练

一、选择题

1．一根竹笋，从发芽到长大，如果每天长高 1 倍，经过 10 天长到 40dm，那么长到 2.5dm，需要经过几天？这类问题可以用下列哪种算法完成？（　　　）

A．递推法

B．二分查找法

C．顺序查找法

D．冒泡排序法

2．求解递推问题的关键点包括（ 　　 ）。

① 递推公式 　　② 初始条件 　　③ 终止条件 　　④ 循环条件

    A．①④②③   B．①②③

    C．①②④   D．①③④

3．在以下程序的横线处填写代码，求出 1!+2!+3!+4!+5! 的和。下列选项中正确的是（ 　　 ）。

```
s=1
pdt=1
for i in range(2,6):

    _____
    s=s+pdt
print('1!+2!+3!+4!+5!={}'.format(s))
```

    A．pdt=s   B．s=pdt*i   C．pdt=i*pdt   D．pdt=s*i

4．选出正确的递推法的算法过程，下列选项中正确的是（ 　　 ）。

① 定义初始条件 　②进行递推计算 　③ 判断是否满足条件 　④ 设定递推公式

    A．①②④③   B．①④②③

    C．①④③②   D．④①②③

5．斐波那契数列是一种非常有趣的数列，这个数列的前几项是 0，1，1，2，3，5，8，13，…，以下选项中为斐波那契数列递推式的是（ 　　 ）。

    A．f(n)=f(n-1)-f(n-2)   B．f(n)=f(n-1)+1

    C．f(n)=f(n+1)-1   D．f(n)=f(n-1)+f(n-2)

6．下列递推式的递推关系不能用图 4-6-1 表示的是（ 　　 ）。

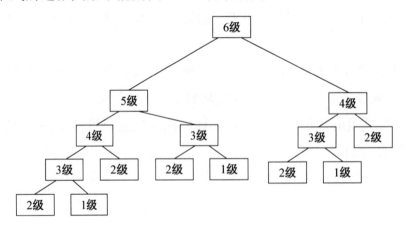

图 4-6-1　递推关系

    A．f(n)=f(n-1)+f(n-2)   B．f(n)=f(n-1)*f(n-2)

    C．f(n)=f(n-1)+(n-2)   D．f(n)=f(n-1)-f(n-2)

  7．假设一段楼梯共有 14 级台阶，小明一步最多能上 3 级台阶。请在以下程序横线处填写代码，完成上述爬楼问题。（ 　　 ）

```
s=0
a=1
b=2
c=4
for i in range(_____):
    s=a+b+c
    a=b
    b=c
    c=s
print('共有{}种方法'.format(s))
```

  A. 4,15   B. 5,16   C. 4,16   D. 3,16

8. 在以下程序的横线处填写代码，完成 1/1!+1/2!+1/3!+1/4!求和的程序。（　　）

```
s=0
result=1
for i in range(1,5):
    result=result*i
    _____
print('1/1!+1/2!+1/3!+1/4!={0}'.format(s))
```

  A. s=s+result   B. s=s+1/i

  C. s=1/result   D. s=s+1/result

二、操作题

1. 给一座 7 层塔挂灯，最高层挂 4 盏灯，在相邻两层中，下一层灯数比上一层灯数多 4 盏，请运用递推法编写 Python 程序，输出该塔需要挂多少盏灯。

输出格式为：共需要挂×××盏灯。

2. 请编写 Python 程序，运用递推算法输出 2!+4!+6!+8!+10!的和。

输出格式为：2!+4!+6!+8!+10!=×××××。

3. 这是一个很著名的故事：阿基米德与国王下棋，国王输了，国王问阿基米德要什么奖赏，阿基米德说："我只要在棋盘上的第一格放 1 粒米，第二格放 2 粒米，第三格放 4 粒米，第四格放 8 粒米，…，依次类推，直到 64 格全部放满。"国王以为要不了多少粮食，就随口答应了，结果国王输了。请用递推算法计算出摆满 64 格时一共放了多少粒米。

输出格式为：64 格一共放×××粒米。

4. 猴子爱吃桃子，第一天摘下若干桃子，被猴子吃掉一半，还不过瘾，又多吃了一个，第二天早上又将剩下的桃子吃掉一半又多吃一个。以后每天早上都吃了前一天剩下的一半另加一个。到第 5 天早上想再吃时，就只剩下一个桃子了，请编写 Python 程序计算并输出第一天摘了多少个桃子。

输出格式为：第一天摘了×××个桃子。

4.7 递归法

学习目标

◆ 能够理解递归的概念。

◆ 能够确定递归法的起始和终止条件。

◆ 能够写出简单的递归关系式。

要点提示

1. 递归法

（1）递归法的算法思想。

递归法是一种通过将大问题分解成更小的子问题来解决大问题的方法。其算法思想是将一个问题分解为相似但规模更小的子问题，直到可以直接求解为止。

递归法的两个关键点：递归关系和边界条件。

（2）递归法的算法过程。

① 确定递归条件：判断当前问题是否需要继续递归求解，如果不需要，则直接返回结果或执行某些操作。

② 分解问题：将原问题分解为若干个更小的子问题。

③ 递归处理：对每个子问题进行递归处理，直到达到递归条件为止。

④ 合并结果：将每个子问题的结果合并起来，得到原问题的解。

2. 调用自身函数实现递归法

典型示例：

```python
#创建递归函数
def fac(n):
    if n<=1:
        return 1
    else:
        return n*fac(n-1)


#调用递归函数
n=eval(input('请输入一个整数值'))
result=fac(n)
print('{0}!={1}'.format(n,result))
```

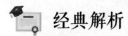 经典解析

例1 在下列 Python 程序中，fac()是一个递归函数。

```
def fac(n):
    if n==0:
        return 1
    else:
        return fac(n-1)+5
sum=fac(6)
print(sum)
```

程序运行后，输出结果是（   ）。

A．32   B．31   C．30   D．29

解析

第1步：运行该程序时，首先执行程序中的第1行代码 sum=fac(6)，此时参数 n=6，即调用 fac(6)，因为6不等于0，执行 else 命令后的语句，得到 fac(6)=fac(5)+5。

第2步：此时 n=5，即调用 fac(5)，执行 else 后的语句，得到 fac(5)=fac(4)+5。

第3步：此时 n=4，即调用 fac(4)，执行 else 后的语句，得到 fac(4)=fac(3)+5。

第4步：此时 n=3，即调用 fac(3)，执行 else 后的语句，得到 fac(3)=fac(2)+5。

第5步：此时 n=2，即调用 fac(2)，执行 else 后的语句，得到 fac(2)=fac(1)+5。

第6步：此时 n=1，即调用 fac(1)，执行 else 后的语句，得到 fac(1)=fac(0)+5。

第7步：此时 n=0，即调用 fac(0)，由于0等于0，所以执行"return 1"语句得到 fac(0)=1。

第8步：返回 fac(0)=1，此时可得到 fac(1)=fac(0)+5=1+5=6。

第9步：返回 fac(1)=6，此时可得到 fac(2)=fac(1)+5=6+5=11。

第10步：返回 fac(2)=11，此时可得到 fac(3)=fac(2)+5=11+5=16。

第11步：返回 fac(3)=16，此时可得到 fac(4)=fac(3)+5=16+5=21。

第12步：返回 fac(4)=21，此时可得到 fac(5)=fac(4)+5=21+5=26。

第13步：返回 fac(5)=26，此时可得到 fac(6)=fac(5)+5=26+5=31。

由此可得到 fac(6)=31。

因此，正确答案为 B。

例2 在以下程序的横线处填写 Python 代码，以递归算法求 1+2+3+...+9+10 的和。

```
def f(n):
    if n==1:
        return 1
    else:
```

```
        return _____
    print(f(10))
```

横线处填写的代码是（　　）。

A．f(n)+f(n-1)　　　　　　　B．n+f(n)

C．n+f(n-1)　　　　　　　D．n-1+f(n)

解析

如果用 f(10)表示 1+2+3+...+9+10 的和，那么 f(9)可以表示为 1+2+3+...+9 的和，则 f(10)=10+f(9)。

以此类推，可得出：

f(9)=9+f(8)

f(8)=8+f(7)

f(7)=7+f(6)

f(6)=6+f(5)

f(5)=5+f(4)

f(4)=4+f(3)

f(3)=3+f(2)

f(2)=4+f(1)

而 f(1)表示数字 1，即 f(1)=1。

上面的分析过程可以用递归法来表示，f(1)=1 就是递归的边界条件，也叫递归出口。

将上面的分析过程写成分段函数如图 4-7-1 所示：

$$f(n)\begin{cases}1 & n=1\\ n+f(n-1) & n>1\end{cases}$$

图 4-7-1　分段函数

递归函数里采用如下分支结构表示上面的分段函数：

```
if n==1:
    return 1
else:
    return n+f(n-1)
```

因此，正确答案为 C。

实战训练

一、选择题

1．下列选项中，关于递归问题叙述正确的是（　　）。

A．没有边界条件的递归会出现死循环或溢出等问题

B．在 A 函数中调用了 B 函数，而在 B 函数中又调用了 A 函数，这不属于递归问题

C．1-2+3-4+...+(n-1)-n 不能用递归法求解

D．函数或子程序一般不允许参数传递

2．递归法的两个关键点包括（　　）。

① 递推公式　　② 边界条件　　③ 终止条件　　④ 递归关系

A．①③　　　　B．①②　　　　C．②④　　　　D．①④

3．正确的递归法的算法过程是（　　）。

① 确定递归条件　　② 递归处理　　③ 合并结果　　④ 分解问题

A．①②④③　　　　　　　　B．①④②③

C．①④③②　　　　　　　　D．④①②③

4．Python 程序代码如下：

```python
def f(n):
    if n==1 or n==2:
        return 1
    else:
        return f(n-1)+f(n-2)
s = 0
for i in range(1,6):
    s += f(i)
print(s)
```

该程序执行后，输出结果为（　　）。

A．10　　　　　B．12　　　　　C．13　　　　　D．16

5．执行以下程序，自定义函数 fac() 被执行的次数是（　　）。

```python
def fac(n):
    if n<=1:
        return 1
    else:
        return n*fac(n-1)
print(fac(8))
```

A．4 次　　　　B．5 次　　　　C．7 次　　　　D．8 次

6．在 Python 编程中，有这样一个经典问题：

5 个人坐在一起，问第 5 个人岁数，他说比第 4 个人大 2 岁。问第 4 个人岁数，他说比第 3 个人大 2 岁。问第 3 个人，他说比第 2 个人大 2 岁。问第 2 个人，他说比第 1 个人大 2 岁。最后，问第 1 个人岁数，他说是 10 岁。问：第 5 个人的岁数是多少？

完善以下代码，利用递归法求解此问题，下列选项中正确的是（　　）。

```
def age(n):
    if n==1:
        return 10
    else:
        return _____
print('第5个人的年龄为{0}'.format(age(5)))
```

    A．age(n-1)-2   B．age(n)-2

    C．age(n)+2   D．age(n-1)+2

7．斐波那契数列又称为黄金分割数列，指的是这样一个数列：0，1，1，2，3，5，8，13，…，如果用递归法编写程序求出斐波那契数列中第 n 项的数，该递归程序的边界条件为（　　）。

    A．f(0),f(1)=0,1   B．f(0),f(1)=1,1

    C．f(1),f(2)=1,1   D．f(0),f(1)=1,0

8．完善下列 Python 代码，编写一个递归程序求正整数各位上的数字之和，以下选项中正确的是（　　）。

```
def sum(n):
    if n==0:
        return 0
    else:
        return _____
n=12345
print('\'12345\'各位数字之和为{0}'.format(sum(n)))
```

    A．sum(n%10)+n%10   B．sum(n//10%10)

    C．n%10+sum(n//10)   D．n//10+sum(n%10)

二、操作题

1．编写 Python 程序，用递归法实现字符串的逆序输出。

例如：

输入一个字符串 hello world。

逆序后为 dlrow olleh。

2．编写 Python 程序，用递归法输出 1-2+3-4+5-6+7-8+9-10+11-12+13 的运算结果。

例如，输出结果为 1-2+3-4+5-6+7-8+9-10+11-12+13=7。

第 5 章

数 据 采 集

本章主要内容

- 第三方库的安装与导入。
- requests 库的使用方法。
- 网页的基本结构。
- 正则表达式语法及其使用方法。
- 文件的读取与写入。

5.1 爬取网页

学习目标

◆ 能够安装第三方库。

◆ 能够使用 requests 库爬取网页。

要点提示

1. 安装第三方库

（1）通过"PyCharm 图形界面"安装第三方库。

（2）通过"pip"命令（如 pip install requests）安装第三方库。

2. 爬取一张网页

典型示例：

```
import requests                                  #导入requests库
url='http://192.168.0.1/xslx/xxpc/index.html'   #192.168.0.1为Web服务器IP地址
req=requests.get(url)                            #获取网页源代码
html=req.content.decode()                        #编码转换
print(html)
```

3. 常见的第三方库

常见的第三方库如表 5-1-1 所示。

表 5-1-1　常见的第三方库

应用领域	库名称	说明
网络爬虫	requests	简洁且简单的处理 HTTP 请求的库
	bs4	处理 HTTP 请求，并能获取网页中信息的库
数据分析	numpy	开源数值计算扩展库
文本处理	pdfminer	从 PDF 文档中提取各类信息的库
图形界面	PyQt5	成熟的商业级 GUI 库
Web 开发	Django	最流行的开源 Web 应用框架
游戏开发	Pygame	面向游戏开发入门的库
数据可视化	Matplotlib	提供数据绘图功能的库，主要进行二维图表数据展示
机器学习	Scikit-learn	简单且高效的数据挖掘和数据分析工具

经典解析

例 1　通过命令安装用于数据分析的第三方库"numpy"，以下选项中正确的是（　　）。

A．install pip numpy

B．install numpy

C．pip numpy

D．pip install numpy

解析

（1）在命令窗口中，在 Python 程序所在目录下，运行命令 pip install 库的名称可以安装第三方库。

（2）numpy 库常用于数据分析，故 D 选项正确。

因此，正确答案为 D。

例 2　IP 为 192.168.0.1 的本地 Web 服务器根目录下有一个"tushu"文件夹，该文件夹下有"index.html"、"guest.html"和"book.html"三个网页，以下程序是模拟远程自动获取三个网页的源代码，请将程序补充完整。

```
01 import requests
02 url1="http://192.168.0.1/tushu/"
03 list1=["index.html","guest.html","book.html"]
04 for i in range (_____①_____):
```

```
05      url=_____②_____
06      req=_____③_____
07      html=_____④_____
08      print(html)
```

> **解析**

（1）从 01 行代码可见，导入的第三方库是 requests，因此③中可以调用其中的 get() 函数发送 HTTP 请求，将返回的内容赋给变量 req，于是需要提供目标网页的链接地址作为参数。

（2）02 行代码中 url1 是不完整的链接地址，不能直接作为 get() 函数的参数。根据题意，网页文件所在位置是服务器根目录下的"tushu"文件夹下，即"192.168.0.1/tushu/"，三个网页的完整链接地址分别是：

http://192.168.0.1/tushu/index.html

http://192.168.0.1/tushu/guest.html

http://192.168.0.1/tushu/book.html

因此，②中的 url 需要将 url1 和 list1 列表中的元素进行字符串拼接。

（3）为了使 url1 和 list1 列表中的每个字符串元素逐一拼接，结合 for 循环语句，在①中输入 len(list1) 或者输入 3，可以使循环变量 i 依次迭代数字 0,1,2。相应地在②中输入的代码为 url1+list1[i]。

在③中输入的代码为 requests.get(url)。

（4）使用对象 req 的 content 属性可以返回二进制编码的响应内容，使用 decode() 方法将其解码成字符串，实现正确显示英文和汉字，并赋值给 html 变量，用于 08 行代码的输出；因此在④中输入的代码为 req.content.decode()。

因此，正确答案如下。

① len(list1) 或者 3。

② url1+list1[i]。

③ requests.get(url)。

④ req.content.decode()。

实战训练

一、选择题

1. 使用命令安装用于图形界面开发的第三方库"PyQt5"，以下选项中正确的是（　　）。

  A．install PyQt5　　　　　　　　B．pip PyQt5

  C．pip install PyQt5　　　　　　D．install pip PyQt5

2. 以下选项中可以获取网页的方法是（　　）。

  A．requests.head()　　　　　　　B．requests.head()

C．requests.get()　　　　　　　D．requests.put()

3．IP 为 192.168.0.1 的本地 Web 服务器根目录下有一个"xslx"文件夹，该文件夹下有"index.html"、"guest.html"和"order.html"三个网页，以下选项中可以获取"order.html"网页源代码的是（　　）。

A．requests.get('http://192.168.0.1/xslx/order.html')

B．requests.request('http://192.168.0.1/xslx/order.html')

C．requests.get('http://192.168.0.1/xslx')

D．requests.get('http:\\192.168.0.1\xslx\order.html')

4．对于 Response 对象 req，执行以下（　　）选项的代码后，执行 print(x)能正确输出含中文的网页源代码。

A．x=req.text()

B．x=req.content.decode()

C．x=req.encoding.decode()

D．x=req.text.decode()

5．对于 Response 对象 req，以下选项中关于 req.content 返回数据的编码格式的描述正确的是（　　）。

A．显示含英文的网页源代码

B．与 req.text 返回数据的网页源代码一样

C．显示的是二进制编码

D．可以显示含中文的网页源代码

二、操作题

1．分别用"PyCharm 图形界面"和"pip"命令安装第三方库 bs4，将操作步骤截图。

2．模拟网站并获取网页源代码。

（1）模拟网站。

将本节资源包中路径为"第 5 章\5.1\操作题\xslx"的文件夹复制至 D:\，并将其作为站点文件夹，在本地主机上使用 IIS 发布网站。

操作步骤：

① 选择"控制面板"→"程序"→"启用或关闭 Windows 功能"→"Internet Information Services"选项。

② 右击桌面"此电脑"图标，选择"管理"选项打开"计算机管理"窗口，选择"服务和应用程序"→单击"Internet Information Services（IIS）管理器"选项。

③ 在 Internet Information Services（IIS）管理器的"连接"窗口中右击"网站"，选择"添加网站"，在"添加网站"对话框中输入"网站名称"，指定网站素材的"物理路径"，设置端口为"80"，如图 5-1-1 所示。

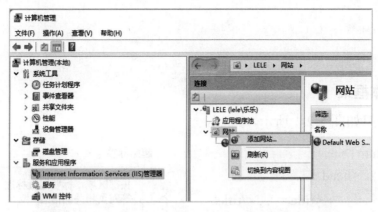

图 5-1-1　使用 IIS 发布网站

（2）查看网页。

以浏览器访问 http://127.0.0.1/index.html。

（3）爬取网页源代码。

设计程序爬取并输出该网页源代码。

5.2　读懂网页

学习目标

◆　能够理解网页的基本框架。

◆　能够识别 HTML 常用标签。

◆　能够了解 CSS 样式定义。

要点提示

1. 网页的基本框架

网页的基本框架如图 5-2-1 所示。

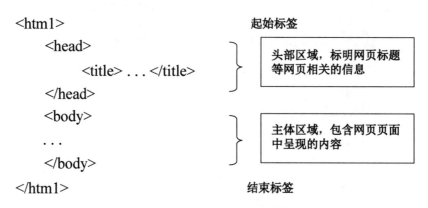

图 5-2-1　网页的基本框架

2. 常用的 HTML 标签

（1）双标签：例如 body、p、a、ul、li 等。

（2）单标签：例如 img、br 等。

（3）常用的 HTML 标签如表 5-2-1 所示。

表 5-2-1　常用的 HTML 标签

标签	说明
\<html>\</html>	标签中间的元素是网页
\<head>\</head>	网页头部信息
\<title>\</title>	网页的标题
\<body>\</body>	用户可见内容
\<div>\</div>	网页内容块
\<p>\</p>	段落
\<ul>\</ul>	定义无序列表
\<li>\</li>	列表项目
\<a href="">\</a>	超链接
\<hn>\</hn>	标题
\\	行内元素（内联元素）标签
\<img>	插入一幅图片，无结束标签
\<video>	定义视频，如影片片段或其他视频流
\ 	回车符标签

典型示例：

```
<div>
```

```
    <ul>
        <li><p style="font-family:宋体;">我们</p></li>
        <li><img src="images/bt.jpg" width="1040" height="300px" /></li>
        <li><a href="#">空链接</a></li>
    </ul>
</div>
```

3. CSS（Cascading Style Sheet，层叠样式表）样式定义

（1）CSS 样式表的三种样式。

① 内联样式。

例如：

```
<h1 style="font-family:宋体;">一个标题</h1>
```

② 内部样式表。

例如：

```
<head>
    <style type="text/css">
        body {background-color:yellow;}
        p {color:blue;}
    </style>
</head>
```

③ 外部样式表。

使用外部样式表，例如：

```
<head>
    <link rel="stylesheet" type="text/css" href="mystyle.css">
</head>
```

（2）css 样式的定义与应用。

基本语法：选择器 {属性:值}。

典型示例：

```
<style>
    .style1{color:red;}        /*类选择器*/
    #style2{color:blue;}       /*ID选择器*/
    p{color:green;}            /*标签选择器*/
</style>
...
<div class="style1">我爱我的祖国</div>
<div id="style2">不忘初心、牢记使命</div>
<p>只争朝夕、不负韶华</p>
```

🎓 **经典解析**

例1 根据源代码（如图 5-2-2 所示），解析一张网页。

```
1   <!DOCTYPE html>                           82    <body>
2   <html>                                    83        <audio src="other/夏天的风.mp3" autoplay="autoplay" loop="loop"></audio>
3       <head>                                84        <div id="all">
4           <meta charset="utf-8">            85            <div id="header">
5           <title></title>                   86                <div id="logo"></div>
6           <style>                           87                <nav>
7           *{                                88                    <ul>
8               padding: 0px;                 89                        <li><a href="#">首页<br>HOME</a></li>
9               margin: 0px;                  90                        <li><a href="#">关于<br>ABOUT</a></li>
10          }                                 91                        <li><a href="#">联系<br>CONTACT</a></li>
        …… …… …….                             92                        <li><a href="#">更多<br>MORE</a></li>
70          #footer{                          93                    </ul>
71              clear: left;                  94                </nav>
72              width: 1080px;                95            </div>
73              height: 80px;                 96            <div id="banner">
74              background-color: #E1E2E2;    97                <div id="wenzi">
75              margin: auto;                 98                    <div id="wenzi1">春来夏往</div>
76              color: grey;                  99                    <div id="wenzi2">秋收冬藏</div>
77              line-height: 80px;            100               </div>
78              text-align: center;           101           <div id="footer">
79          }                                 102               版权信息Copyright@2022年春
80          </style>                          103           </div>
81       </head>                              104       </div>
                                              105   </div>
                                              106   </body>
                                              107   </html>
```

图 5-2-2 源代码

（1）标志网页开始和结束的标签为（ ① ），相应代码分别在第 ② 行和第 ③ 行上。

    A．<html></html>   B．<body></body>

    C．<div></div>   D．<head></head>

（2）浏览页面时，可见的页面内容在（ ④ ）标签之间。

    A．<html></html>   B．<body></body>

    C．<audio></audio>   D．<head></head>

（3）该页面第 83 行代码使用了背景音乐的标签是 audio，该标签是（ ⑤ ）标签。

    A．单标签   B．双标签

（4）页面中有（ ⑥ ）个超链接。

    A．2   B．3

    C．4   D．5

（5）定义页面底端"版权信息 Copyright@2022 年春"文字的样式的选择器是（ ⑦ ）选择器。

    A．ID   B．类   C．标签

解析

（1）<html>和</html>标签分别标志着网页的开始与结束，故选 A 选项；相应代码分别在第 2 行和第 107 行。

（2）浏览页面时，可见的页面内容在<body>和</body>标签之间，故选 B 选项。

（3）第 83 行显示本页面插入了<audio></audio>这对标签，插入的是音频元素，是双标签，故选 B 选项。

（4）<a href=" ">XX</a>是超链接语句，a 为超链接标签，参数 href 为超链接的目标地址，"XX"表示设置了超链接的页面元素。可见，页面中在"首页"、"关于"、"联系"和"更多"四处文字设置了超链接，故选 C 选项。

（5）在第 102～104 行的代码中，id="footer"即应用#footer 样式修饰"版权信息 Copyright@2022 年春"文字，#footer 样式的定义在第 70～79 行，#footer 中的"#"表明它属于 ID 选择器，故选 A 选项。

因此，正确答案为① A；② 2；③ 107；④ B；⑤ B；⑥ C；⑦ A。

实战训练

一、选择题

1．下列 HTML 标签中不是双标签的为（   ）。

    A．〈title〉   B．〈img〉

    C．〈div〉   D．〈ul〉

2．下列有关超链接的 html 代码中正确的是（   ）。

    A．〈a〉〈href="#"〉首页〈/a〉

    B．〈a href="#"〉首页

    C．〈a href="#"〉首页〈/a〉

    D．〈a href="#"首页〉〈/a〉

3．定义文本段落的标签是（   ）。

    A．〈p〉〈/p〉   B．〈body〉〈/body〉

    C．〈html〉〈/html〉   D．〈head〉〈/head〉

4．以下代码使用的样式属于（   ）。

```
<h1 style="font-size:6;">今日要闻</h1>
```

    A．内部样式表   B．内联样式

C．外部样式表　　　　　　D．混合样式

5．以下插入图片的正确代码是（　　）。

A．<img href='two.jpg'>　　　B．<img>'two.jpg'</img>

C．<img src=two.jpg>　　　D．<img src='two.jpg'>

6．在下面的 HTML 网页代码中，正确引用位于当前目录下的外部样式表文件"mystyle.css"的方法是（　　）。

A．<style src="mystyle.css">

B．<link rel="stylesheet" type="text/css" href="mystyle.css">

C．<stylesheet>mystyle.css</stylesheet>

D．<style href="mystyle.css">

7．.s1{color:blue;}中的选择器是（　　）。

A．ID 选择器

B．类选择器

C．标签选择器

8．#s2{color:blue;}中的选择器是（　　）。

A．类选择器

B．ID 选择器

C．标签选择器

9．p{color:red;}中的选择器是（　　）。

A．标签选择器

B．类选择器

C．ID 选择器

10．在 HTML 代码中，表示回车换行的标签是（　　）。

A．
　　　　　　　　B．<span>

C．
</br>　　　　　　D．<div>

11．以下代码能表示网页基本结构的是（　　）。

A.	B.	C.	D.
<html>	<html>	<html>	<html>
<head>	<title>	<head>	<head>
<body>	</title>	</head>	<body>
...	<body>	<body>	<title>...</title>
</head>	...	...	</body>
</body>	</body>	</body>	</head>
</html>	</html>	</html>	</html>

12．对照以下源代码（如图 5-2-3 所示），选择正确选项。

```
1  <!DOCTYPE html>
2  <html lang="en">
3  <head>
4      <meta charset="UTF-8">
5      <title>艺术展</title>
6      <link rel="stylesheet" type="text/css" href="style.css"/>
7  </head>
8  <body>
9      <div id="bg"></div>
10     <div id="contain">
11         <!--导航-->
12         <nav>
13             <ul id="nav">
14                 <li><a href="#" id="color">首页</a></li>
15                 <li><a href="#">关于我们</a></li>
16                 <li><a href="#">活动详情</a></li>
17                 <li><a href="#">购买门票</a></li>
18                 <li><a href="#">联系我们</a></li>
19             </ul>
20         </nav>
21         <!--标题-->
22         <div id="header">
23             International Art Exhibition<br>
24             <span>国际艺术展</span>
25         </div>
```

```
1  *{
2      padding:0;
3      margin:0;
4  }
5  #bg{
6      width:100%;
7      height:350px;
8      background-color: #EEB422;
9      position: absolute;
10     z-index: -1;
11     top:0;
12  }
```

图 5-2-3　源代码

（1）网页的标题内容为艺术展，是用（　　）标签定义的。

A．span　　　　　　　　　　　B．title

C．head　　　　　　　　　　　D．body

（2）第 6 行代码表明应用了（　　）修饰网页元素。

A．内部样式表　　　　　　　　B．内部样式表和外部样式表

C．外部样式表　　　　　　　　D．内联样式

（3）在第 9 行中，标签 div 应用的样式的选择器为（　　）选择器。

A．类　　　　　　B．ID　　　　　　C．标签

（4）这张网页中共有（　　）个超链接。

A．4　　　　　　B．3　　　　　　C．5　　　　　　D．6

二、操作题

1．用记事本编写一个简单网页，并在浏览器中预览，网页效果如图 5-2-4 所示。

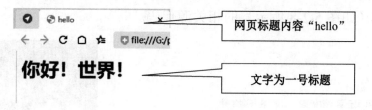

图 5-2-4　网页效果

2．用浏览器浏览本节资源包中路径为"第 5 章\5.2\操作题\index.html"的网页文件，页面效果如图 5-2-5 所示，查看网页源代码，抄录相关的源代码。

图 5-2-5　页面效果

（1）用浏览器打开"index.html"网页，在页面空白处右击，选择"查看网页源代码"命令查看源代码。

（2）抄录页面导航（如图 5-2-6 所示）相关的超链接源代码。

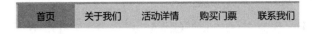

图 5-2-6　页面导航

（3）抄录"新闻中心"列表内容（如图 5-2-7 所示）的相关源代码。

（4）抄录图片（如图 5-2-8 所示）的相关源代码。

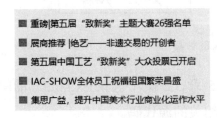

图 5-2-7　"新闻中心"列表内容

图 5-2-8　图片

5.3 正则表达式（一）

学习目标

◆ 能够理解正则表达式的作用。

◆ 能够表达较为简单的正则表达式的模式字符串。

要点提示

1. 正则表达式

（1）正则表达式是指使用某种预定义的模式匹配一类具有相同特点的字符串。

（2）它由一系列字符和特殊字符组成，用于在文本中进行搜索和替换操作。

2. 正则表达式常见模式（re 代表正则表达式）

正则表达式常见模式如表 5-3-1 所示。

表 5-3-1　正则表达式常见模式

分类	模式	描述
单字符模式	.	匹配任意一个字符（除了换行符"\n"）
	[]	匹配[]中任意一个字符
	\d	匹配一个数字字符，等价于[0-9]
	\D	匹配一个非数字字符
	\w	匹配一个汉字、英文字母、数字和下画线_
	\W	匹配一个除汉字、英文字母、数字和下画线外的字符
多字符模式	re*	匹配 0 个或多个前面表达式
	re+	匹配 1 个或多个前面表达式
	re?	非贪婪模式匹配 0 个或 1 个前面表达式
	re{n}	精确匹配 n 个前面表达式
边界模式	^	从字符串的开头匹配，如"^我的"匹配必须以"我的"开头的字符
	$	匹配字符串的结尾
分组模式	(re)	分组匹配文本，如(ab)+可以匹配"ab"和"abab"等

经典解析

例1　以下为余光中的《乡愁》的部分诗句，为获取所有带下画线处的文字，选项中遮罩模型设计正确的是（　　　）。

...

我在这头

<u>母亲在那头</u>

...

我在这头

<u>新娘在那头</u>

...

我在外头

<u>母亲在里头</u>

...

我在这头

<u>大陆在那头</u>

A. 在那头   B. 在 头

C. 在这头   D. 在里头

解析

（1）根据题意观察带所有下画线文字特点是：第 1 个、2 个字符可以是任意的，第 3 个字符都是"在"，第 4 个字符既有"那"也有"里"，所以也是任意的，第 5 个字符都是"头"，故 B 选项正确。

（2）A 选项仅匹配"母亲在那头"、"新娘在那头"和"大陆在那头"。漏掉"母亲在里头"，故 A 选项错误；C 选项仅匹配"我在这头"，故 C 选项错误；D 选项仅匹配到"母亲在里头"，故 D 选项错误。

因此，正确答案为 B。

例 2 已知字符串"李彭和胡艺的出生日期分别为 2006-08-26 和 2004-02-16"。

（1）以下正则表达式中，（   ）选项匹配结果为"2006-08-26"。

  A．"2006-08-26"　　　　　　　　B．"2006"

  C．"08"　　　　　　　　　　　　D．"20060826"

（2）以下正则表达式中，（   ）选项能匹配字符串中的年份"2006"和"2004"。

  A．"2006"　　　　　　　　　　　B．"2004"

  C．"\d"　　　　　　　　　　　　D．"\d{4}"

（3）以下正则表达式中，（   ）选项能匹配字符串中的"2006-08-26"和"2004-02-16"。

  A．"2006-08-26"　　　　　　　　B．"2004-02-16"

  C．"\d{4}-\d{2}-\d{2}"　　　　　　D．"\d{4}\d{2}\d{2}"

解析

（1）本题主要考查普通匹配模式。在普通匹配模式中，正则表达式必须和匹配结果一样，故 A 选项正确。

（2）正确答案为 D，主要考查普通模式匹配的局限性。

① "2006"普通匹配模式只能匹配"2006"，故 A 选项错误。

② "2004"普通匹配模式只能匹配"2004"，故 B 选项错误。

③ "\d"属于单字符模式，匹配 0～9 之间的任意一个数字，不符合要求，故 C 选项错误。

④ 在"\d{4}"模式中，"\d"匹配 0～9 之间的任意一个数字，{4}表示精确匹配 4 个前面表达式，也就是匹配 4 个任意连续的数字，"2006"和"2004"均能匹配。

故 D 选项正确。

（3）主要考查普通模式与非普通模式（元字符）的混合使用。

① "2006-08-26"普通匹配模式只能匹配"2006-08-26"，故 A 选项错误。

② "2004-02-16"普通匹配模式只能匹配"2004-02-16"，故 B 选项错误。

③ 观察匹配结果"2006-08-26"和"2004-02-16"日期格式一样，都采用"-"进行连接，故这部分可以用普通模式匹配，年份是 4 位不相同的数字，可以用"\d{4}"模式匹配；同理，月份匹配模式为"\d{2}"，日的匹配模式为"\d{2}"，进行组合为"\d{4}-\d{2}-\d{2}"，D 选项中缺少连接符"-"，故 D 选项错误。

故 C 选项正确。

实战训练

一、选择题

1. _____使用某种预定义的模式匹配一类具有相同特点的_____。

　　A．函数；数值　　　　　　　　B．正则表达式；字符串

　　C．正则表达式；列表　　　　　D．函数；字符串

2. 能够完全匹配字符串"小明的妹妹 3 岁了"中的"3"的正则表达式是（　　）。

　　A．""　　　　B．"1"　　　　C．"3"　　　　D．"5"

3. 能够完全匹配字符串"0 是最小的自然数"中的"0"的正则表达式是（　　）。

　　A．"\d"　　　B．"/d"　　　C．"\w"　　　D．"\W"

4. 能够完全匹配字符串"4 是 2 的倍数"中的"4"和"2"的正则表达式是（　　）。

　　A．"2"　　　B．"1"　　　C．"\d"　　　D．"\w"

5. 已知字符串"3 是 9 的平方根"，以下选项中错误的是（　　）。

　　A．模式"3"能完全匹配字符串中的"3"，但无法匹配"9"

　　B．模式"9"能完全匹配字符串中的"9"，但无法匹配"3"

C．模式"\d"能完全匹配字符串中的"3"和"9"

D．模式"\d"无法匹配字符串中的"3"和"9"

6．能够完全匹配字符串"英文字母共有 26 个"中的"26"的正则表达式是（　　）。

  A．"\d"

  B．"\d2"

  C．"\d{2}"

  D．"\d[2]"

7．"\d{3}"模式在字符串"每次差 1 分的他这次终于得了 100 分！"中（　　）。

  A．只能匹配"1"

  B．只能匹配"100"

  C．能匹配"1"和"100"

  D．无字符匹配

8．能够完全匹配字符串"垂枝樱花的花瓣数量在 10 瓣左右"中的"10"的正则表达式为（　　）。

  A．"\w+"

  B．"\d"

  C．"\d+"

  D．"\w"

9．使用模式"\d+"匹配字符串"民谚称腊月 27，宰鸡赶大集。2 月的这一天，家家户户除了宰杀家禽..."，结果正确的是（　　）。

  A．"27"

  B．"2"

  C．"7"

  D．"27"和"2"

10．已知字符串"宝玉呆了半晌，忽然大笑道：任凭弱水 3000，我只取 1 瓢饮。"，以下选项中错误的是（　　）。

  A．模式"\d+"能完全匹配字符串中的数字"3000"和数字"1"

  B．模式"\d"能匹配字符串中的每个数字

  C．模式"\d{4}"只能完全匹配字符串中的数字"3000"

  D．模式"\d{4}"能完全匹配字符串中的数字"3000"和数字"1"

11．正则表达式中用来表示 1 位或多位数字的模式是（　　）。

  A．"\d*" B．"/d" C．"\d+" D．"\d..."

12．正则表达式（　　）能匹配字符串"1 像铅笔细又长，2 像小鸭水里游，3 像耳朵来听话，4 像小红旗随风飘。"中所有的数字。

  A．"[0-9]" B．"1234" C．"0-9" D．"*"

13．关于正则表达式"[0-9]{3}"，以下选项中正确的是（　　）。

  A．表示匹配连续 3 个 0～9 之间的任意数字

  B．表示匹配 3 个数字

  C．表示能匹配 3 个数字，其值为 0 和 9 中的一个

  D．表示能匹配 2 个数字，第 1 个是 0～9 之间的任一数字，第 2 个是 3

14．正则表达式（　　）能匹配字符串"浙江省杭州市的邮编是 310000"中的"310000"。

  A．"[0-9]"

  B．"[0-9]+"

C. "0-9"　　　　　　　　　　　D. "31"

15．正则表达式"[^a-z]"，表示匹配（　　　）。

　　A．以小写英文字母开头的第1个字符

　　B．字符串中的每个小写英文字母

　　C．除小写英文字母外的每个字符

　　D．除小写英文字母外的第1个字符

16．在某论坛上，为避免用户发表不法、不文明评论，以下（　　　）选项中正则表达式可以检测评论中含有的"黄"、"赌"和"毒"等敏感词。

　　A．"黄赌毒"　　　　　　　　　B．"[黄][赌][毒]"

　　C．"[黄赌毒]"　　　　　　　　D．"[^黄赌毒]"

17．对于字符串"乡愁是一枚小小的邮票"，以下关于正则表达式的描述中错误的是（　　　）。

　　A．正则表达式"^乡愁."匹配结果是"乡愁是"

　　B．正则表达式"^乡愁(.)"匹配结果是"乡愁是"

　　C．正则表达式"^乡愁(.)"匹配结果是"是"

　　D．正则表达式"^乡愁.."匹配结果是"乡愁是一"

18．正则表达式"^苔花(.{3})"可以匹配字符串"苔花如米小，也学牡丹开"中的（　　　）。

　　A．"苔花"　　　　　　　　　　B．"如米小"

　　C．"苔花如米小，也学牡丹开"　D．"苔花如米小"

19．正则表达式"^乡愁是(.*)"可以匹配字符串"乡愁是一张窄窄的船票"中的（　　　）。

　　A．"乡愁是"　　　　　　　　　B．"乡愁是一张窄窄的船票"

　　C．"一"　　　　　　　　　　　D．"一张窄窄的船票"

20．已知字符串"<p>他说风雨中这点痛算什么</p><p>擦干泪不要怕至少我们还有梦</p>"，则正则表达式"<p>(.*)</p>"匹配结果是（　　　）。

　　A．"他说风雨中这点痛算什么</p><p>擦干泪不要怕至少我们还有梦"

　　B．"他说风雨中这点痛算什么"

　　C．"擦干泪不要怕至少我们还有梦"

　　D．"他说风雨中这点痛算什么"和"擦干泪不要怕至少我们还有梦"

21．已知字符串"子夜浅浅的戒痕浅浅的"，以下关于正则表达式的描述中正确的是（　　　）。

　　A．正则表达式"(.*?)浅浅的"匹配结果是"子夜浅浅的戒痕"

　　B．正则表达式"(.*?)浅浅的"匹配结果是"子夜"

　　C．正则表达式"(.*?)浅浅的"匹配结果是"戒痕"

　　D．正则表达式"(.*?)浅浅的"匹配结果是"子夜"和"戒痕"

22．关于正则表达式，以下选项中错误的是（　　　　）。

    A．非贪婪模式可以提取满足正则表达式的最大子串

    B．正则表达式会按照尽可能大的模式匹配字符串

    C．可以通过在正则表达式后面加"?"形成非贪婪模式

    D．正则表达式具有贪婪性

23．下列正则表达式可以匹配一个包含 3 位区号、中间可能有"-"分隔符的中国电话号码格式（如 010-12345678）的是（　　　　）。

    A．'\d{3}-?\d{8}'   B．'\d+'

    C．'\d{8}\s*\d{3}'   D．'[0-9]{3}'

24．某网站要求用户注册时的账户密码必须由 8 位字符组成，其中包含数字、英文字母（大小写）或下画线，且首字符必须为大写英文字母（如"A3301101"）。以下选项中能够完全匹配的正则表达式是（　　　　）。

    A．'^[A-Z][0-9a-zA-Z_]{8}'   B．'[0-9a-zA-Z_]{8}$'

    C．'^[A-Z][0-9a-zA-Z_]{7}'   D．'^[0-9a-zA-Z_]{8}$'

二、操作题

1．设计正则表达式 re1，用来匹配短信"登录/注册我爱学习网，验证码为 310417，5 分钟内有效。请勿向任何人泄露"中的验证码。

2．设计正则表达式 re1，用来匹配"IP 地址：192.168.123.68"中的 IP 地址。

3．某学校为了统计家长手机号，便于教学管理，于是准备编写 Python 程序自动收集手机号制作通讯录。请你利用所学知识设计一个正则表达式 re1，验证手机号的格式是否正确。

提示：手机号长 11 位，第 1 位是 1，第 2 位是 3～9 之间的任意数字，其他位是 0～9 之间的任意数字。

5.4　正则表达式（二）

学习目标

◆ 能够使用 re 模块中的函数查找匹配的字符串。

要点提示

re.findall()函数

格式：re.findall(pattern,string)。

其中，参数 pattern 为正则表达式，string 为字符串。

功能：在字符串中找到正则表达式所匹配的所有子串，并以列表类型返回，如果没有找到匹配的，则返回空列表。

典型示例：

```
import re
content = '乡愁是一枚小小的邮票'
result = re.findall(r'^乡愁(.)',content)
```

经典解析

例 1　已知 str1="据《茶经》记载，在宋朝时，宝云山出产的宝云茶、下天竺香林洞出产的香林茶、上天竺白云峰出产的白云茶都被列为贡茶，也就是现在的西湖龙井"

以下（　　）选项中，list2 变量的值是['宝云茶', '香林茶', '白云茶']。

　　A. list2 = re.findall(r'出产的(.*茶.*)', str1)

　　B. list2 = re.findall(r'(出产的.*茶、)', str1)

　　C. list2 = re.findall(r'出产的(.*茶)、', str1)

　　D. list2 = re.findall(r'(.*茶)、', str1)

解析

（1）在正则表达式中，模式（）中为要匹配的文本，模式".*"为匹配任意个除换行符外的字符。观察字符串 str1 发现'宝云茶'、'香林茶'、'白云茶'的前后都有"出产的"和"、"，但输出结果中没有"出产的"和"、"，故 C 选项正确。

（2）A 选项匹配以 "出产的" 开头（不在匹配结果中）、后面跟任意个（除了换行符）包含"茶"字符的字符串（在匹配结果中），直到换行符为止（不在匹配结果中）。匹配结果是['宝云茶、','香林茶、','白云茶、']，故 A 选项错误。

（3）B 选项匹配文本中以"出产的"开头（在匹配结果中）、后面跟任意个字符（除了换行符），直到遇到"茶、"为止的字符串（在匹配结果中）。匹配结果是['出产的宝云茶、','出产的香林茶、','出产的白云茶、']，故 B 选项错误。

（4）C 选项匹配以"出产的"开头（不在匹配结果中），以"、"结尾（不在匹配结果中），倒数第 2 个字符是"茶"的任意个（除了换行符）字符串（在匹配结果中）。匹配结果符合题意。

（5）D 选项匹配以"、"结尾（不在匹配结果中），倒数第 2 个字符是"茶"的任意个（除了换行符）字符序列（在匹配结果中）。匹配结果是['宝云山出产的宝云茶', '下天竺香林洞出产的香林茶','上天竺白云峰出产的白云茶']，故 D 选项错误。

因此，正确答案为 C。

例 2　如图 5-4-1 所示，提取了网页中部分学生成绩相关的 html 源码，以下程序输出结果为（　　）。

```
<tr>
    <td >学号</td>
    <td >姓名</td>
    <td >成绩</td>
</tr>
<tr>
    <td>22</td>
    <td width="100">胡青</td>
    <td width="100">82分</td>
</tr>
<tr>
    <td>23</td>
    <td width="100">钟悦</td><td width="100">96分</td>
</tr>
```

图 5-4-1   网页中部分学生成绩相关的 html 源码

```
import re
str2='''
<tr>
    <td >学号</td>
    <td >姓名</td>
    <td >成绩</td>
</tr>
<tr>
    <td>22</td>
    <td width="100">胡青</td>
    <td width="100">82分</td>
</tr>
    <tr>
    <td>23</td>
    <td width="100">钟悦</td><td width="100">96分</td>
</tr>'''
list2 = re.findall(r'<td width="100">(.*?)</td>', str2)
print(list2)
```

A. ['胡青', '钟悦']

B. ['82 分', '96 分']

C. ['胡青', '82 分', '钟悦</td><td width="100">96 分']

D. ['胡青', '82 分', '钟悦', '96 分']

解析

（1）在正则表达式中，模式（）中为要匹配的文本，模式".*"为匹配除换行符外的任意个字符。观察模式 r'<td width="100">(.*?)</td>'发现，以'<td width="100">'为开头（但不在匹配结果中），以'</td>'为结尾（但不在匹配结果中）匹配任意个除换行符外的字符，因此按照顺序先匹配得到'胡青'和'82 分'。

（2）注意<td width="100">钟悦</td>和<td width="100">96 分</td>中间无换行符。正则表达式".*"为贪婪模式，按照尽可能大的模式匹配字符串，故匹配结果是'钟悦</td>和<td width="100">96 分'，正则表达式(.*?)为非贪婪模式，匹配满足条件的最小子串，故继续按照顺序匹配得到'钟悦'和'96 分'；最终匹配结果为['胡青', '82 分', '钟悦', '96 分']。

因此，D 选项正确。

实战训练

一、选择题

1. 在 Python 中，以下提供了正则表达式操作所需要的函数和方法的模块是（　　）。

  A．turtle   B．math

  C．re   D．random

2. 在 Python 中导入 re 模块错误的是（　　）。

  A．import re   B．import re as r

  C．from re import   D．from re import *

3. 关于 re 模块中的 re.findall(参数 1, 参数 2)方法，下列描述中正确的是（　　）。

  A．findall 是模块名，re 是函数名，参数 1 是字符串，参数 2 是字符串

  B．re 是模块名，findall 是函数名，参数 1 是字符串，参数 2 是字符串

  C．findall 是模块名，re 是函数名，参数 1 是字符串，参数 2 是列表

  D．re 是模块名，findall 是函数名，参数 1 是列表，参数 2 是列表

4. 使用语句 "import re" 导入 re 模块后，下列调用模块中函数的程序语句正确的是（　　）。

  A．list1 = re.findall(r'\d', '年销售额第 1 名')

  B．list1 = findall(r'\d', '年销售额第 1 名')

  C．list1 = r.findall(r'\d', '年销售额第 1 名')

  D．list1 = req.findall(r'\d', '年销售额第 1 名')

5. 引入 Python 的 re 模块后，以下关于 re.findall(r'\d', '大鹏一日同风起，扶摇直上九万里')的描述中正确的是（　　）。

  A．找不到则抛出异常   B．找不到则返回空字符串

  C．找不到则返回空列表   D．找不到则返回 None

6. 某 App 为匹配用户关键词 "青春" 进行大数据推送，设计并执行以下程序后，变量 result 的值是（　　）。

```
import re
result = re.findall(r'青春', '笔耕不辍的诗行里伴着永恒的青春')
```

  A．'青春'   B．['青春']   C．True   D．1

7. 已知正则表达式 reg1 = r'\d'，字符串 str1 = '早上 6 点，太阳冉冉初升'，引入 Python 的 re 模块后，以下程序写法正确且变量 list1 的值为['6']的是（　　）。

  A．list1 = re.findall(reg1, str1)

  B．list1 = re.findall(str1, reg1)

  C．list1 = re.findall('reg1', 'str1')

D. list1 = re.findall('str1', 'reg1')

8. 引入 Python 的 re 模块后，执行以下程序后，变量 list1 的值为（　　　）。

```
str1 = '''曾经模样小小的我们
你在树下小小地打盹'''
list1 = re.findall(r'小小的.*', str1)
```

A. '小小的我们'

B. '小小地打盹'

C. ['小小的我们', '小小地打盹']

D. []

9. 在 Python 的 re 模块中，findall()函数的主要作用是（　　　）。

A. 返回字符串中某个模式首次出现的位置索引

B. 替换字符串中所有匹配正则表达式的子串

C. 分割字符串，返回包含所有子串的列表

D. 在字符串中查找所有匹配正则表达式的子串，并以列表形式返回

10. 关于 Python 的 re 模块的 findall()函数的描述，以下选项中正确的是（　　　）。

A. findall()函数在字符串中只查找并返回第一个匹配结果

B. 如果在字符串中没有找到任何匹配项，findall()函数会抛出异常

C. findall()函数返回的是一个包含所有匹配项的列表，即使只有一个匹配项

D. findall()函数返回的是一个包含所有匹配项的元组

11. 使用 Python 的 re 模块获取"<h3 class = "title">他 18 岁了</h3>"中的"18"，以下程序中正确的是（　　　）。

A. result = re.findall(r'\d', '<h3 class="title">他 18 岁了</h3>')

B. result = re.findall(r'[0-9]', '<h3 class="title">他 18 岁了</h3>')

C. result = re.findall(r'\d+', '<h3 class="title">他 18 岁了</h3>')

D. result = re.findall(r'\d{2}', '<h3 class="title">他 18 岁了</h3>')

12. 阅读以下 Python 代码：

```
import re
text = "I love Python, and Python loves me!"
result = re.findall("Python", text)
```

result 变量的值是（　　　）。

A. 'Python'

B. ['Python']

C. ['Python', 'Python']

D. 抛出错误，因为"Python"在文本中重复出现

13．执行下列 Python 代码后，变量 result 的值是（　　　）。

```
import re
text = "The year is 2024 and the date is 01/25/2024"
result= re.findall(r'\d{4}', text)
```

A．['2024', '2024']　　　　　　B．'2024'

C．['2024', '01', '25']　　　　　D．['2024']

14．引入 Python 的 re 模块后，下列选项中变量 list1 的值为空列表的是（　　　）。

A．list1 = re.findall(r'[0-9]+', 'abc123def456')

B．list1 = re.findall(r'\d+', 'abc123def456')

C．list1 = re.findall(r'\d{6}', 'abc123def456')

D．list1 = re.findall(r'[0-9]{3}', 'abc123def456')

15．引入 Python 的 re 模块后，执行程序语句 list2 = re.findall(r'\d\.\d', '新春特惠低至 5 折起，春装新品 6.9 折'），变量 list2 的值是（　　　）。

A．['5']　　　　　　　　　　B．['6.9']

C．['5', '6.9']　　　　　　　D．['5', '6', '9']

二、操作题

1．编写程序使用 re 模块中的 findall()函数获取"<p class='zan'>点赞数：32</p>"中的点赞数量。

2．假设你正在整理一份杂乱无章的家庭购物清单，这份清单是以自然语言记录的，包含了商品名称和数量。例如，买 3 斤苹果、2 箱牛奶、10 个鸡蛋，别忘了还有 1 袋大米。

现在完善以下程序代码提取出所有商品名称及其对应的数量，例如['3 斤苹果', '2 箱牛奶', '10 个鸡蛋', '1 袋大米']。

3．模拟爬取网页中客户的默认地址，以便帮助快递公司快速配送商品。

（1）模拟网站。

将本节资源包中路径为"第 5 章\5.3\操作题\address"的文件夹复制至"D:\"，并将其作为站点文件夹，在本地主机上使用 IIS 发布网站。如果不架设网站，则也可以使用 open()函数直接打开网页源代码进行操作。

（2）查看网页。

以浏览器访问"http://127.0.01/"，查看该网页部分源码，如图 5-4-2 所示（其中以 default 类定义的列表项为默认地址）。

（3）爬取客户的默认地址。

设计程序爬取该网页 HTML 源码并设计正则表达式匹配出该网页中的客户及默认地址，输出客户和地址的格式如下。

客户 1：默认地址。

客户 2：默认地址。

……

```
<div class="address">
    <p class="bold">张三</p>
    <ul>
        <li class="bold default">西湖区XX小区22号</li>
        <li class="other">余杭区XX小区36号</li>
        <li class="other">上城区XX小区51号</li>
    </ul>
</div>
<div class="address">
    <p class="bold">李四</p>
    <ul>
        <li class="bold default">余杭区XX小区609号</li>
        <li class="other">萧山小区22号</li>
        <li class="other">滨江区XX小区36号</li>
    </ul>
</div>
```

图 5-4-2　网页部分源码

4．模拟爬取音乐网页中音视频资源的链接地址。

（1）模拟网站。

将本节资源包中的音乐网站中路径为"第 5 章\5.3\操作题\music"的文件夹复制至"D:\"，并将其作为站点文件夹，在本地主机上使用 IIS 发布网站。如果不架设网站，则也可以使用 open()函数直接打开网页源代码进行操作。

（2）查看网页。

以浏览器访问"http://127.0.0.1/"，查看该网页部分源码，如图 5-4-3 所示，其中"http://127.0.0.1/video/rf.mp4"为稻花香音视频资源的链接地址。

```
<div class="mv">
    <h3 class="title">稻花香</h3>
    <video src="http://127.0.0.1/video/rf.mp4" controls></video>
</div>
<div class="music">
    <h3 class="title">告白气球</h3>
    <video src="http://127.0.0.1/audio/gb.mp3" controls></video>
</div>
```

图 5-4-3　网页部分源码

（3）爬取链接。

设计程序爬取该网页 HTML 源码并设计正则表达式匹配出所有音视频资源的链接地址。

5.5　文件的读/写

学习目标

◆ 能够理解文件的读/写过程并掌握文件读/写的方法。

◆ 能够保存和输出采集的数据。

要点提示

1. open(file[,mode][,encoding=None])函数

典型示例：

```
file=open('D:\\练习\\电影简介.txt','w')
```

参数 mode 如表 5-5-1 所示。

表 5-5-1　参数 mode

mode	说明
r	以只读方式打开文件。这是默认模式。文件必须存在，不存在则抛出错误
rb	以二进制格式打开一个文件用于只读
r+	打开一个文件用于读/写。文件指针将放在文件的开头。读完就追加
w	打开一个文件只用于写入。如果该文件已存在，则将其覆盖。如果该文件不存在，则创建新文件
w+	打开一个文件用于读/写。如果该文件已存在，则将其覆盖。如果该文件不存在，则创建新文件
a	打开一个文件用于追加。如果该文件已存在，文件指针将放在文件的结尾。也就是说，新的内容将会被写到已有内容之后。如果该文件不存在，则创建新文件进行写入
a+	打开一个文件用于读/写。如果该文件已存在，文件指针将放在文件的结尾。文件打开时是追加模式。如果该文件不存在，则创建新文件用于读/写

2. file 对象

典型示例：

```
content='评分：10分'
file=open('D:\\练习\\电影简介.txt','a')
file.write(content)
file.close()
```

file 对象的常用方法如表 5-5-2 所示。

表 5-5-2　file 对象的常用方法

file 对象的常用方法	说明
file.close()	关闭文件，释放文件对象
file.next()	返回到文件下一行
file.read([size])	从文本文件中读取 size 个字符，如果省略则表示读取所有内容
file.readable()	可以读取
file.readline()	从文本文件中读取一行内容，包括"\n"字符
file.readlines([sizeint])	读取所有行并返回列表，若 sizeint>0，则设置一次读多少字节，目的是减轻读取压力
file.seek(offset[, whence])	设置文件当前位置
file.tell()	返回文件当前位置
file.write(str)	把字符串 str 写入文件，返回的是写入的字符长度
file.writelines(sequence)	向文件写入一个序列字符串列表，如果需要换行，则要自己加入每行的换行符

3. 文件读写

典型示例：

```
file=open('D:\\练习\\影评.txt', 'r')
content=file.read()                                #读文件
file.close()
file=open('D:\\练习\\影评1.txt', 'w')
file.write(content)                                #写文件
file.close()
file = open('D:\\练习\\影评2.txt', 'w')            #创建空文件
file.close()
with open('D:\\练习\\影评3.txt','w') as file:      #with语句
    file.write(content)
```

 经典解析

例1 学校举行朗诵比赛，由甲、乙两位同学依次朗诵一段文本。将本节资源包中路径为"第 5 章\5.4\经典解析\朗诵稿.txt"的文件复制到"D:\"，朗诵稿的内容如图 5-5-1 所示。用 Python 编写程序，以只读方式读取这段文本，并将甲、乙各自朗诵的内容分别写入"D:\甲.txt"和"D:\乙.txt"中。

甲：透过历史的眼眸，我们站在新征程的起跑线上远眺。

乙：这是一个承前启后的时代。

甲：这是一个日新月异的时代。

乙：这是一个继往开来的时代。

甲：万众瞩目的"二十大"开启新的华章，

乙：伟大旗帜指引我们新的航向。

甲：中华复兴的铿锵誓言在我们耳边回响，

乙：科技创新的使命已落在我们肩上。

图 5-5-1 朗诵稿的内容

解析

（1）根据题意，要以只读方式读取"D:\朗诵稿.txt"，因此在 open()函数中，mode 参数使用'r'；又因为文档中含有中文，所以使用 encoding='utf-8'指定了文件的字符编码为 UTF-8。UTF-8 是一种通用的字符编码，支持几乎所有的文字字符，在处理包含非英文字符的文本时，常常使用 UTF-8 编码。故代码设计如下：

```
with open('D:\\朗诵稿.txt', 'r',encoding='utf-8') as file:
    content=file.readlines()
```

（2）其中 file.readlines() 逐行读取文件内容，并将每行的内容作为一个元素存储在一个列表中，赋值给变量 content。

（3）只要使用循环遍历列表 content 即可输出甲、乙诵读的内容。len(content) 可以获取该列表的长度，即循环次数。故代码设计如下：

```
for i in range(len(content)):
```

（4）由于甲、乙两位同学依次朗诵，所以只要在循环遍历列表时使用 if 语句，设计表达式 "i%2==0" 判断作为索引的循环变量 i 是否为偶数，为偶数时，content[i] 即获取奇数行文本，写入 "D:\甲.txt" 中；为奇数时获取偶数行文本写入 "D:\乙.txt" 中。

（5）由于遍历列表时将奇数或偶数行文本不断添加写入文件，所以要以 a 或 a+ 的模式打开 "D:\甲.txt" 和 "D:\乙.txt"，以 file.write(content[i]) 写入文档。

因此参考答案如下：

```
01   with open('D:\\朗诵稿.txt', 'r', encoding='utf-8') as file:
02       content=file.readlines()
03       for i in range(len(content)):
04           if i%2==0:
05               with open('D:\\甲.txt', 'a') as file:
06                   file.write(content[i])
07           else:
08               with open('D:\\乙.txt', 'a') as file:
09                   file.write(content[i])
```

例 2 现有 season=['春','夏','秋','冬']，请在程序横线处填空或选择选项，创建 "D:\报表.txt" 文档，通过程序代码在该文档中写入如图 5-5-2 所示的 "报表.txt" 的内容。

```
2020春夏秋冬:
2021春夏秋冬:
2022春夏秋冬:
2023春夏秋冬:
2024春夏秋冬:
```

图 5-5-2 "报表.txt" 的内容

```
01   season=['春','夏','秋','冬']
02   with open(_____①_____) as file:
03       for i in range(2020,2025):
04           file.write(str(i))
05           file.②(③)
06           file.write(': '+'\n')
```

① 可填入的代码是（   ）。

A. 'D:\\报表.txt', 'w'   B. 'D:\\报表.txt', 'r+'

C. 'D://报表.txt', 'a'   D. 'D:\报表.txt', 'r'

② 可填入的代码是（　　　）。

    A．write   B．writeline

    C．writelines   D．readlines

③ 可填入的代码是（　　　）。

    A．'season'   B．season

    C．season(i)   D．str(season)

解析

（1）根据题意需创建新文档"D:\报表.txt"，并在新文档中写入内容，因此在 open()中，mode 参数使用'w'、'w+'、'a'或'a+'，文档路径表示为'D:\\报表.txt'。

因此，①填入'D:\\报表.txt', 'w'，选 A。

（2）根据图 5-4-2，写入的内容的每行都是'年份+春夏秋冬+：'的组合。第 04 行表示写入年份，年份取值于 i 变量并需转换成字符型。第 05 行应该是写入列表 season 的内容"春夏秋冬"，因此使用 writelines()写入列表 season 内容。

②填入 writelines，选 C。③填入 season，选 B。

因此，正确答案为① A；② C；③ B。

例 3 将本节资源包中路径为"第 5 章\5.4\经典解析\古诗.txt"的文件复制到"D:\"，用 Python 编写程序实现：查看文档中的诗句，在文末追加两条语句"大弦嘈嘈如急雨，小弦切切如私语。嘈嘈切切错杂弹，大珠小珠落玉盘。"，每句单独成行，并将补充后的古诗输出。

解析

（1）根据题意，要读取"D:\古诗.txt"，并在末尾添加内容。使用参数'r+'，当打开一个文件时，文件指针会放在文件的开头，读完后就可在文件末尾添加内容，因此在 open()中，mode 参数使用'r+'；又因为文档中含有中文，使用 encoding='utf-8'指定字符编码为 UTF-8。故代码设计如下：

```
with open('D:\\古诗.txt', 'r+',encoding='utf-8') as file:
```

（2）用 file.read()方法读取文件全部内容，赋值给变量 content，并且输出到屏幕。

故设计代码如下：

```
content=file.read()
print(content)
```

（3）此时，文件指针位于文件末尾，接下来在文件末尾添加两句诗句，以 file.write()方法写入，由于要求每句单独成行，所以每句前都需要添加换行标记。

故设计代码如下：

```
file.write('\n'+'大弦嘈嘈如急雨，小弦切切如私语。')
file.write('\n'+'嘈嘈切切错杂弹，大珠小珠落玉盘。')
```

（4）此时，文件指针位于添加内容后的文件末尾，使用 file.read()方法无法读出该文件的内容。因此以参数 r 重新打开该文件，读取内容显示在屏幕上。

故参考程序如下：

```
01  with open('D:\\古诗.txt', 'r+',encoding='utf-8') as file:
02      content=file.read()
03      print(content)
04      file.write('\n'+'大弦嘈嘈如急雨，小弦切切如私语。')
05      file.write('\n'+'嘈嘈切切错杂弹，大珠小珠落玉盘。')
06  with open('D:\\古诗.txt', 'r',encoding='utf-8') as file:
07      content=file.read()
08      print(content)
```

例 4 在以下程序的横线处填写代码，实现从 "http://127.0.0.1/index.html" 网页源代码（部分源代码示意图如图 5-5-3 所示）中提取所有图片的链接地址，并分行写入 "D:\练习\图片地址.txt" 文件中。

```
66  <body>
67      <div id="content">
68          <h2>哪吒之魔+童降世<span><sup>（2019）</sup></span></h2>
69          <img class="img1" src="img/1.jpg"/>
70          <div class="text">
71          导演：<a href="#">饺子</a><br>
72          编剧：饺子 / 易巧 / 魏芸芸<br>
73          上映日期：2019-07-26(中国大陆) / 2019-07-13(大规模点映)<br>
74          片长：110分钟<br>
75          </div>
76          <hr color="blue">
77          <h3>角色介绍</h3>
78          <img class="img1" src="img/2.jpg"/>
79          <div id="text1">
80              <p>哪吒是魔丸转世，李靖之子。</p>
81          </div>
82          <hr color="blue">
83          <img class="img1" src="img/3.jpg"/>
84          <div id="text2">
85              <p>敖丙是灵珠转世，东海龙王三太子。</p>
86      </div>
87          <hr color="black">
88          <h4>小哪吒表情包</h4>
89  <img id="img2" src="img/4.jpg"/>
90          <h4>票房数据表</h4>
```

图 5-5-3 部分源代码示意图

```
01  import requests,re
02  url=_____①_____
03  req=_____②_____
04  req1=_____③_____
05  result=re.findall(_____④_____)
06  with open(_____⑤_____)as file:
07      for i in result:
08          _____⑥_____
```

解析

（1）该程序主要任务如下：

① 提取网页源代码。

② 在源代码中提取图片链接地址。

③ 将链接地址分行写入"图片地址.txt"。

④ 使用 file.readline()方法逐行读取"图片地址.txt"内容并输出。

（2）从第 05 行代码中的 re.findall()可知，将获取图片的链接地址。因此，第 02～04 行代码必须获取到网页源代码。

（3）第 01 行代码导入了 requests 库，可见必然调用该库的 get()函数获取网页源代码。于是，第 02 行代码定义 url 为目标网页地址；第 03 行代码调用 get()函数发送 HTTP 请求，将返回的内容赋给变量 req。

因此，①中填入"http://127.0.0.1/index.html"。

②中填入 requests.get(url)。

（4）为了让第 05 行代码能从网页源代码中提取到图片链接地址，第 04 行代码需要从 req 中获取内容 content 并解码。

因此，③中填入 req.content.decode()。

（5）第 01 行代码中导入了第三方库 re，可以应用正则表达式在源代码中匹配图片的链接地址。观察图 5-5-3 中的源代码，可见图片的链接地址均为相对地址，有"img/2.jpg""img/3.jpg"等，可以设计正则表达式'img/[^"]+'，应用 re.findall()获取，赋值给 result，类型为列表。

因此，④中填入 re.findall(r'img/[^"]+',req1)。

（6）获取的图片链接网址要写入"D:\练习\图片地址.txt"，使用 with 语句方式打开文件时，至少需要在 open()函数中指定文件名和打开方式这两个参数。

因此，⑤中填入'D:\\练习\\图片地址.txt','w'。

（7）第 08 行代码为最后 1 行代码，必然要使用 file.write()将图片完整的链接地址写入文件。由于当前网页的地址为 http://127.0.0.1/index.html，使用"'http://127.0.0.1/'+相对地址"即可获得完整的链接地址，末尾再加上'\n'即可实现换行。

因此，⑥中填入 file.write("http://127.0.0.1/"+i+'\n')。

因此，正确答案如下：

① "http://127.0.0.1/index.html"。

② requests.get(url)。

③ req.content.decode()。

④ re.findall(r'img/[^"]+',req1)。

⑤ 'D:\\练习\\图片地址.txt','w'。

⑥ file.write("http://127.0.0.1/"+i+'\n')。

例 5 先用 Python 编写程序将"王小英姐姐去看电影了"这 10 个汉字写入"D:\加标点.txt"；然后自动修改该文件，在其内容的第 3 个汉字后添加"，"；最后在屏幕上输出该文件修改后的内容。

解析

（1）设计代码如下，即可在"D:\加标点.txt"中完成写入任务。

```
with open('D:\\加标点.txt', 'w+', encoding='utf-8') as file:
    file.write('王小英姐姐去看电影了')
```

文件指针用于表示当前读取或写入的位置。打开文件时，文件指针位于图 5-5-4①位置（第 0 字节），当写入"王小英姐姐去看电影了"这 10 个汉字后，由于在 UTF-8 编码中，1 个汉字或汉字标点符号通常占用 3 个字节，所以文件指针位于图 5-5-4②位置（第 30 字节）。

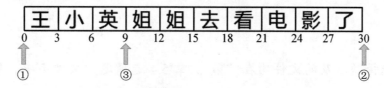

图 5-5-4 添加逗号前文件指针位置示意图

（2）file.seek(offset[, whence])可以调整文件指针定位。

其中，offset 是需要移动的偏移量（可以是正数、负数和 0）。

whence 是指定 offset 的起始位置（0 表示起始位置为文件头；1 表示起始位置为当前位；2 表示起始位置为文件尾），默认值为 0。

根据题意，在第 3 个汉字后添加"，"，使用 file.seek(9)可将文件指针移至第 9 字节处（图 5-5-4③位置）。

（3）在'w+'模式下写入的内容会覆盖从当前文件指针位置（图 5-5-4③位置）到文件末尾的所有内容，因此先使用 file.read()读取从文件指针位置（图 5-5-4③位置）到文件末尾的内容，注意此时文件指针会再次移至图 5-5-4②位置，将读取的内容和"，"连接并保存为新的字符串。

（4）再次使用 file.seek(9)将文件指针移至第 9 字节处（图 5-5-4③位置），使用 file.write()将新的字符串写入即可实现在原内容的第 3 个汉字后添加"，"，此时文件指针移至文件末尾（图 5-5-5④位置，即第 33 字节）。

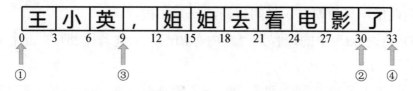

图 5-5-5 添加逗号后文件指针位置示意图

（5）先使用 file.seek(0)将文件指针移至文件起始处（图 5-5-5①位置，即第 0 字节），然后使用 file.read()可读取修改后的文件的全部内容且输出。

因此，参考代码如下：

```
01  with open('D:\\加标点.txt', 'w+', encoding='utf-8') as file:
```

02	file.write('王小英姐姐去看电影了')	#执行后，文件指针移至图5-5-4②位置
03	file.seek(9)	#执行后，文件指针移至图5-5-4③位置
04	data = ', ' + file.read()	#执行后，文件指针移至图5-5-4②位置
05	file.seek(9)	#执行后，文件指针移至图5-5-4③位置
06	file.write(data)	#执行后，文件指针移至图5-5-5④位置
07	file.seek(0)	#执行后，文件指针移至图5-5-5①位置
08	print(file.read())	#执行后，文件指针移至图5-5-5④位置

实战训练

一、选择题

注：以下各选择题涉及的文件均在"第 5 章\5.4\选择题"文件夹中，答题前请先把所有文件复制到"D:\"。

1. 以下 with 语句中正确的是（   ）。

   A. with open('a.txt', 'r') as file:

   B. with open('a.txt', 'r') as file

   C. with open(a.txt, 'r') as file

   D. with open('a.txt', r) as file:

2. 使用 open()函数进行文件操作时以只读方式打开文件的参数是（   ）。

   A. r　　　　　　B. r+　　　　　　C. a　　　　　　D. w

3. 已知"D:\练习.txt"中的内容为"光阴似箭，日月如梭。"。运行以下程序，该文件的内容为（   ）。

```
with open('D:\\练习.txt','w') as file:  #with语句
    file.write("不负韶华，只争朝夕。")
```

   A. 光阴似箭，日月如梭。

   B. 不负韶华，只争朝夕。

   C. 光阴似箭，日月如梭。不负韶华，只争朝夕。

   D. 不负韶华，只争朝夕。光阴似箭，日月如梭。

4. 已知"D:\诗词.txt"中的内容为"海内存知己，天涯若比邻。"。运行以下程序后，该文件的内容为（   ）。

```
with open('D:\\诗词.txt','r') as file:  #with语句
    file.write("白日依山尽，黄河入海流。")
```

   A. 白日依山尽，黄河入海流。

   B. 海内存知己，天涯若比邻。

   C. 海内存知己，天涯若比邻。白日依山尽，黄河入海流。

   D. 白日依山尽，黄河入海流。海内存知己，天涯若比邻。

5. 使用 open() 函数进行文件操作时，参数 "w+" 的作用是（　　　）。

   A．打开一个文件只用于写入　　　B．如果文件已有内容则报错

   C．若文件不存在则报错　　　　　D．新内容会将已有内容覆盖

6. 已知 "D:\a.txt" 中的内容为 "HELLO,"。

（1）如果运行以下程序，则该文件的内容为（　　　）。

```
with open('D:\\a.txt', 'r+') as file:
    file.write('TOM!')
```

   A．TOM!O,　　　　　　　　　　B．HELLO,TOM!

   C．TOM!HELLO,　　　　　　　　D．TOM!

（2）如果运行以下程序，则该文件的内容为（　　　）。

```
with open('D:\\a.txt', 'r+') as file:
    file.read()
    file.write('TOM!')
```

   A．TOM!O,　　　　　　　　　　B．HELLO,TOM!

   C．TOM!HELLO,　　　　　　　　D．TOM!

7. 使用 open() 函数进行文件操作时，用于文件内容追加但不能读取内容的参数是（　　　）。

   A．w　　　　　B．a+　　　　　C．w+　　　　　　D．a

8. 已知 "D:\b.txt" 文档内容为 "Happy new year!"，运行以下程序（选项中横线均表示空行）：

```
with open('D:\\b.txt', 'r+') as file:
    file.write('\n'+'Tom,')
    t1=file.read()
    print(t1)
```

（1）屏幕输出结果为（　　　）。

   A．Happy new year!

      Tom

   B．_____

      Tom, new year!

   C．_____

      Tom,Happy new year!

   D．new year!

（2）"b.txt" 文档内容更改为（　　　）。

   A．Happy new year!

      Tom

   B．_____

Tom, new year!

C. _____

Tom, Happy new year!

D. _____

new year!

9. 已知"D:\节气歌.txt"的内容如图5-5-6所示，运行以下程序，屏幕输出内容为（　　　）。

```
with open('D:\\节气歌.txt', 'r+', encoding='utf-8') as file:
    t1 = file.readline()
    print(t1)
```

A. 春雨惊春清谷天，

B. 春雨惊春清谷天，
夏满芒夏暑相连，
秋处露秋寒霜降，
冬雪雪冬小大寒。

> 春雨惊春清谷天，
> 夏满芒夏暑相连，
> 秋处露秋寒霜降，
> 冬雪雪冬小大寒。
>
> 图 5-5-6　节气歌

C. 春雨惊春清谷天，夏满芒夏暑相连，秋处露秋寒霜降，冬雪雪冬小大寒。

D. ['春雨惊春清谷天，夏满芒夏暑相连，秋处露秋寒霜降，冬雪雪冬小大寒。']

10. 已知"D:\节气歌.txt"中的内容如图5-5-6所示，运行以下程序，屏幕输出内容为（　　　）。

```
with open('D:\\节气歌.txt', 'r+', encoding='utf-8') as file:
    t1 = file.readlines()
    print(t1)
```

A. 春雨惊春清谷天，

B. ['春雨惊春清谷天，','夏满芒夏暑相连，','秋处露秋寒霜降，','冬雪雪冬小大寒。']

C. 春雨惊春清谷天，夏满芒夏暑相连，秋处露秋寒霜降，冬雪雪冬小大寒。

D. ['春雨惊春清谷天，\n','夏满芒夏暑相连，\n','秋处露秋寒霜降，\n','冬雪雪冬小大寒。\n']

11. 使用"with open('D:\数据.txt') as file:"语句打开文件时，下列选项中正确的是（　　　）。

A. 使用 with 语句打开文件时，可以确保在退出代码块时自动关闭文件

B. 使用 with 语句打开文件时，需要在代码块结束时手动关闭文件

C. with 语句只用于打开文件，并不负责文件的关闭

D. with 语句在某些情况下可以自动关闭文件，但不是在所有情况下都可以

12. list1=['苹果', '梨', '橘子']，将 list1 内容写入文档"水果.txt"，下列选项中正确的是（　　　）。

A. file.write(list1)　　　　B. file.writelines(list1)

C. file.write(list1(2))　　　D. file.writelines(list1[0])

13. "D:\水果.txt" 文档内容为 "苹果梨橘子"，末尾增加 "香蕉"，输出结果 "苹果梨橘子香蕉" 到屏幕，正确的语句是（　　　）。

  A. with open('D:\\水果.txt', 'a+', encoding='utf-8') as file:

    file.write('香蕉')

    print(file.read())

  B. with open('D:\\水果.txt', 'w+', encoding='utf-8') as file:

    file.write('香蕉')

    print(file.read())

  C. with open('D:\\水果.txt', 'a', encoding='utf-8') as file:

    file.write('香蕉')

  with open('D:\\水果.txt', 'r', encoding='utf-8') as file:

    print(file.read())

  D. with open('D:\\水果.txt', 'r+', encoding='utf-8') as file:

    file.write('香蕉')

    print(file.read())

14. 下列数据能用 file.write()方法写入文件的是（　　　）。

  A. [1,2,3]   B. class   C. 'text'   D. 56

15. 关于打开文件 open()函数的 3 个参数，以下选项中正确的是（　　　）。

  A. 共有 3 个参数

  B. 参数依次是 "文件路径"、"读写方式" 和 "编码方式"

  C. 参数依次是 "文件路径"、"编码方式" 和 "读写方式"

  D. 第 3 个参数不可以省略

16. 要在文本文件中写入如图 5-5-7 所示的名单对照表，已知变量 lstXm 存储的是该图中左侧含姓名的文件名，变量 lstSz 存储的是该图中右侧含数字的文件名，要求写入后的格式与图 5-5-7 一致，以下选项中的写入语句正确的是（　　　）。

姚虹虹.txt 1.txt

陈晨佳.txt 2.txt

平笛羽.txt 3.txt

王婕钰.txt 4.txt

洪娜迪.txt 5.txt

吴义连.txt 6.txt

陶菲芳.txt 7.txt

瞿怡芝.txt 8.txt

韩淇淇.txt 9.txt

刘世泽.txt 10.txt

图 5-5-7　名单对照表

A. f.write(lstXm[i] + '\t' +lstSz[i])

B. f.write(lstXm[i] + lstSz[i] + '\n')

C. f.write(lstXm[i] + '\n' + lstSz[i] + '\t')

D. f.write(lstXm[i] + '\t' + lstSz[i] + '\n')

17. 在"D:\数字.txt"文件中写入内容，以下写入文件的语句中格式正确的是（　　）。

A.

```
f = open('D:\数字.txt', 'w', encoding='utf-8')
for i in range(10):
    f.write(i)
```

B.

```
with open('D:\数字.txt', 'w', encoding='utf-8') as f:
    for i in range(10):
        f.write(i)
```

C.

```
f = open('D:\数字.txt', 'w', encoding='utf-8')
for i in range(10):
    f.write(str(i))
f.close()
```

D.

```
with open('D:\数字.txt', 'w', encoding='utf-8')
for i in range(10):
    write(str(i))
```

18. 分析错误提示，以下选项中正确的是（　　）。

```
Traceback (most recent call last):
    File "D:\写入语句.py", line 5, in <module>
        f.write(i)
TypeError: write() argument must be str, not int
Process finished with exit code 1
```

A. 程序执行到第1行出现错误

B. 在执行到退出(exit)程序时出现错误

C. f.write()函数错了，应该写成类似 "xx= f.write()" 的语句

D. f.write(i)中 i 的数据类型错了，应该是字符串(str)，而不是整数(int)

二、操作题

注：以下各操作题涉及的文件均在"第5章\5.4\操作题"文件夹中。

1. 将本节资源包中的"邀请函.txt"文件复制到"D:\"，用 Pyhon 编写程序实现读取并输出邀请函内容。

2. 将本节资源包中的"运动会项目.txt"文件复制到"D:\"，用 Pyhon 编写程序在该文件末尾追加"4*100 接力"、"4*200 接力"和"4*400 接力"三个项目，每个项目各占一行，并输出文件的全部内容。

3. 完成程序填空，创建并将以下内容（如表 5-5-3 所示）写入"D:\练习\各乡村年产值情况.txt"文件中。

表 5-5-3 各乡村年产值

乡村名称	年产值（百万）	优势产品
郑中村	15	山核桃、茶叶
管家村	20	山核桃、覆盆子
新畈村	14	无核柿、山核桃、覆盆子
柳塘村	10	蚕丝、山核桃

```
01   list1=['乡村名称','年产值（百万）','优势产品']
02   dic= {'郑中村':['15','山核桃、茶叶'],
03        '管家村':['20','山核桃、覆盆子'],
04        '新畈村':['14','无核柿、山核桃、覆盆子'],
05        '柳塘村':['10','蚕丝、山核桃']}
06   with open(_____①_____) as file:
07       for i in range(____②____):
08           _____③_____
09       file.write(___④___)
10       for i in dic.keys():
11           file.write(i+'    ')
12           for m in _____⑤_____:
13               file.write(m+'    ')
14           file.write('\n')
```

在①中填入选项（   ）。

A. 'D:\\练习\各乡村年产值情况.txt','r'

B. 'D:\练习\各乡村年产值情况.txt','r'

C. 'D:\\练习\\各乡村年产值情况.txt','r'

D. 'D:\\练习\\各乡村年产值情况.txt','w'

在②中填入选项（   ）。

A. len(dic)   B. len(list1)-1

C. len(list1)   D. len(dic)-1

在③中填入选项（   ）。

A. file.write(list1[i]+' ')   B. file.write(dic[i]+' ')

C. file.write(i+' ')   D. file.write('i'+' ')

在④中填入_____。

在⑤中填入_____。

4．先编写 Python 程序将"教练张东亚外出了"这 8 个汉字写入"D:\添加标点.txt"文件中；然后修改该文件，在其内容中第 2 个汉字后添加"，"；最后在屏幕上输出修改后的内容。

5．读取文件中的客户地址，以便帮助商家快速整理快递信息。

（1）将本节资源包中的"address"文件夹复制至"D:\"，其中"D:\address\address.html"文件的部分内容如图 5-5-8 所示。

```
<div class="item">
    <p class="bold">冯胤</p>
    <p class="address">渝中区中山二路120号</p>
</div>
<div class="item">
    <p class="bold">何仪</p>
    <p class="address">江津区汇兴路166号</p>
</div>
</div>
```

图 5-5-8   "D:\address\address.html"文件的部分内容

（2）设计程序读取"D:\address\address.html"文件中的客户和地址，以如下格式保存至"D:\address\客户信息.txt"文件中。

格式如下：

客户 1：地址。

客户 2：地址。

…

第 6 章

文 件 管 理

本章主要内容

- 创建和管理文件夹。
- 遍历文件和文件夹。
- 复制、移动文件和文件夹。
- 删除文件和文件夹。
- 重命名文件和文件夹。
- 拼接和切割文件路径。

6.1 创建文件夹

学习目标

◆ 能够自动创建文件夹。

◆ 能够获取当前文件夹和改变当前文件夹。

◆ 能够正确处理路径间隔符，正确表达路径。

◆ 能够判断文件夹或文件是否存在。

要点提示

1. 创建文件夹

（1）os.mkdir(path)：在父文件夹存在的情况下创建子文件夹。

（2）os.makedirs(path)：创建级联文件夹。

2. 获取和改变当前文件夹

（1）os.getcwd()：获取当前文件夹位置。

（2）os.chdir(path)：改变当前文件夹。

3. 路径间隔符"\"的表示

（1）使用"\\"代替"\"，如 print('D:\\xslx')。

（2）使用 r'...\...' 取消转义，如 print(r'D:\xslx\near\tb')。

4. 检测目标文件或文件夹是否存在

（1）创建文件夹时，如果目标文件夹已经存在，则系统报错。因此，创建文件前需要先检测目标文件夹是否已经存在。检测目标文件或文件夹是否存在的常用函数如表 6-1-1 所示。

表 6-1-1　检测目标文件或文件夹是否存在的常用函数

函数	功能	值
os.path.exists()	检测目标文件或文件夹是否存在	存在为 True，不存在为 False
os.path.isdir()	检测目标文件夹是否存在	存在为 True，不存在为 False
os.path.isfile()	检测目标文件是否存在	存在为 True，不存在为 False

（2）典型示例：

```
import os
p = r'D:\xslx\梁羽生小说'
if os.path.isdir(p)== False:
    os.makedirs(p)
```

 经典解析

例 1　已知 D 盘不存在 xslx 文件夹，现在 D 盘上创建如图 6-1-1 所示的 D 盘目录树（级联文件夹）"D:\xslx\test1\测试"，相应的语句是 os.makedirs(path)，以下选项中 path 的赋值语句正确的是（　　）。

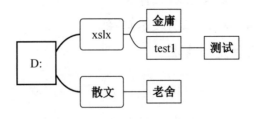

图 6-1-1　D 盘目录树（级联文件夹）

A. path= "D:\xslx\test1\测试"

B. path = r"D:\\xslx\\test1\\测试"

C. path= r"D:\xslx\test1\测试"

D. path = r"D:xslx\test1\测试"

解析

（1）表 6-1-2 列出了常见的转义字符，其中\x 和\t 中的\具有转义作用，分别表示为十六进制数标志和 Tab 键，故 A 选项错误。

表 6-1-2 常见的转义字符

转义字符	描述	转义字符	描述
\	在行尾时表示续行符	\v	纵向制表符
\\	反斜杠符号	\t	横向制表符
\'	单引号	\f	换页
\"	双引号	\oXX	\o 表示后面的 XX 为八进制数，如\o16
\b	退格（Backspace）	\xXX	\x 表示后面的 XX 为十六进制数，如\x0f
\000	空		
\n	换行	\\......	除以上符号外，几乎所有的\都被自动忽略
\r	回车		

（2）在 B 选项中，r 表示引号内字符串中的"\"不被理解为转义字符，路径间隔符应该是"\"，而不是"\\"，故 B 选项错误。

（3）在 D 选项中，盘符"D:"和文件夹"xslx"间缺少间隔符"\"，表示路径"xslx\test1"处于 D 盘的当前工作文件夹下，这个文件夹有可能是"D:\"，也有可能是其他，需改成"D:\xslx\test1\测试"，故 D 选项错误。

（4）C 选项符合题意。

因此，正确答案为 C。

例 2　D 盘目录树如图 6-1-1 所示，若在"xslx"文件夹下创建"梁羽生"子文件夹，则以下选项中不正确的程序代码是（　　）。

A. os.mkdir("梁羽生")

B. os.mkdir(r"D:\xslx\梁羽生")

C. os.makedirs("D:\\xslx\\梁羽生")

D. os.chdir(r"D:\xslx")
os.mkdir("梁羽生")

解析

（1）A 选项表示在当前文件夹下创建子文件夹，但题目并没有明示当前文件夹，故 A 选项不正确。

（2）B 和 C 选项中的参数均可表示为"梁羽生"子文件夹的绝对路径，因此均能创建目标文件夹。

（3）D 选项先使用 chdir()函数把"D:\xslx"作为当前文件夹，然后在其下创建子文件夹，因此能够成功创建子文件夹"梁羽生"。

因此，正确答案为 A。

例3　判断当前文件夹中是否存在名为"射雕英雄传"的文件或文件夹，以下函数正确的是（　　）。

    A．Os.path.isfile('射雕英雄传')

    B．os.path.exists('射雕英雄传')

    C．os.isdir('射雕英雄传')

    D．os.exists('射雕英雄传')

解析

（1）os 模块中的 os 均为小写字母，Python 语言严格区分大小写，故 A 选项错误。

（2）和文件或文件夹路径有关的函数存在于 os.path 模块中，故排除 C 和 D 选项。

（3）os.path.isfile()函数只检测文件，os.path.isdir()函数只检测文件夹。只有 os.path.exists()函数既检测文件夹又检测文件。

因此，正确答案为 B。

实战训练

一、选择题

1．在当前目录下创建文件夹"飞狐外传"，以下语句中正确的是（　　）。

    A．mkdir("飞狐外传")　　　　　　B．os.path.mkdir(飞狐外传)

    C．os.mkdirs('飞狐外传')　　　　　D．os.mkdir("飞狐外传")

2．要获取当前所处的位置，以下选项中正确的是（　　）。

    A．os.chkdir()　　　　　　　　　B．os.chdir()

    C．os.mkdir()　　　　　　　　　D．os.getcwd()

3．mkdir()函数属于（　　）模块。

    A．os.path　　　　　　　　　　　B．os.file

    C．os　　　　　　　　　　　　　D．path

4．以下选项中不属于 os 模块的函数是（　　）。

    A．walk()　　　　　　　　　　　B．remove()

    C．isfile()　　　　　　　　　　　D．chdir()

5．以下选项中能创建文件夹的函数是（　　）。

    A．os.mkdir()　　　　　　　　　B．os.makedir()

    C．mkdirs()　　　　　　　　　　D．os.mkdirs()

6．以下选项中与文件夹没有直接关系的函数是（　　）。

　　A．os.chdir()　　　　　　　　B．os.path.isfile()

　　C．os.mkdir()　　　　　　　　D．os.getcwd()

7．以下选项中无法创建"白发魔女传"文件夹的是（　　）。

　　A．os.mkdir("白发魔女传")　　B．os.mkdir("D:\\白发魔女传")

　　C．os.mkdir(白发魔女传)　　　D．os.mkdir("D:\白发魔女传")

8．当前位置在"D:\xslx"，以下选项中无法在"xslx"文件夹中创建"笑傲江湖"文件夹的是（　　）。

　　A．os.makedirs('D:\\xslx\笑傲江湖')

　　B．os.makedirs(r'D:\xslx\笑傲江湖')

　　C．os.makedirs(r'笑傲江湖')

　　D．os.makedirs(r'xslx\笑傲江湖')

9．D 盘目录树如图 6-1-1 所示，当前处在"D:\"下，则执行语句 os.mkdir("\散文\老舍\茶馆")后，以下选项中正确的是（　　）。

　　A．系统不认识"\散文"，因此报错

　　B．系统找不到路径"\散文\老舍\茶馆"，因此报错

　　C．在"老舍"文件夹下创建"茶馆"文件夹

　　D．程序没有任何输出

10．创建以下文件夹，程序会报错的是（　　）。

　　A．"a/b/c"　　　　　　　　　　B．"a_b_c"

　　C．"a b c"　　　　　　　　　　D．"a.b.c"

11．要删除图 6-1-1 中的"test1"文件夹，已知当前文件夹为"D:\xslx"，则以下选项中正确的是（　　）。

　　A．os.rmdir('test1')

　　B．os.remove('test1')

　　C．os.mkdir('test1')

　　D．os.rmdir(r'test1\测试')

　　　　os.rmdir('test1')

12．错误信息如下，以下选项中不正确的是（　　）。

```
File "D:\6.1程序\2.py", line 10
    if not os.path.isdir('梁羽生')        #如果找不到 "D:\xslx\梁羽生" 文件夹
                                ^^^^^^^^^^^^^^^^^^^^^^^^^^^^^^
SyntaxError: expected ':'
```

　　A．这属于语法错误

B. 出错程序位于程序的第 10 行

C. 出错位置是代码中的注释部分'#如果找不到 "D:\xslx\梁羽生" 文件夹'

D. 出错的原因是语句后缺少":"

13. 阅读以下代码，下列选项中正确的是（　　　）。

```
if not os.path.isdir('白发魔女传'):
    os.mkdir('白发魔女传')
```

A. 如果存在"白发魔女传"文件夹，则创建"白发魔女传"文件夹

B. if 语句的条件等式不完整，会出现语法错误

C. 如果连续运行 2 次，程序会出现"重复创建文件夹错误"

D. 该程序执行后，当前文件夹内一定会有一个名为"白发魔女传"的文件或文件夹

14. 以下程序在如图 6-1-1 所示的 D 盘目录树中创建文件夹，下列选项中不正确的是（　　　）。

```
path = r'D:\xslx\金庸\笑傲江湖'
if os.path.exists(path)=="false":
    os.makedirs(path)
```

A. 如果"D:\xslx\金庸"下不存在"笑傲江湖"文件夹，则创建"笑傲江湖"文件夹

B. 该程序不会创建文件夹，因为"false"是字符串，而"os.path.exists(path)"得到的是逻辑值 True/False，两者不相等，条件不成立

C. 可把 if 语句改写为"if not os.path.exist(path):"

D. 可把 if 语句改写为"if os.path.exists(path)=false":

15. 阅读以下代码的出错信息，下列选项中解析准确的是（　　　）。

```
        path = "E:\浙江\杭州"
    os.mkdir(path)
IndentationError: unindent does not match any outer indentation level
```

A. 是创建文件夹时出现的错误

B. 是上下语句没对齐产生的错误

C. 是路径表述有问题，应该写成 path = r'E:\浙江\杭州'

D. 表示要创建的文件夹已经存在，出现重复创建错误

16. 出现以下错误，则可以断定（　　　）。

```
FileExistsError: [WinError 183] 当文件已存在时，无法创建该文件。: 'D:\\test2'
```

A. 一定是系统在创建名为"test2"的文件夹时出现了错误

B. 可能是创建名为"test2"的文件夹时出现了错误

C. 系统想创建的文件夹名为"D:\\test2"

D. 原先一定已经存在一个名为"test2"的文件夹

17. 程序中有如下 2 条语句，对于运行后可能出现的结果，以下选项中不正确的是（　　）。

> os.mkdir("C:\\古诗")
> os.mkdir("C:\\古诗\\李白\\静夜诗")

A. 可能运行第 1 条语句就会报错

B. 如果第 1 条语句没有报错，则第 2 条语句一定会报错

C. 无论如何"D:\"下都会存在一个"古诗"文件夹

D. 错误信息可能是 FileNotFoundError: [WinError 3] 系统找不到指定的路径

18. 已知 path="D:\\xslx"，现要在"xslx"下创建文件夹"梁羽生"，则以下选项中语句表达不准确的是（　　）。

A. os.mkdir(path + "\梁羽生")

B. os.mkdir(path + "\\" + "梁羽生")

C. os.mkdir(path + r"\梁羽生")

D. os.mkdir("梁羽生")

19. 在如图 6-1-2 所示的目录树中，以下选项中语句有可能会报错的是（　　）。

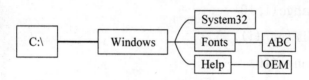

图 6-1-2　目录树

A. os.chdir("C:\\")　　　　　　B. os.chdir("..")

C. os.chdir("C:windows")　　　D. os.chdir(r"C:")

20. 如图 6-1-2 所示，当前处在"C:\windows"文件夹下，以下选项中无法准确表示"system32"子文件夹路径的是（　　）。

A. path = "C:\\windows\\system32"

B. path = "C:system32"

C. path = r'C:\windows\' + 'system32'

D. path = "system32"

21. 已知当前目录为"C:\windows"，下列选项中可用于判断当前文件夹下是否存在文件"readme.txt"的是（　　）。

A. os.isfile("readme.txt")

B. os.path.isdir(r"C:\windows\readme.txt")

C. os.path.exists("readme.txt")

D. os.path.isfile(r"readme.txt")

22. 如果不确定当前文件夹下是否存在名为"短篇小说"的文件或文件夹，则创建"短

篇小说"文件夹的语句是（　　　）。

    A．`if not os.path.isdir("短篇小说"): os.mkdir("短篇小说")`

    B．`if os.path.exists("短篇小说"): os.makedirs("短篇小说")`

    C．`if os.path.exists("短篇小说")==False: os.makedirs("短篇小说")`

    D．`if os.path.isdir("短篇小说")==false: os.mkdir("短篇小说")`

23．已知"D:\"下不存在"D:\1"文件夹，现欲创建文件夹 "D:\1\2\3\4\5"，则相应的语句可以是（　　　）。

    A．`os.mkdir("D:\1\2\3\4\5")`

    B．`os.mkdir(r'D:\1\2\3\4\5')`

    C．`os.makedirs(r"D:\1\2\3\4\5")`

    D．`os.makedir('D:\\1\\2\\3\\4\\5')`

24．在当前文件夹下一次性创建 9 个文件夹，文件夹名分别为 1、2、3、4、5、6、7、8、9，正确的程序是（　　　）。

    A．`for i in range(1,9):`
        `os.mkdir(i)`

    B．`for i in range(1,10)`
        `os.mkdir(str(i))`

    C．`for i in range(10):`
        `os.makedirs(str(i))`

    D．`for i in range(1,10):`
        `os.makedirs(str(i))`

25．列表中放了以下书名，即 books=['射雕英雄传','白发魔女传','冰川天女传','飞狐外传']，在如图 6-1-1 所示的 D 盘目录树下，要在"金庸"文件夹下创建列表中的系列文件夹，则以下选项中不正确的是（　　　）。

    A．`for i in books:`
    `os.mkdir(r"D:\xslx\金庸\\" + i)`

    B．`for i in range(len(books)):`
    `os.mkdir(r"D:\xslx\金庸" + "\\" + books[i])`

    C．`os.chdir(r"D:\xslx\金庸")`
    `for i in books:`
        `os.mkdir(i)`

    D．`for i in range(books.count()):`
    `p = r"D:\xslx\金庸\\" + books[i]`
    `os.makedirs(p)`

二、操作题

1．使用 os.chkdir()和 os.mkdir()函数在"D:\"下创建文件夹："D:\小学\初中\高中\大学"。

2．小张有 4 位好友，他们分别来自如图 6-1-3 所示的 4 个地方。请编写程序在"D:\"下创建相应的目录树，要求分别用 os.mkdir()和 os.makedirs()2 种函数实现。

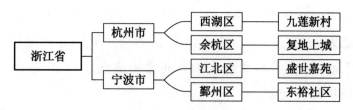

图 6-1-3　小张朋友的地址目录结构

3．学校要进行唱歌比赛，由于报名人数较多，决定分成 15 个小组，先编写程序在 D:\下创建"唱歌比赛"文件夹，然后在该文件夹下创建第 1 组，第 2 组，…，第 15 组 15 个子文件夹。

4．在贝壳杭州市二手房信息中，房源信息将按照所在区和街道分组展示。

拱墅区包括的街道有半山、长庆、朝晖、潮鸣、崇贤、大关、德胜、德胜东、丁桥、拱宸桥、勾庄、和睦、和平。

西湖区包括的街道有翠苑、古荡、黄龙湖墅、嘉绿、九莲、良渚、留下、清波、三墩、申花、文教、文三、文三西路。

请编写程序使用列表和循环结构，在 D:\下自动创建以拱墅区、西湖区各属地街道命名的文件夹，文件夹路径的格式如"D:\拱墅区\半山街道"、"D:\拱墅区\长庆街道"和"D:\拱墅区\朝晖街道"等。

5．程序阅读题，请在横线上添加注释，并绘制程序运行后生成的目录树。

```
import os                              #导入os模块
print(os.getcwd())                     ①_____
os.chdir("D:")                         ②_____
print(os.getcwd())                     #获取当前位置并输出
os.makedirs(r'D:\浙江\杭州')            ③_____
os.chdir(r'D:\浙江\杭州')              ④_____
print(os.getcwd())
os.mkdir('拱墅区')                      #在D:\浙江\杭州下创建'拱墅区'文件夹
os.chdir('..')                         ⑤_____
if not os.path.isdir('宁波'):          ⑥_____
    os.mkdir('宁波')                   #新建文件夹'宁波'
path = r'D:\江苏\南京'                 #指定路径D:\江苏\南京
if os.path.exists(path):               ⑦_____
    os.makedirs(path)                  ⑧_____
for i in range(5, 10):                 ⑨_____
    os.makedirs(path + '\\区' + str(i)) ⑩_____
```

6.2 整理文件与文件夹

学习目标

◆ 能够遍历指定文件夹。

◆ 掌握 shutil 模块关于文件和文件夹操作的常用函数。

◆ 能够实现路径拼接和切割。

◆ 能够根据关键字整理文件和文件夹。

◆ 能够提取文件的扩展名。

◆ 能够根据文件类型整理文件。

要点提示

注：把"资源包"中路径为"第 6 章\6.2\要点提示\xslx"的文件夹复制到"D:\"，后续题目中涉及的相关内容都可以在此基础上完成。

1. 浏览文件和文件夹

（1）os.listdir(path)：列出文件夹下的文件和子文件夹，但不包括子文件夹下的文件和文件夹。

典型示例：

```
import os
print(os.listdir(r"D:\xslx"))
```

（2）os.walk(path)：遍历文件夹下的所有各级文件和子文件夹。

典型示例：

```
import os
for path, dirs, files in os.walk(r"D:\xslx"):
    print(path + ":", dirs, files)
```

2. shutil 模块常用函数

（1）shutil.copy(src,dst)：文件复制。

（2）shutil.copytree(src,dst)：文件夹复制。

（3）shutil.move(src,dst)：移动文件或文件夹。

（4）shutil.rmtree(path)：删除文件夹。

3. 路径拼接

os.path.join(path1,path2,path3,...)把多个字符串用"\"拼接成路径。

4. 路径切割

os.path 模块常用的路径切割函数如表 6-2-1 所示。

表 6-2-1　os.path 模块常用的路径切割函数

函数	功能
splitdrive(path)	获取驱动器盘符
split(path)	通过最后一个"\"切割并返回元组
splitext(path)	用于分离文件路径和扩展名，返回一个元组
dirname(path)	获取父文件夹路径
basename(path)	获取文件名

典型示例：

```
path=r'D:\xslx\金庸\金庸简介.txt'
print(os.path.dirname(path))          #D:\xslx\金庸
print(os.path.basename(path))         #金庸简介.txt
print(os.path.splitdrive(path))       #('D:', '\\xslx\\金庸\\金庸简介.txt')
print(os.path.splitext(path))         #('D:\\xslx\\金庸\\金庸简介', '.txt')
print(os.path.split(path))            #('D:\\xslx\\金庸', '金庸简介.txt')
```

经典解析

例 1　以下语句中可得到路径"D:\xslx\金庸\射雕英雄传\作品简介.txt"的是（　　　）。

A．print(os.path.join('D','xslx','金庸','射雕英雄传','作品简介.txt'))

B．print(os.path.join('D:','xslx','金庸','射雕英雄传','作品简介.txt'))

C．print(os.path.join(r'D:\xslx','金庸\\射雕英雄传','作品简介.txt'))

D．print(os.path.join('D','xslx','金庸',r'射雕英雄传\作品简介','txt'))

解析

（1）os.path.join()函数的功能是用"\"连接字符串，以上 4 个选项的输出结果如下：

① D\xslx\金庸\射雕英雄传\作品简介.txt。

② D:xslx\金庸\射雕英雄传\作品简介.txt。

③ D:\xslx\金庸\射雕英雄传\作品简介.txt。

④ D\xslx\金庸\射雕英雄传\作品简介\txt。

可见 A 和 D 选项中，"D 盘"少了"："，而且 D 选项中错误地将扩展名"txt"作为字符串参数。

（2）当该函数第 1 个参数是盘符时，不会自动添加"\"，故 B 选项错误，应将参数'D:'改为'D:\\'。

（3）C 选项中的"\\"表示路径间隔符"\"，输出结果只有 C 选项符合要求。

因此，正确答案为 C。

例 2 把"资源包"中路径为"第 6 章\6.2\经典解析\资源库"的文件夹复制到"D:\"，已知 path 的值为 r'D:\资源库\cool2.gif，欲分离出文件主名"cool2.gif"，以下选项中正确的是（　　）。

　　A. path.split("\\")[3]　　　　B. os.path.basename(path)

　　C. os.path.splitext(path)　　　D. os.dirname(path)

解析

（1）A 选项使用字符串函数 split()，返回值为列表['D: ','资源库 ','cool2.gif]，索引范围为 [0,1,2]，不存在[3]，故排除 A 选项。

（2）C 选项中的 splitext()函数得到的结果是包含扩展名的元组而非文件，故排除 C 选项。

（3）D 选项的 os 模块中没有 dirname()函数，该函数在 os.path 模块中，作用是获取包含该文件的文件夹路径，故 D 选项错误。

（4）B 选项中的 basename()函数得到的是整个文件名"cool2.gif"，符合题意。

因此，正确答案为 B。

例 3 当前处在 D 盘根目录，若要复制"D:\资源库"文件夹为新文件夹"D:\wwt"，则以下语句正确的是（　　）。

　　A. shutil.copytree('资源库', 'wwt')

　　B. shutil.copy('资源库', 'wwt')

　　C. os.copy('资源库', 'wwt')

　　D. os.copytree('资源库', 'wwt')

解析

（1）os 模块没有 copy()和 copytree()函数，故排除 C 和 D 选项。

（2）B 选项中，shutil.copy()函数只能复制文件，不能复制文件夹；另外，"资源库"文件夹下可能存在子文件夹，故排除 B 选项。

（3）A 选项中，shutil.copytree()函数中的源路径和目标路径都没有指明父文件夹，默认为当前文件夹，把当前文件夹下的"资源库"文件夹复制为"wwt"文件夹，符合题意。

因此，正确答案为 A。

例 4 把"资源包"中路径为"第 6 章\6.2\经典解析\工资报表"的文件夹复制到"D:\"，如图 6-2-1 所示，"D:\工资报表"文件夹中包含各个时期的报表文件，下面的程序代码用于删除除 2023 年外的所有报表文件。

2022年1月.xlsx	2022年7月.xlsx	2023年4月.xlsx	2024年4月.xlsx
2022年2月.xlsx	2022年10月.xlsx	2023年7月.xlsx	2024年7月.xlsx
2022年4月.xlsx	2022年12月.xlsx	2023年11月.xlsx	2024年10月.xlsx
2022年5月.xlsx	2023年1月.xlsx	2024年1月.xlsx	2024年12月.xlsx

图 6-2-1　工资报表系列文件

程序代码:

```
01   import os
02   os.chdir(r"D:\工资报表")
03   for fn in os.listdir():
04   _____
05       os.remove(fn)
```

在横线处填写代码,以下选项中正确的是(　　)。

　　A. if not "2023" in fn:　　　　B. if 2023 not in fn:

　　C. if "2023" in fn:　　　　　　D. if "2023" ! == fn:

解析

(1)程序设计思路是列出"D:\工资报表"文件夹下的所有文件名,删除文件名中不包含"2023"的文件。

(2)第 05 行代码用于删除文件,因此横线处的语句必然是判断文件名中是否有"2023"。A 选项用于判断文件名中不含有"2023"这 4 个字符,符合题意。

(3)B 选项中的 2023 是数值型,而 fn 的类型是字符串,故排除 B 选项。

(4)C 选项与题意相反,将删除包含"2023"的文件。

(5)D 选项中,fn 字符串不仅只有"2023"这 4 个字符,将导致"D:\工资报表"中现有的文件全部被删除。

因此,正确答案为 A。

例 5　在"D:\资源库"中的文件如图 6-2-2 所示,现在"D:\资源库"中已经手工创建了"图片"文件夹,请在横线处填写代码完善程序,将"D:\资源库"中的所有 .gif 文件移动归类到"图片"文件夹中。以下选项中正确的是(　　)。

cool1.gif	cool9.gif	cool17.gif	Sound5.mid	wwt1.txt	wwt9.txt
cool2.gif	cool10.gif	cool18.gif	Sound6.mid	wwt2.txt	wwte1.txt
cool3.gif	cool11.gif	cool19.gif	Sound7.mid	wwt3.txt	wwte2.txt
cool4.gif	cool12.gif	cool20.gif	Sound8.mid	wwt4.txt	wwte3.txt
cool5.gif	cool13.gif	Sound1.mid	Sound9.mid	wwt5.txt	wwte4.txt
cool6.gif	cool14.gif	Sound2.mid	Sound10.mid	wwt6.txt	wwte5.txt
cool7.gif	cool15.gif	Sound3.mid	Sound11.mid	wwt7.txt	wwte6.txt
cool8.gif	cool16.gif	Sound4.mid	Sound12.mid	wwt8.txt	wwte7.txt

图 6-2-2　资源库文件

程序代码:

```
01   import os, shutil
02   p = r"D:\资源库"
03   os.chdir(p)
04   fns = os.listdir()
05   for fn in fns:
06       ext = os.path.splitext(fn)[1]
```

07	if____①____: shutil.____②____

A. ext = '.gif', remove(fn, '图片')

B. ext == '.gif', move(fns, '图片')

C. ext == '.gif', move(fn, '图片')

D. ext == fn, move(fn, '图片')

解析

（1）如图 6-2-2 所示，有 3 种类型的文件，分别是图像文件（*.gif）、声音文件（*.mid）和文本文件（*.txt）。

（2）第 06 行语句的作用是得到文件的扩展名，例如 ".gif"。

（3）横线①处必然用于判断带扩展名部分是否为 ".gif"，横线②处则把.gif 文件移动到 "图片" 文件夹，C 选项符合题意。

（4）A 选项中，在 Python 的 shutil 模块中，没有 shutil.remove()函数，故排除 A 选项。

（5）B 选项中，变量 fns 是包含所有文件名的列表，类型和意义都与该参数不符。

（6）D 选项中，变量 fn 为文件名，变量 ext 为带扩展名的字符串，两者没有比较的意义。因此，正确答案为 C。

实战训练

一、选择题

1. 以下选项中属于第三方模块的是（　　）。

    A. shutil   B. os

    C. re   D. turtle

2. os.listdir(r"D:\资源库")的作用是（　　）。

    A. 列出"D:\资源库"文件夹下各级文件和子文件夹名

    B. 列出"D:\资源库"文件夹下的文件和子文件夹名，但不包括子文件夹下的文件和文件夹名

    C. 列出"D:\资源库"文件夹下的子文件夹名，但不包括子文件夹下的文件夹

    D. 列出"D:\资源库"文件夹下的文件名，但不包括子文件夹下的文件

3. 已知当前文件夹为 p = r"C:\windows"，要列出当前文件夹下的文件名和子文件夹名，但不包括子文件夹下的文件和文件夹，以下选项中不正确的是（　　）。

    A. os.listdir("C:\windows")

    B. os.listdir(p)

    C. os.listdir()

    D. os.listdir("windows")

4. 目录树如图 6-2-3 所示，参考如下程序代码，以下选项中正确的是（　　　）。

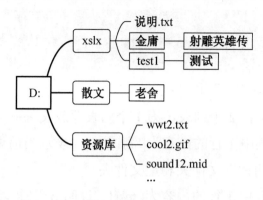

图 6-2-3　目录树

```
import os
p= r"D:\资源库"
os.chdir(p)
for fn in os.listdir(p):
    if os.path.isdir(fn):
        print(fn)
```

A. 程序开始执行前，当前文件夹为"D:\资源库"

B. fn 是一个包含文件和文件夹的列表

C. 语句"if os.path.isdir(fn):"即使没有关系运算符，也能正常执行

D. print(os.listdir(p))可得到 2 个列表，分别存放文件名和文件夹名

5. 把"资源包"中路径为"第 6 章\6.2\选择题\散文"的文件夹复制到"D:\"下，在如图 6-2-3 所示的目录树中，方框表示文件夹，则语句 print(os.listdir(r"D:\xslx"))的输出结果是（　　　）。

A. [["金庸","射雕英雄传"],["test1","测试"],"说明.txt"]

B. ["test1","说明.txt","金庸"]

C. [["金庸","test1"],["说明.txt"]]

D. [金庸,test1]

6. 对于语句 os.walk(r"D:\xslx")，以下选项中正确的是（　　　）。

A. walk 是走路的意思，意思是进入"D:\xslx"文件夹

B. 和 os.listdir()函数的功能完全相同

C. 与 for 循环配合使用可遍历"D:\xslx"下的各级文件和子文件夹

D. 该函数返回值的类型是列表

7. 对于语句"for path,dirs,files in os.walk(r'D:\wwt'):"，以下选项中正确的是（　　　）。

A. for 语句中只能有一个循环变量，此处放了 3 个变量，运行时会报错

B. path 是路径的意思，此处表示'D:\wwt'

C. dirs 表示当前遍历到的路径 path 下的所有文件夹名，不包括子文件夹

D. files 表示'D:\wwt'下的所有文件的文件名，不含子文件夹下的文件

8. 目录树如图 6-2-3 所示，对于下面程序的执行结果，以下选项中正确的是（　　　）。

```
import os
for path,dirs,files in os.walk(r'D:\xslx'):
    print(dirs,files)
```

  A．语句"print(dirs,files)"共被执行了 3 次

  B．程序输出时，每行 2 个列表，第 1 个列表存放文件夹名，第 2 个列表存放文件名

  C．程序输出时，其中 1 行的内容为['测试'] []，表示当前遍历到的目录下有 2 个文件夹，分别是"测试"文件夹和空文件夹

  D．程序输出时，其中 1 行的内容为['test1', '说明.txt', '金庸']

9. 以下函数不属于 os 模块的是（　　　）。

  A．remove()   B．copy()

  C．mkdir()   D．rename()

10. 以下函数不属于 shutil 模块的是（　　　）。

  A．rmdir()   B．rmtree()

  C．make_archive()   D．move()

11. 以下没有复制功能的函数是（　　　）。

  A．shutil.copy()   B．shutil.copytree()

  C．shutil.copy2()   D．shutil.move()

12. 以下与文件夹操作最不相关的函数是（　　　）。

  A．shutil.move()   D．os.listdir()

  C．path.split()   B．os.walk()

13. shutil.rmtree(path)的功能是（　　　）。

  A．删除文件夹

  B．删除文件

  C．与 os.rmdir()函数的功能完全相同

  D．只能删除空文件夹

14. 参考如图 6-2-3 所示的目录树，已知当前位置为"D:\"，以下选项中能把文件"wwt2.txt"复制到目标位置的是（　　　）。

  A．shutil.copy(r"D:\资源库\wwt2.*", "散文\\wwt2.txt")

  B．shutil.copy(r"资源库", "\\散文")

  C．shutil.copy("wwt2.txt", r"D:\散文\wwt2.txt")

  D．shutil.copy(r"资源库\wwt2.txt", "散文")

15. 参考如图 6-2-3 所示的目录树，执行语句"shutil.copytree(r"C:\windows\help","D:\\散文")"后，以下选项中正确的是（　　　）。

    A．把"help"文件夹复制到"D:\散文"文件夹下，成为其子文件夹

    B．把"help"文件夹复制成"D:\散文"文件夹

    C．"D:\散文"文件夹已经存在，复制时会报错

    D．源文件夹与目标文件夹处在不同盘符，不能复制

16．关于 shutil.move("1.txt","2.py")语句，以下选项中正确的是（　　　）。

    A．move()函数只能把文件移到目标文件夹，而"2.py"是文件，运行失败

    B．该语句的功能是把"1.txt"文件改名为"2.py"

    C．如果"2.py"文件已经存在，则运行时会报错

    D．由于目标文件夹不明确，所以运行结果无法确定

17．参考如图 6-2-3 所示的目录树，执行语句"shutil.move(r'D:\散文',r'D:\xslx\test1')"后，以下选项中正确的是（　　　）。

    A．把"散文"文件夹移动到"test1"文件夹中，路径变成"D:\xslx\test1\散文"

    B．把"散文"文件夹下的所有文件和文件夹移动到"test1"文件夹中，"散文"文件夹位置没变

    C．把"散文"文件夹重命名为"test1"文件夹，原"test1"文件夹中的内容消失

    D．Move()函数无法移动文件夹，执行该语句时会报错

18．执行语句"print(os.path.splitext(r'D:\资源库\wwt3.txt'))"后，输出结果为（　　　）。

    A．"wwt3.txt"文件中的文本内容

    B．["D:\资源库" , "wwt3.txt"]

    C．('D:\\资源库\\wwt3', '.txt')

    D．.txt

19．已知代码 path=r'D:\资源库\wwt3.txt'，要得到变量 path 中的文件主名"wwt3"，以下选项中不正确的是（　　　）。

    A．print(os.path.split(path)[1])

    B．print(os.path.splitext(path)[0][-4:])

    C．print(path.split("\\")[2][:4])

    D．print(path.split(".")[0][-4:])

20．print(os.path.splitdrive(r"D:\资源库\sound2.mid"))的输出结果是（　　　）。

    A．('D:', '资源库\sound2.mid')

    B．['D:', '\\资源库\\sound2.mid']

    C．('D:', '\\资源库\\sound2.mid')

    D．['D:', '资源库\sound2.mid']

21．print(os.path.dirname(r'D:\资源库\cool2.gif'))的输出结果是（　　　）。

    A．('D:\资源库', 'cool2.gif ')

B．['D:\资源库', 'cool2.gif']

C．'D:\\资源库'

D．D:\资源库

22．print(os.path.basename(r'D:\资源库\sound12.mid'))的输出结果是（　　　）。

    A．sound12.mid

    B．('D:\资源库', 'sound12.mid')

    C．['D:\\资源库', 'sound12.mid']

    D．'sound12'

23．执行以下语句后，下列选项中正确的是（　　　）。

```
if "GIF" in ['mp4','gif','wma','wmv'] : shutil.move('D:\资源库\cool2.gif','多媒体')
```

    A．if 语句":"后的内容应该换行，否则会出现语法错误

    B．执行语句后，"多媒体"文件夹中会多出一个"cool2.gif"文件

    C．"GIF"与列表内容不匹配，没有执行后续语句

    D．执行语句后，"多媒体"文件夹被替换为"多媒体"文件

24．print(os.path.join(r'D:\资源库', '数字', '123.txt'))的运行结果是（　　　）。

    A．['D:\\资源库\数字\123.txt']

    B．D:\\资源库\\数字\\123.txt

    C．D:\资源库\数字\123.txt

    D．'D:\资源库\数字\123.txt'

25．执行下面语句后，其运行结果是（　　　）。

```
print(os.path.join(r'D:\资源库', 'C:\windows', 'readme.txt'))
```

    A．D:\资源库\C:\windows\readme.txt

    B．出现语法错误

    C．C:\windows\readme.txt

    D．D:\资源库\readme.txt

二、操作题

1．阅读以下程序，在横线上填写注释，并写出运行结果。

```
import os
p2 = r'C:\Windows\Help\mui\0409\cliconf.chm'
x = p2.split('\\')                      #①_____
x2 = os.path.join(x[0], x[-2], x[-1])   #②_____
y = "\\".join(x)                        #③_____
print(x[-2], x2)
print(y)
```

请写出以上程序的运行结果：

④_____

⑤_____

2. 把"资源包"中路径为"第 6 章\6.2\操作题\按扩展名分类"的文件夹复制到"D:\"，如图 6-2-4 所示是"D:\按扩展名分类"文件夹，现要编写程序把该文件夹中的文件按扩展名分类。例如对于文件"win.exe"，可自动创建大写字母文件夹"EXE"，再把该文件复制到创建的文件夹中。

FAREAST.BTL	card2.dbf	Start.jpg	WWE-TEST.TXT	wwt.exe
CHARS.CVB	MANGER.DBF	module.ini	WWT-TEST.TXT	BANTAM.DLL
CHARSET.CVB	wsmanger.dbf	netview.txt	win.exe	IDAPI32.DLL
card1.dbf	Backdrop.jpg	README.TXT	write.exe	IDDBAS32.DLL

图 6-2-4　"D:\按扩展名分类"文件夹

```
#-*- coding: utf-8 -*-
import os,shutil
p = r'D:\按扩展名分类'
os.chdir(p)                        #切换当前文件夹
for fn in_____①_____:              #遍历当前文件夹下的文件和文件夹名字
    lb = _____②_____               #按文件名"."分离，win.ini -->[win,ini]
    kzm = _____③_____              #扩展名ini
    dxkzm = _____④_____            #转换成大写INI
    if not os.path.exists(dxkzm):  #如果INI文件夹不存在
        os.mkdir(dxkzm)            #创建"INI"文件夹
    shutil._____⑤_____         #将文件win.exe移动到"INI"文件夹
print(os.listdir())                #查看文件夹中的内容
```

（1）根据程序注释填写代码。

①_____，②_____，③_____

④_____，⑤_____

（2）写出以上程序的运行结果。

3. 把"资源包"中路径为"第 6 章\6.2\操作题\按月份备份"的文件夹复制到"D:\"，单位财务部门特别关注每年 1 月、4 月、7 月、11 月的工资发放情况，为方便查看，请编写程序自动把这几个月的数据文件备份到各月份对应的文件夹。参考如图 6-2-5 所示的"按月份备份"文件夹，在横线上填写代码，上机调试并输出运行结果。

2022年1月.xlsx	2022年7月.xlsx	2023年4月.xlsx	2024年4月.xlsx
2022年2月.xlsx	2022年10月.xlsx	2023年7月.xlsx	2024年7月.xlsx
2022年4月.xlsx	2022年12月.xlsx	2023年11月.xlsx	2024年10月.xlsx
2022年5月.xlsx	2023年1月.xlsx	2024年1月.xlsx	2024年12月.xlsx

图 6-2-5　"按月份备份"文件夹

程序代码：

```
import _____①_____
p = r"D:\按月份备份"
yfs = ['1月', '4月', '7月', '11月']
for yf in yfs:                                #遍历"按月份备份"列表
    pyf = _____②_____                    #拼合文件夹路径：D:\按月份备份\4月
    if _____③_____:                      #检测文件是否存在
        _____④_____                      #创建文件夹：如4月
for fn in os.listdir(p):
    pfn = _____⑤_____                    #拼合路径：D:\按月份备份\2023年2月.xlsx
    if _____⑥_____:                      #如果路径存在且是文件
        f1 = os.path. ____⑦____                #得到文件名，如2023年4月.xlsx
        f2 = os.path. ____⑧____                #得到文件主名，如2023年4月
        yf = f2. ____⑨____                     #得到月份，如4月
        if yf in yfs:                          #遍历['1月', '4月', '7月', '11月']
            shutil.copy(pfn, p+"\\"+yf)        #复制文件到文件夹
for _____⑩_____ os.walk(p):              #遍历每个子文件夹
    if path != p:
        print(path, dirs, files)               #当前路径，文件夹系列，文件系列
```

（1）程序填空：

①_____，②_____，③_____

④_____，⑤_____，⑥_____

⑦_____，⑧_____，⑨_____

⑩_____

（2）写出以上程序的运行结果。

4．把"资源包"中路径为"第 6 章\6.2\操作题\企业文件"的文件夹复制到"D:\"，某企业将近日召开的多方协调会议分别用中、英、法、俄 4 种语言保存为会议文件，如图 6-2-6 所示的是"D:\企业文件"文件夹内的文件和文件夹，以下程序的功能是把所有文件归类到对应文件夹中，请在横线上填写代码，上机调试并输出运行结果。

俄文	俄文1.doc	俄文5.doc	法文4.doc	英文3.doc	中文2.doc
法文	俄文2.doc	法文1.doc	法文5.doc	英文4.doc	中文3.doc
英文	俄文3.doc	法文2.doc	英文1.doc	英文5.doc	中文4.doc
中文	俄文4.doc	法文3.doc	英文2.doc	中文1.doc	中文5.doc

图 6-2-6　按 4 种语言分类

```
import os, shutil
p2 = r"D:\企业文件"
p = r"D:\文件归类"
_____①_____                             #复制出新文件夹"D:\文件归类"
yys = ____②____                               #用4种语言组成的列表
```

```
for fn in os.listdir(p):            #遍历新文件夹
    pfn = os.path.join(p, fn)        #文件路径拼接
    if os.path.isfile(pfn):         #判断文件是否存在
        for yy in yys:              #遍历语言列表
            if yy in fn:            #如果文件名中包含当前语言
                _____③_____    #拼合语言文件夹路径：D:\文件归类\中文
                _____④_____    #将文件移动到对应文件夹中
for p3, ds, fs in os.walk(p):       #遍历所有文件夹
    _____⑤_____                #输出当前遍历到的文件夹路径、系列文件夹、系列文件
```

（1）程序填空：

①_____，②_____，③_____

④_____，⑤_____

（2）写出以上程序的运行结果。

5. 把"资源包"中路径为"第 6 章\6.2\操作题\设计素材"的文件夹复制到"D:\"。为了能更好地服务客户，某公司搜集了一堆素材，如图 6-2-7 所示的是"设计素材"文件夹下的文件和文件夹，有动画文件（*.gif）、图片文件（*.jpg,*.bmp,*.png）、视频文件（*.avi,*.wmv,*.mp4）。

（1）设计程序把"设计素材"文件夹复制成"多媒体"文件夹，在"多媒体"文件夹中，把所有文件归类到对应的文件夹。

（2）编写代码查看运行结果。

图 6-2-7　设计素材

6.3 重命名批量文件

学习目标

◆ 能够以顺序数字重命名批量文件。

◆ 能够以随机数字重命名批量文件。

◆ 能够以随机不重复数字重命名批量文件。

◆ 能够生成重命名前后的文件名对应文件。

◆ 能够重命名批量文件夹。

⌛ **要点提示**

注：把"资源包"中路径为"第 6 章\6.3\经典解析\6-3-1 目录树"的文件夹和文件复制到"D:\"。

1. 重命名文件或文件夹：os.rename(src,dst)

（1）在同一文件夹内重命名，源文件名被直接修改为目标文件名。例如：

os.rename("张三.jpg","李四.jpg")　#当前目录为"D:\散文"

（2）文件夹改名，原文件夹被直接修改成目标文件夹名。例如：

os.rename(r"D:\xslx","D:\\小说练习")

（3）移动文件或文件夹，把原文件或文件夹以新名字移动到目标位置。例如：

os.rename(r"D:\散文\目录.docx",r"D:\小说练习\散文目录.docx")

2. 随机模块 random

（1）random.randint(a,b)返回整数 a～b 之间的随机整数，多次返回则可能重复。

*（2）其他随机函数。

```
random.choice(seq)          #从序列中随机取一个值
random.randrange(a,b,c)     #整数a～b之间按步长c值随机取整数
random.shuffle(seq)         #将序列seq中的元素随机打乱排列
random.sample(seq,n)        #从序列seq中随机选择n个元素，并返回一个包含这n个元素
                              的新列表
```

例如：

```
import random
lst = [11,22,33,44,55,66,77]
print(random.choice(lst))        #列表中随机取一个元素
print(random.sample(lst, 3))     #从列表中随机取3个元素
random.shuffle(lst)              #将列表中的元素随机排序
print(lst)
```

输出结果：

```
44
[77, 11, 66]
[11, 44, 66, 33, 55, 22, 77]
```

🎓 **经典解析**

例 1　当前文件夹为"D:\"，现要将如图 6-3-1 所示的目录树中的"wwt2.txt"文件复制到"老舍"文件夹中，并命名为"茶馆.txt"，以下选项中正确的是（　　）。

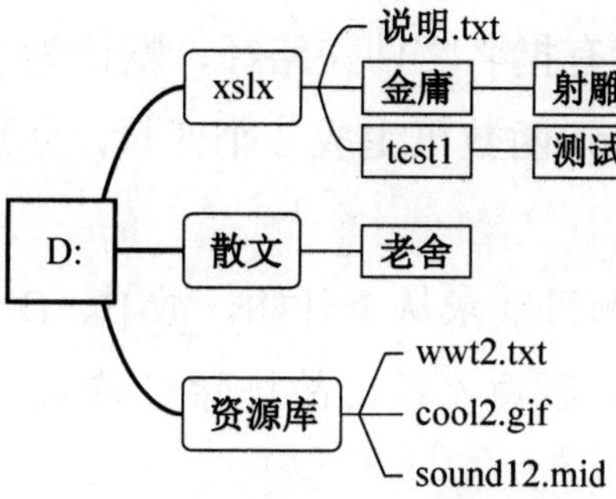

图 6-3-1　目录树

A. os.rename("资源库\\wwt2.txt","散文\老舍\茶馆.txt")

B. shutil.move(r"D:\资源库\wwt2.txt","散文\老舍\茶馆.txt")

C. shutil.copy(r"资源库\wwt2.txt","D:\散文\老舍\茶馆.txt")

D. os.remove("资源库\\wwt2.txt","散文\老舍\茶馆.txt")

解析

（1）A 和 B 选项都是将"wwt2.txt"文件移动到"老舍"文件夹中，并改名为"茶馆.txt"。

（2）C 选项把文件"wwt2.txt"复制到"老舍"文件夹中，并改名为"茶馆.txt"。

（3）D 选项中 remove() 函数的功能则是删除文件，且只能有一个参数。

因此，正确答案为 C。

例 2　在如图 6-3-1 所示的"资源库"文件夹中有若干文件，为安全起见，需要把文件按文件名升序排列后，统一改为"*.txt"，其中*为文件序号[1,2,3,4,...]，已知当前路径为 p =' D:\资源库'，则以下选项中正确的是（　　）。

A. k = 1
```
for fn in os.listdir():
    os.rename(fn, str(k) + '.txt')
    k += 1
```

B.
```
for i, fn in enumerate(os.listdir(p)):
    shutil.move(fn, str(i) + '.txt')
```

C.
```
for i, fn in enumerate(os.listdir()):
    shutil.copy(fn, str(i+1) + '.txt')
```

D.
```
fns =os.listdir(p)
for i in range(len(fns)):
    os.rename(fns[i], str(i) + '.txt')
```

解析

（1）shutil.move() 和 os.rename() 都能在同一个文件夹中实现改名。

（2）在 A 选项中，os.listdir()没有指名文件夹路径，默认为当前路径 p；运行结果正确。

（3）在 B、C 选项中，enumerate()函数可生成 2 个变量，分别是列表元素的序号 i 和列表元素 fn。

（4）序号 i 的值从 0 开始，而题目要求从 1 开始，故 B、D 选项都错。

（5）C 选项实现了复制功能，与题意不符，故排除 C 选项。

因此，正确答案为 A。

例 3 要将数据写入"成绩.txt"文件，以下语句中无法实现的是（　　　　）。

    A. f = open('成绩.txt', 'w', encoding='utf-8')

    B. with open('成绩.txt', '+r', encoding='utf-8') as f:

    C. with open('成绩.txt', 'r', encoding='utf-8') as f:

    D. f = open('成绩.txt', 'a', encoding='utf-8')

解析

（1）open()函数的第 2 个参数指明文件的读/写方式：'r'表示只读，'+r'表示可读/写，'w'表示写，'a'表示追加。根据题意，只有'r'不符合。

（2）语句"with open() as f:"和"f = open()"是打开文件的 2 种方法。

因此，正确答案为 C。

例 4 网络 2 班有学生 48 人，列表 list1 中存放着全班同学的姓名，现要从中随机选出 2 人作为用餐监督员，则以下选项中正确的是（　　　　）。

    A. random.randrange(list1, 2)

    B. random.choice(list1, 2)

    C. Random.shuffle(list1, 2)

    D. random.sample(list1, 2)

解析

（1）A 选项中，randrange()函数的参数类型为整型。

（2）B 选项中，choice()函数只能从列表中取出 1 个元素。

（3）C 选项中，shuffle()函数的功能是把列表中的元素随机排序。

（4）D 选项中，sample()函数可以从列表中取出 2 个元素，符合题意。

因此，正确答案为 D。

实战训练

一、选择题

注：把"资源包"中路径为"第 6 章\6.3\选择题"的文件夹下的文件夹和文件复制到"D:\"。

1. 把"D:\名单.txt"文件移动到"E:\"下并改名为"成员名单.txt",以下选项中正确的是( )。

    A. os.rename("D:\名单.txt", r"E:\成员名单.txt")

    B. os.move(("D:\名单.txt", r"E:\成员名单.txt"))

    C. shutil.rename("D:\名单.txt", r"E:\成员名单.txt")

    D. shutil.move(("D:\名单.txt", r"E:\成员名单.txt"))

2. 把"D:\md100.xls"文件移动到"D:\资源库"下并改名为"md.xls",以下选项中不正确的是( )。

    A. os.rename("D:\md100.xls", r"D:\资源库\md.xls")

    B. shutil.copy("D:\md100.xls", r"D:\资源库\md.xls")

    C. shutil.move("D:\\md100.xls", "D:\\资源库\\md.xls")

    D. shutil.copy("D:\md100.xls", "D:\资源库\\md.xls")
       os.remove("D:\md100.xls")

3. os.rename(src, dst)不具备的功能是( )。

    A. 同文件夹下实现改名

    B. 同驱动盘、不同文件夹下实现移动

    C. 不同驱动盘、不同文件夹下实现移动

    D. 同驱动盘、不同文件夹下实现文件夹移动并改名

4. 在如图 6-3-1 所示的目录树中,当前文件夹为"D:\",如需把"散文"文件夹移动到"资源库"下,以下操作不正确的是( )。

    A. os.rename("散文", "资源库")

    B. os.rename("散文", "资源库\散文")

    C. shutil.move("散文", "资源库\散文")

    D. shutil.move("散文", "资源库")

5. 在如图 6-3-1 所示的目录树中,当前文件夹为"D:\资源库",要把"资源库"中所有文件的文件主名改成"资源",p="D:\资源库",以下代码片段中不正确的是( )。

    A. for i in os.listdir():

         x = i.split('.')[1]

         os.rename(i, '资源.' + x)

    B. for i in os.listdir(p):

         os.rename(i, '资源' + i[-3:])

    C. for fn in os.listdir("D:\资源库"):

         ext = os.path.splitext(fn)[1]

         shutil.move(os.path.join(p, fn), "D:\资源库\资源" + ext)

D. for i in os.listdir(p):

      shutil.copy(i,'资源' + i[-4:])

      os.remove(i)

6. 输出当前文件夹下的所有文件和文件夹名的绝对路径，以下选项中正确的是（   ）。

  A. print([os.getcwd() + '\' + fn for fn in os.listdir()])

  B. p2 = os.getcwd()

     for fn in os.listdir():

       print(p2 + fn)

  C. p2 = os.chdir()

     for fn in os.listdir():

       print(p2 + '\\' +fn)

  D. p2 = os.getcwd()

     for fn in os.listdir():

       print(os.path.join(p2, fn))

7. 目录树如图 6-3-1 所示，设当前路径为 p = r'D:\xslx\金庸'，要删除当前文件夹下所有空文件夹，以下选项中不正确的是（   ）。

  A. for i in os.listdir(p):

     if len(os.listdir(i))==0:

       shutil.rmtree(i)

  B. for i in os.listdir(p):

     if len(os.listdir(i))==0:

       os.rmdir(i)

  C. for i in os.listdir(p):

     if len(os.listdir(i)) < 1:

       os.remove(i)

  D. for i in os.listdir(p):

     try:

       os.rmdir(p+'\\'+i)

     except:

       pass

8. 目录树如图 6-3-1 所示，要把 xslx 文件夹下的所有文件夹移动到"资源库"，已知当前路径 p = r'D:\xslx'，以下选项中正确的是（   ）。

  A. for i in os.listdir(p):

     if os.path.isdir(i):

```
        os.rename(i, r'D:\资源库')
```

　　B. for i in os.listdir(p):

```
        if os.path.isdir(i):
            shutil.move(i, r'D:\资源库')
```

　　C. for i in os.listdir(p):

```
        if os.path.isdir(i):
            fn = os.path.join('D:\资源库', i)
            shutil.copytree(i, fn)
            os.rmdir(i)
```

　　D. for i in os.listdir(p):

```
        if os.path.isdir(i):
            shutil.rmtree(i)
            os.mkdir(r'D:\资源库' + i)
```

9. "D:\期末总评.txt" 文件内容如图 6-3-2 所示,现在已经把这些内容赋值给了 md2,以下选项中能把每行分离出来的是(　　　　)。

学号	姓名	期中	期末	总评	等级	学分
19	徐康	126	131	129.5	A	6
14	费钒	122.5	122	122.15	A	6
16	谢航	123	117	118.8	B	5.5
27	马遥	108	116	113.6	B	5.5
30	郑文	114	112	112.6	C	5
40	裘露	104	108	106.8	C	5
39	王涛	112	108	109.2	C	5

图 6-3-2　"D:\期末总评.txt" 文件内容

　　A. md = md2.split('\n')

　　B. md = md2.split('\t')

　　C. md = md2.split('\r')

　　D. md = md2.split('\t').split('\n')

10. 变量 md2 的值为如图 6-3-2 所示的文本内容,以下选项中能把每个数据分离出来的是(　　　　)。

　　A. md = md2.split('\n').split('\t')

　　B. md = md2.split('\t')

　　C. md = md2.split('\n')

　　D. md = md2.replace('\n', '\t').split('\t')

11. 已知 "D:\" 下存在文件 "名单.txt",在运行程序时出现如下错误提示,以下选项中正确的是(　　　　)。

```
Traceback (most recent call last):
```

```
    File "D:\\6.3 rename.py", line 2, in <module>
        os.rename("D:\名单.txt", r"E:\md.xls")
FileNotFoundError: [WinError 3] 系统找不到指定的路径。: 'D:\\名单.txt' -> 'E:\\md.xls'
```

  A．语句中的"D:\名单.txt"要写成"D:\\名单.txt"或 r"D:\名单.txt"，否则报错

  B．报错的原因是在"E:\"下没有找到"md.xls"

  C．系统无法识别中文，可以在程序最前面添加语句:#-*- encoding=utf-8 -*-

  D．2 个路径处在不同的驱动盘，把 r"E:\md.xls"改成"r"D:\md.xls"即可

12．已知 list1=[]，要得到 20 个 1～20 顺序随机打乱并且不重复的整数序列，以下选项中正确的是（ ）。

  A．for i in range(21):

     list1.append(i)

    random.shuffle(list1)

  B．for i in range(1,21):

     list1.append(random.randint(1,21))

  C．for i in range(1,21):

     list1.append(i)

    random.shuffle(list1)

  D．for i in range(1,20):

     list1.append(random.randint(1,21))

13．阅读下面语句：

```
import random
list1 = []
for i in range(11):
    x = random.randint(10, 30)
    list1.append(x)
    f= open(str(x), 'w')
    f.close()
print(list1)
```

以下选项中正确的是（ ）。

  A．list1 中共有 11 个元素

  B．当前文件夹下共新建了 11 个文件

  C．语句"f= open(str(x), 'w')"没指名写入格式，程序报错

  D．语句"x = random.randint(10, 30)"表示 x 值的范围为 10～29

14．在如图 6-3-3 所示的目录树中，要把"南京"文件夹重命名为"绍兴"并移动到"浙江"文件夹中，已知 p1、p2 的值分别为 'D:\江苏\南京'和'D:\浙江\绍兴'，以下选项中不正确的是（ ）。

A. shutil.copytree(p1, p2); shutil.rmtree(p1)

B. shutil.move(p1,p2)

C. os.rename(p1,p2)

D. shutil.copy(p1,p2); os.rmdir(p1)

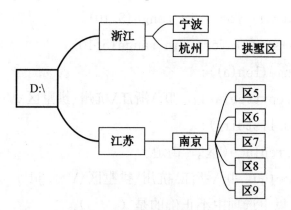

图 6-3-3 省市区目录树

15. 在如图 6-3-3 所示的目录树中，当前文件夹为 "D:\江苏\南京"，p='D:\江苏\南京'，lst=['玄武区','秦淮区','建邺区','鼓楼区','浦口区']，要把 "南京" 文件夹下的 5 个文件夹名依次替换成列表中的区名，以下选项中不正确的是（   ）。

A. for i in range(5, 10):
      os.rename('区' + str(i), lst[i-5])

B. qu = os.listdir(p)
   for i in range(5):
      os.rename(qu[i], lst[i])

C. k=0
   for i in os.listdir(p):
      os.rename(i, lst[k])
      k += 1

D. for i in range(5):
      os.rename('区' + str(i), lst[i])

16. 在如图 6-3-3 所示的目录树中，要把 "南京" 文件夹下的所有子文件夹复制到拱墅区，并把子文件夹名中的 "区" 改成 "街道"，当前路径 p1='D:\江苏\南京'，以下选项中不正确的是（   ）。

A. qus = os.listdir(p1)
   for qu in qus:
      jd = qu.replace('区', '街道')
      shutil.copytree(qu, 'D:\浙江\杭州\拱墅区\\' + jd)

B. for i in range(5, 10):

       p1 = '区' + str(i)

       p2 = 'D:\浙江\杭州\拱墅区\街道' + str(i)

       shutil.copytree(p1, p2)

C. a = ["区" +str(i) for i in range(5, 10)]

    b = ["街道" +str(i) for i in range(5, 10)]

    for i in range(len(a)):

       shutil.copytree(a[i], 'D:\浙江\杭州\拱墅区\\' + b[i])

D. for qu in os.listdir():

    jd = qu.replace('区', '街道')

    os.rename(qu, 'D:\浙江\杭州\拱墅区\\' + jd)

17. 阅读下面程序，以下选项中不正确的是（　　）。

```
szs=[]
for fn in os.listdir():
    sz = str(random.randint(20, 40))
    while sz in szs:
        sz = str(random.randint(20, 40))
szs.append(sz)
```

A. 程序用于产生不重复的随机数

B. 随机数的个数等于当前文件夹下文件和文件夹的个数之和

C. os.listdir()函数没有指明路径，因此程序无法执行

D. 当文件个数大于 20 时，while 语句可能出现死循环

18. 当前文件夹下有 20 个文本文件，文件名格式为"w.txt"，其中*为[1,2,...,20]，现要从中随机删除 5 个文件，已知 **fns** = os.listdir()，则以下选项中不正确的是（　　）。

A. lst = random.sample(fns, 5)

    for i in fns:

       if i in lst:

          os.remove(i)

B. xls = random.sample([i for i in range(1, 21)], 5)

    for i in xls:

       os.remove(fns[i])

C. xls = random.sample([i for i in range(20)], 5)

    xls.sort(reverse=True)

    for i in xls:

       os.remove(fns[i - 1])

D. for i in range(5):

　　　　fn = random.choice(os.listdir())

　　　　os.remove(fn)

*19. 已知 list1 = [11, 44, 66, 33, 55, 22, 77]，要得到顺序打乱后的元素序列，以下选项中正确的是（　　）。

A. print(random.shuffle(list1))

B. random.shuffle(list1)

　　print(list1)

C. for i in range(len(list1)):

　　　print(random.choice(list1), end=" ")

D. for i in range(len(list1)):

　　　print(random.sample(list1, 1), end=" ")

*20. list1=[2,3,4,5,6,7]，要给 list1 列表元素随机排列，以下选项中错误的是（　　）。

A. random.shuffle(list1)

　　print(list1)

B. print(random.sample(list1, 6))

C. print(random.choice(list1))

D. 以上选项中有一个是错的

*21. list1=[2,3,4,5,6,7]，要从 list1 中随机取出一个元素，以下选项中错误的是（　　）。

A. print(random.choice(list1))

B. print(random.sample(list1, 1)[0])

C. print(list1[random.randint(0, 5)])

D. print(random.random(list1, 1))

二、操作题

1. 手工创建 "D:\文本" 文件夹后，编写程序在 "文本" 文件夹中自动创建如图 6-3-4 所示的系列文本文件。

1.txt	4.txt	7.txt	10.txt	13.txt	16.txt	19.txt
2.txt	5.txt	8.txt	11.txt	14.txt	17.txt	20.txt
3.txt	6.txt	9.txt	12.txt	15.txt	18.txt	

图 6-3-4　"文本" 文件夹中的系列文本文件

2. 在完成第 1 题的基础上，将 "D:\文本" 文件夹复制为 "D:\文本 2"，并在 "D:\文本 2" 中的所有文件名前添加 "wb"，结果如图 6-3-5 所示。

wb1.txt	wb4.txt	wb7.txt	wb10.txt	wb13.txt	wb16.txt	wb19.txt
wb2.txt	wb5.txt	wb8.txt	wb11.txt	wb14.txt	wb17.txt	wb20.txt
wb3.txt	wb6.txt	wb9.txt	wb12.txt	wb15.txt	wb18.txt	

图 6-3-5　文件改名

3．在完成第 1 题的基础上，在程序代码的横线上填空，完成以下任务。

（1）将"D:\文本"文件夹复制为"D:\文本 3"。

（2）将"D:\文本 3"中所有文件名中的数字替换成[21-99]间的随机整数，而且各文件的文件名不能重复。

（3）输出"D:\文本 3"中各文件在修改前的文件名列表和修改后对应的文件名列表。

程序代码：

```
#-*- encoding=utf-8 -*-
            ①                          #导入模块
path = r"D:\文本"
path2 = "D:\文本3"
if not os.path.exists(path2):          #如果"文本3"不存在
            ②                          #将文件夹"文本"复制成"文本3"
print(os.listdir(path2))               #查看当前文件夹
            ③                          #将当前文件夹切换成"文本3"
szs=[]                                  #用于存放新文件名
for fn in         ④          :         #遍历未修改前的文件名
    sz = str(random.randint(21, 99))    #【21，99】随机数
    while sz in szs:                    #在szs列表中是否存在
            ⑤                          #如果存在，则重新随机命名
            ⑥                          #如果不重复，则添加到szs列表中
    fn2 =      ⑦                        #新文件名，如35.txt
            ⑧                          #改名，如1.txt-->35.txt
for i in range(len(szs)):
            ⑨                          #列表中元素12-->12.txt
print(szs)                              #查看改名后的新文件列表
print(        ⑩        )                #查看当前文件夹
```

（1）程序填空：

①＿＿＿＿＿	②＿＿＿＿＿	③＿＿＿＿＿
④＿＿＿＿＿	⑤＿＿＿＿＿	⑥＿＿＿＿＿
⑦＿＿＿＿＿	⑧＿＿＿＿＿	⑨＿＿＿＿＿
⑩＿＿＿＿＿		

（2）查看以上程序的运行结果。

4．在完成第 1 题的基础上，编程实现将"D:\文本"文件夹复制为"D:\文本 4"，把"D:\文本 4"中各文件名中的数字还原成为"名单.txt"中的姓名，数字和姓名的列表如下，两个

列表中的元素按照索引顺序一一对应，文本内容可从"资源包"的"第 6 章\6.3\操作题\名单对照.txt"文件中获取。

sz = [1, 2, 3, 4, 5, 6, 7, 8, 9, 10, 11, 12, 13, 14, 15, 16, 17, 18, 19, 20]

md = ['姚虹虹', '陈晨佳', '平笛羽', '王婕钰', '洪娜迪', '吴义连', '陶菲芳', '瞿怡芝', '韩淇淇', '刘世泽', '江虎绍', '张宇恩', '孙楠楠', '吴霖若', '李杰新', '王鹏智', '黄琨旭', '孔迪凯', '杨铮文', '张斌晨']

第 7 章

快 捷 办 公

本章主要内容

- openpyxl 库的安装和帮助。
- 读取和写入 Excel 文件。
- 查找并修改表格。
- 批量合并 Excel 文件。
- 在表格中写入公式。

7.1 读取 Excel 文件的数据

学习目标

◆ 能够理解 openpyxl 库中的对象。

◆ 能够应用 openpyxl 库读取 Excel 文件。

要点提示

1. Excel 基础知识

Excel 的对象有工作簿（Workbook）、工作表（Worksheet）、单元格（Cell）；而多个单元格可以组成行（Row）或列（Column）。

工作表中的每行都以数字 1，2，3，…表示行号。工作表中的每列都以字母 A，B，C，…表示列号。

单元格是工作表中行与列的交叉部分，存储具体的数据。

2. 用 openpyxl 库读取 Excel 文件单元格内容

（1）读取过程。

① 创建一个 WorkBook 工作簿对象（打开一个 Excel 文件）。

② 使用 WorkBook 对象的方法创建一个 WorkSheet 工作表对象（打开相应的工作表）。

③ 从 WorkSheet 对象中获取 Cell 单元格对象。

④ 访问单元格的 value 属性获取内容。

（2）创建工作簿对象。

例如：myWorkBook=openpyxl.load_workbook(r'D:\班级.xlsx')。

打开工作簿"班级.xlsx"，变量 myWorkBook 是类型为 Workbook 的工作簿对象。

（3）创建工作表对象。

① myWorkSheet=myWorkBook.active：

激活活动工作表，变量 myWorkSheet 是类型为 Worksheet 的工作表对象。

② myWorkSheet=myWorkBook['Sheet1']：

激活指定工作表，激活 myWorkBook 工作簿中名为 Sheet1 的工作表。

（4）行列生成器。

例 1：for myRow in myWorkSheet.rows:

　　　　pass　#pass 表示空语句

其中，myWorkSheet.rows 为行生成器，myRow 为由 1 行各单元格对象组成的元组。

例 2：for myCol in myWorkSheet.columns:

　　　　pass

其中，myWorkSheet.columns 为列生成器，myCol 为由 1 列各单元格对象组成的元组。

（5）单元格对象。

例如：for myRow in myWorkSheet.rows:

　　　　for myCell in myRow:

　　　　　　pass

其中，myRow 为由 1 行各单元格对象组成的元组，myCell 为单元格对象。

（6）典型示例：

```
import openpyxl                                        #导入openpyxl库
myWorkBook=openpyxl.load_workbook(r'D:\班级.xlsx')      #打开工作簿
myWorkSheet=myWorkBook.active                          #激活第一个工作表
for myRow in myWorkSheet.rows:                         #遍历每行
    for myCell in myRow:                               #遍历一行中各单元格对象
        print (myCell.value,end=',')                  #输出单元格值
    print()                                            #实现按行输出表格数据
```

📖 **经典解析**

例1 使用 openpyxl 库函数打开"D:\newData.xlsx"文件的语句是（　　）。

A．myWorkBook=openpyxl.load_workbook(r'D:\newData.xlsx')

B．myWorkBook=openpyxl.load_Workbook(r'D:\newData.xlsx')

C．myWorkBook=openpyxl.Workbook(r'D:\newData.xlsx')

D．myWorkBook=openpyxl.load_workbook('D:\newData.xlsx')

解析

（1）使用 openpyxl 库函数 load_workbook() 打开"D:\newData.xlsx"文件，创建一个工作簿对象 myWorkBook。B 选项调用 load_Workbook() 函数时，函数名中的"W"大写错误；D 选项中涉及转义字符"\n"，需要在字符串转前加 r 以避免转义。

（2）openpyxl 库函数 Workbook() 用于创建一个新的空白工作簿对象，而不是打开已有的 Excel 文件，故 C 选项错误。

因此，正确答案为 A。

例2 "D:\班级.xlsx"中的内容如图 7-1-1 所示，读取该文件，如图 7-1-2 所示输出所有姓名。

	A	B	C	D	E
1	学号	姓名	性别	成绩	
2	1	杨敏	男	60	
3	2	楼莉	女	90	
4	3	陈明俊	男	68	
5	4	刘俊霞	女	84	
6					

姓名
杨敏
楼莉
陈明俊
刘俊霞

图 7-1-1　"D:\班级.xlsx"中的内容　　　　图 7-1-2　输出结果

完成代码填空：

```
01  import openpyxl
02  wb=openpyxl.load_workbook(r'D:\班级.xlsx')
03  ws=wb.active
04  for row in ____①____:
05      print(____②____.value)
```

解析

（1）第 01 行代码导入了 openpyxl 库，从第 03 行代码可知 ws 为工作表对象，因此 ws.rows 为 openpyxl 的行生成器，第 04 行 for 语句中的 row 每次迭代后为由 1 行单元格对象组成的元组；故横线①处填入 ws.rows。

（2）观察表格可知"姓名"在每行的第 2 个单元格中，row[1] 为该行第 2 个单元格对象，

row[1].value 可获得该单元格的值用于输出，故横线②处填入 row[1]。

因此，正确答案如下：

① ws.rows。

② row[1]。

实战训练

一、选择题

1. 在 openpyxl 库中，可以用字母 A，B，C，D，…表示（　　）。

　　A. 行　　　　　　　　　　　　B. 列

　　C. 行、列都可以　　　　　　　D. 行、列都不行

2. Excel 工作表是由什么组成的？（　　）

　　A. 图表　　　　B. 文本　　　　C. 行和列　　　D. 图片

3. 通常，Python 第三方库 openpyxl 支持处理的 Excel 文件的扩展名是（　　）。

　　A. .xls　　　　B. .xlsx　　　　C. .csv　　　　D. .txt

4. 使用 openpyxl 库时，以下哪个选项是不正确的导入方式？（　　）

　　A. import openpyxl　　　　　　B. from openpyxl import *

　　C. import openpyxl as opx　　　D. import * from openpyxl

5. 根据代码 myWorkBook = openpyxl.load_workbook('example.xlsx')，代码中的 myWorkBook 是什么对象？（　　）

　　A. 工作簿对象　　　　　　　　B. 工作表对象

　　C. 单元格对象　　　　　　　　D. Excel 文件

6. 语句"myWorkSheet=myWorkBook.active"中的 myWorkBook 是工作簿对象，下列描述中不正确的是（　　）。

　　A. 如果该工作簿有 3 个工作表，该语句可能激活的是第 2 个工作表

　　B. 创建一个工作表对象，变量名是 myWorkSheet

　　C. 该语句默认激活活动工作表

　　D. 执行这条语句后将新建一个工作表

7. openpyxl 库提供了行生成器（myWorkSheet.rows），在代码"for myRow in myWork Sheet.rows:pass"中，myRow 的数据类型是（　　）。

　　A. 列表　　　　　　　　　　　B. 字符串

　　C. 字典　　　　　　　　　　　D. 元组

8. 用 openpyxl 库函数打开当前文件夹中的"example.xlsx"文件，以下选项中正确的是（　　）。

　　A. openpyxl.load_workbook('example.xlsx')

    B. Workbook('example.xlsx')

    C. openpyxl.Workbook('example.xlsx')

    D. load_workbook('example.xlsx')

9. 用 openpyxl 库分析一个班级的成绩表，若想获取所有行数据，则使用当前工作表对象（worksheet）中的哪个属性？（　　　）

    A. worksheet.columns   B. worksheet.rows

    C. worksheet.values   D. worksheet.cell

10. 用 openpyxl 库读取一个名为"班级.xlsx"的 Excel 文件中的数据。获取工作表"Sheet1"中 A1 单元格的内容，以下哪个选项正确描述了应该执行的操作顺序？（　　　）

    A. 创建 Workbook 对象→选择活动的 WorkSheet 对象→获取 Cell 对象→访问 value 属性

    B. 创建 WorkSheet 对象→选择 Workbook 对象→访问 Cell 对象的 value 属性

    C. 获取 Cell 对象→创建 Workbook 对象→选择 WorkSheet 对象→访问 value 属性

    D. 选择 Workbook 对象→创建 WorkSheet 对象→获取 Cell 对象→访问 value 属性

11. 通过列生成器能得到工作表数据区域中所有的列数据，当前工作表对象是"myWorkSheet"，则以下选项中关于该工作表对象的列生成器的表达式正确的是（　　　）。

    A. myWorkSheet.row   B. myWorkSheet.rows

    C. myWorkSheet.column   D. myWorkSheet.columns

12. 小明正在用 openpyxl 库学习如何处理 Excel 文件。他的任务是检查一个如图 7-1-3 所示的购物清单，确保每项购物的数量都不超过 10 件。在购物清单中，每项商品的名称在每行的第 1 列，数量在第 2 列。小明应该如何操作来完成这个任务？（　　　）

图 7-1-3　购物清单

    A. 使用 worksheet.columns[1]遍历第 2 列，检查数量是否不超过 10

    B. 使用 worksheet.rows 遍历每行，检查第 2 列的单元格值，同时注意第 1 列的商品名称

    C. 先用 worksheet['B']获取每个商品的数量，然后判断是否超过 10

    D. 遍历 worksheet.cells，检查每个单元格数量

二、操作题

1．假设你是一名财务分析师，请编写程序在本节资源包中的路径为"第 7 章\7.1\操作题\公司月度财务报告.xlsx"的文件（内容如图 7-1-4 所示）中读取本月的收入合计金额，并输出。

	A	B	C
1	类别	本月收入	
2		收入项目	金　额
3	收入	营业额收入	482634
4		其他业务收入	150000
5		出租库房收入	200000
6		应收账款(客户)	50000
7		收入合计：	882634
8	类别	本月支出	
9		支出项目	金　额
10	支出	办公楼租金	20000
11		物业管理费	1500
12		员工工资	56800
13		员工餐饮费	12800
14		食材购买	2000
15		保洁费用	1500
16		设备采购	110000
17		财务费用	800
18		办公费用	29000
19		业务招待费	5980
20		员工入职培训费	5000
21		市场推广费	5000
22		水费	9870
23		电费	8790
24		其他	12000
25		支出合计：	281040

图 7-1-4　"公司月度财务报告.xlsx"文件

2．假设你是一名人力资源主管，请编写程序在本节资源包中的路径为"第 7 章\7.1\操作题\员工名单.xlsx"的文件（内容如图 7-1-5 所示）中读取每位员工的基础信息并输出，按行输出这些数据。

	A	B	C	D
1	员工编号	姓名	部门	电子邮件地址
2	1	张三	人力资源部	zhangsan@example.com
3	2	李四	技术部	lisi@example.tech
4	3	王五	财务部	wangwu@finance.com
5	4	赵六	市场部	zhaoliu@marketing.com
6	5	周七	销售部	zhouqi@sales.com
7	6	吴八	客服部	wuba@service.com
8	7	郑九	产品部	zhengjiu@product.com
9	8	钱十	研发部	qianshi@development.com
10	9	孙十一	人力资源部	sunshiyi@hr.example.com
11	10	李十二	技术部	lishier@tech.example.com
12	11	周十三	财务部	zhoushisan@finance.example.com
13	12	吴十四	市场部	wushisi@marketing.example.com
14	13	郑十五	销售部	zhengshiwu@sales.example.com
15	14	钱十六	客服部	qianshiliu@service.example.com
16	15	孙十七	产品部	sunshiqi@product.example.com
17	16	李十八	研发部	lishiba@development.example.com

图 7-1-5　"员工名单.xlsx"文件

3．假设你是一名销售经理，请编写程序在本节资源包中的路径为"第 7 章\7.1\操作题\产品销售数据.xlsx"的文件（内容如图 7-1-6 所示）中读取第 2 行至第 16 行、B 列至 C 列的数据，输出每种水果的销售数量（如苹果的销售数量为 120 公斤）。

	A	B	C	D
1	日期	水果名称	数量（公斤）	销售额（元）
2	2023/1/3	苹果	120	2400
3	2023/1/5	香蕉	150	1500
4	2023/1/7	橙子	100	2000
5	2023/1/11	葡萄	80	3200
6	2023/1/2	西瓜	200	3000
7	2023/1/9	草莓	60	2400
8	2023/1/15	火龙果	90	2700
9	2023/1/4	梨	110	2200
10	2023/1/12	芒果	70	2800
11	2023/1/10	柿子	130	2600
12	2023/1/6	猕猴桃	140	4200
13	2023/1/14	桃子	160	4800
14	2023/1/8	李子	85	2550
15	2023/1/13	柚子	75	2250
16	2023/1/1	蓝莓	65	3900

图 7-1-6 "产品销售数据.xlsx"文件

4．假设你是李老师，请编写程序在本节资源包中的路径为"第 7 章\7.1\操作题\学生成绩.xlsx"的文件（语文与数学成绩如图 7-1-7、图 7-1-8 所示）中输出每位学生的"数学"和"语文"成绩。学生姓名位于每个工作表的"A"列，而成绩位于"C"列，两个工作表中的"姓名"和"性别"两列完全一致（如彭岩的语文为 70 分，数学为 83 分）。

	A	B	C
1	姓名	性别	成绩
2	彭岩	男	70
3	薛丽	女	58
4	赵玲	女	64
5	高雪梅	女	47
6	高军	男	51
7	姜雪梅	女	47
8	杜红	女	48
9	王晶	男	57
10	郝欣	男	48
11	田桂香	女	50
12	王玉梅	女	56
13	陈浩	男	54
14	唐玉	男	59
15	徐凤兰	女	44
16	马建平	男	68
17	金燕	女	53
18	杨桂英	女	49
19	周桂兰	女	60
20	王兵	男	59
21	贾丽娟	女	63

语文 数学 +

图 7-1-7 "语文"成绩

	A	B	C
1	姓名	性别	成绩
2	彭岩	男	83
3	薛丽	女	43
4	赵玲	女	26
5	高雪梅	女	44
6	高军	男	49
7	姜雪梅	女	16
8	杜红	女	51
9	王晶	男	17
10	郝欣	男	25
11	田桂香	女	43
12	王玉梅	女	17
13	陈浩	男	44
14	唐玉	男	39
15	徐凤兰	女	8
16	马建平	男	71
17	金燕	女	38
18	杨桂英	女	51
19	周桂兰	女	48
20	王兵	男	56
21	贾丽娟	女	35

语文 数学 +

图 7-1-8 "数学"成绩

7.2 数据的写入和操作

学习目标

◆ 能够通过坐标或行、列数获取单元格对象。

◆ 能够表示多个单元格区域。

◆ 能够查找、修改、添加数据。

◆ 能够增加或删除行/列。

要点提示

1. 获取单元格对象

可以通过单元格地址或行、列号定位获取单元格对象。

例 1：获取工作表对象 sheet 中的"A1"单元格。

myCell=sheet['A1']

例 2：获取工作表对象 sheet 中第 2 行第 3 列单元格。

myCell=sheet.cell(row=2,column=3)

2. 多单元格区域操作

访问多个单元格的方式如表 7-2-1 所示。

表 7-2-1　访问多个单元格的方式

序号	方式（设 sheet 为工作表对象）	功能
1	指定列号：sheet['A']	获取 A 列的单元格对象
2	指定列的范围：sheet['A:C']	获取 A、B、C 列的单元格对象
3	指定行号：sheet[1]	获取第 1 行的单元格对象
4	指定行的范围：sheet[2:4]	获取第 2、3、4 行的单元格对象
5	指定地址范围：sheet['A1:C2']	获取从 A1 到 C2 矩形区域的单元格对象

3. 单元格对象的常用属性

单元格的常用属性如表 7-2-2 所示。

表 7-2-2　单元格的常用属性

序号	单元格属性	说明	示例（设 sheet 为空的工作表）
1	row	单元格所在的行	print (sheet['C2'].row) 输出：2，表示在第 2 行
2	column	单元格所在的列	print (sheet['C2'].column) 输出：3，表示在第 3 列
3	value	单元格中的值	print (sheet['C2'].value) 输出：None，表示空单元格没有数据
4	coordinate	单元格的地址	print (sheet.cell(2,3).coordinate) 输出：C2，表示第 2 行第 3 列单元格的坐标

4. 行/列的增加与删除

插入、删除行和列的方法及其功能如表 7-2-3 所示。

表 7-2-3　插入、删除行和列的方法及其功能

序号	方法	功能
1	append(data)	在工作表末尾添加一行数据
2	insert_rows(idx,amount)	在指定行上方插入若干行
3	insert_cols(idx,amount)	在指定列左侧插入若干列
4	delete_rows(idx,amount)	删除指定位置及其下方若干行
5	delete_cols(idx,amount)	删除指定位置及其右侧若干列

5. 工作表对象的常用属性

工作表对象的常用属性如表 7-2-4 所示。

表 7-2-4　工作表对象的常用属性

序号	工作表属性	说明	示例（myWorkSheet 为工作表对象）
1	title	工作表的名称	print (myWorkSheet.title) 输出：语文，说明：语文为该表的名称
2	dimensions	数据的范围：左上角和右下角的单元格地址	print (myWorkSheet.dimensions) 输出：A1:D5，说明：指数据区的范围
3	max_row	工作表数据区的最大行	print (myWorkSheet.max_row) 输出：5
4	min_row	工作表数据区的最小行	print (myWorkSheet.min_row) 输出：1
5	max_column	工作表数据区的最大列	print (myWorkSheet.max_column) 输出：4
6	min_column	工作表数据区的最小列	print (myWorkSheet.min_column) 输出：1

6. 保存文件

假设 wb 是工作簿对象，则 wb.save(filename)方法可以保存工作簿，其中的 filename 是扩展名为 ".xlsx" 的文件名。

经典解析

例 1　给定一个 Excel 工作簿 workbook.xlsx，下面（　　）选项中代码可以正确获取位于第 1 行第 1 列单元格的值。

　　A．sheet['A1'].value

　　B．sheet(1, 1).value

　　C．sheet.row[1].column[1].value

　　D．sheet['1A'].value

解析

（1）在 openpyxl 库中，可以通过以下两种方式获取第 1 行第 1 列单元格。

① 使用单元格地址，为 sheet['A1']。

② 使用行号和列号，为 sheet.cell(row=1, column=1)或者 sheet.cell(1, 1)。

（2）获取单元格后，通过单元格对象的 value 属性即可获取其值。

因此，正确答案为 A。

例 2　如果要将工作表 sheet 中所有值为"香蕉"两个字的单元格的值修改为"苹果"，则在以下程序横线处填写代码。

```
for row in sheet.rows:
    for cell in row:
        if _____①_____:
            cell.value = _____②_____
```

解析

（1）这段代码中的外循环遍历工作表中的每行，内循环遍历每行中的每个单元格，因此，cell 即单元格对象。

（2）通过 cell 的 value 属性可以获取该单元格的值或者给单元格赋值，因此 cell.value=="香蕉"可以判断该单元格的值中是否为香蕉这两个字，cell.value = "苹果"则可以将该单元格赋值为"苹果"。

因此，正确答案为① cell.value=="香蕉"；② "苹果"。

例 3　表 7-2-5 为 Excel 进货工作簿文件中的活动工作表，使用 openpyxl 库在程序横线处填写代码完成以下任务。

（1）向该表末尾添加 1 行数据，内容为"N5390"、"橘子"、4、60。

（2）在该表第 3 行（品名为苹果）的上方插入 1 行数据，内容为"N5387"、"秋月梨"、8、50。

表 7-2-5　Excel 进货工作簿文件中的活动工作表

进货编号	品名	单价	数量
N5386	香蕉	4	20
N5388	苹果	5	30
N5389	西瓜	2	100

```
#打开现有工作簿
wb=openpyxl.load_workbook(r'example.xlsx')
ws=wb.active
#向该表末尾添加一行数据
newData1=["N5390", "橘子", 4, 60]
```

```
                    ①
#在该表第3行（品名为苹果）的上方插入1行数据
                    ②
newData2=["N5387", "秋月梨", 8, 50]
#遍历数据并写入单元格
for i in range(len(newData2)):
    ws. cell(row=3, column=_____③_____). value = newData2[i]
wb. save(r'example. xlsx')
```

解析

（1）ws.append()方法用于在 Excel 工作表的末尾添加 1 行数据。此方法接受一个列表作为参数，列表中的元素依次成为新行中各单元格的值。

（2）ws.insert_rows(idx,amount)方法用于在 Excel 工作表的指定行（参数 idx 值为行号）上方插入若干（参数 amount 值为数量）空白行。

（3）ws.cell(row=3, column=i+1).value 方法设置相应单元格的值。"row=3" 表示在第 3 行，"column=i+1" 表示列号，其中结合了 for 循环中的循环变量 i，由于 i 的值从 0 开始，i+1 则从 1 开始，即从列号为 1（或 A）开始，意味着 newData2 列表中的每个元素将被写入第 3 行从第 1 列开始的不同列中。

因此，正确答案如下：

① ws.append(newData1)。

② ws.insert_rows(3)。

③ i+1。

例4　要在工作表的第 3 行之前插入 1 行，并在第 2 列之后删除 1 列，sheet 为工作表对象，以下选项中可以实现该操作的是（　　　）。

A. sheet. insert_rows(3)　　　B. sheet. insert_rows(2)
   sheet. delete_cols(3)　　　　　 sheet. delete_cols(3)

C. sheet. insert_rows(3)　　　D. sheet. insert_rows(2)
   sheet. delete_cols(2)　　　　　 sheet. delete_cols(2)

解析

insert_rows(idx)方法在指定行号 idx 之前插入 1 行，而 delete_cols(idx)方法删除指定列号 idx 的列。因此，sheet.insert_rows(3)会在第 3 行之前插入 1 行，sheet.delete_cols(3)会删除第 3 列。

因此，正确答案为 A。

实战训练

一、选择题

1. 给定以下代码：

```
wb = load_workbook('example.xlsx')
ws = wb.active
```

如果单元格 B2 中的值为"Python"，以下选项中可以输出"Python"的是（　　）。

    A. print(ws['B2'])

    B. print(ws.cell(2, 'B').value)

    C. print(ws.cell(row=2, column=2).value)

    D. print(ws['2B'].value)

2. 在使用 openpyxl 库操作 Excel 时，获取第 4 行第 5 列的单元格内容，以下选项中正确的是（　　）。

    A. sheet['D4'].value

    B. sheet.cell(4, 5).value

    C. sheet.cell('D', 4).value

    D. sheet['4E'].value

3. 要修改 Excel 工作表中 A4 单元格的内容为"通过"，以下选项中正确的是（　　）。

    A. ws['A4'] = '通过'

    B. ws.cell(row=4, column=1).value = '通过'

    C. ws.rows[4]['A'].value = '通过'

    D. ws['A'][4].value = '通过'

4. 获取 A 列第 10 行的数据，应该使用（　　）选项。

```
wb = load_workbook('data.xlsx')
sheet = wb.active
```

    A. print(sheet[A10].value)

    B. print(sheet.cell(10, 1).value)

    C. print(sheet.cell('A', 10).value)

    D. print(sheet[10]['A'].value)

5. 使用 openpyxl 库时，要将 B 列第 6 行的单元格内容更新为 100，以下选项中正确的是（　　）。

    A. ws['B6'].value = 100

    B. ws.cell(6, 'B') = 100

    C. ws.cell(6, 2) = 100

D. ws.columns[2]['B6'] = 100

6. 给定以下代码：

```
wb = load_workbook('example.xlsx')
ws = wb.active
```

获取从 A1 到 C3 的所有单元格，以下选项中正确的是（　　　）。

    A. ws['A1:C3']

    B. ws.cell('A1:C3')

    C. ws.cells['A1:C3']

    D. ws.range('A1:C3')

7. 在如图 7-2-1 所示的工作表中执行以下代码后，输出的结果是（　　　）。

```
for row in sheet['A1:B2']:
    for cell in row:
        print(cell.value)
```

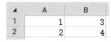

图 7-2-1　工作表

    A. 1 3 2 4　　　B. 1 2 3 4　　　C. 3 1 4 2　　　D. 1 3 4 2

8. 以下（　　　）选项能访问并输出 Excel 工作表 B2 到 E5 区域内的每个单元格的值。

    A. for row in ws.rows['B2:E5']:

            for cell in row:

                print(cell.value)

    B. for cell in ws['B2:E5']:

            print(cell.value)

    C. for row in ws['B2:E5']:

            for cell in row:

                print(cell.value)

    D. for cells in ws['B2:E5'].cells:

            for cell in cells:

                print(cell.value)

9. 给定以下代码，下列选项中能把 A1 单元格的内容修改为"Hello World"的是（　　　）。

```
wb = load_workbook('data.xlsx')
sheet = wb.active
```

    A. sheet['A1'] = 'Hello World'

    B. sheet.cell('A1').value = 'Hello World'

  C. sheet.cell(row=1, column=1)= 'Hello World'

  D. sheet['A1'].value = 'Hello World'

10. 若要将 A 列所有单元格内容添加前缀"数据-"，则无法实现的选项是（　　）。

  A. for cell in ws['A']: cell.value = '数据-' + str(cell.value)

  B. for cell in ws['A:A']: cell.value = '数据-' + str(cell.value)

  C. for cell in ws.columns[0]: cell.value = '数据-' + str(cell.value)

  D. for row in ws: row[0].value = '数据-' + str(row[0].value)

11. 工作表中 B 列的每个单元格内容都是数字，现在需要将这些数字都乘以 2，无法实现的选项是（　　）。

  A. for cell in ws['B']: cell.value *= 2

  B. for i in range(1, ws.max_row + 1): ws.cell(row=i, column=2).value *= 2

  C. for row in ws['B']: row.value = row.value * 2

  D. ws['B'] *= 2

12. 处理一个包含商品信息的工作表。需要检查每个商品的价格（位于 B 列），并对所有价格高于 500 的商品在对应行的 C 列中写入"昂贵"。以下选项中可完成这个任务的是（　　）。

  A. for row in ws:

    if row[0].value > 500:

      row[1].value = "昂贵"

  B. for row in ws.rows:

    if row[1].value > 500:

      row[2] = "昂贵"

  C. for cell in ws['B']:

    if cell.value > 500:

      ws['C' + str(cell.row)].value = "昂贵"

  D. for row in ws:

    if row[1].value > 500:

      ws[str(row[1].row+'C')].value = "昂贵"

13. 在一份成绩工作表中，A 列包含学生姓名，B 列包含对应的成绩。将所有大于或等于 60 分的成绩所在行的 C 列标记为"合格"。无法实现该操作的选项是（　　）。

  A. for cell in ws['B']:

    if cell.value >= 60:

      ws['C' + str(cell.row)].value = "合格"

B. `for row in ws:`

    `if row[1].value >= 60:`

        `ws['C' + str(row[1].row)].value = "合格"`

C. `for row in ws['B']:`

    `if row.value >= 60:`

        `ws.cell(row=row, column=3).value = "合格"`

D. `for row in ws.rows:`

    `if row[1].value >= 60:`

        `ws.cell(row=row[1].row, column=3).value = "合格"`

14. 以下选项中能在工作表的第 5 行之前插入一新行的是（　　　）。

  A. `sheet.insert_row(5)`　　　　B. `sheet.insert_rows(5)`

  C. `sheet.add_row(4)`　　　　D. `sheet.add_rows(5)`

15. 使用 openpyxl 库处理 Excel 工作簿，在第 5 列之前插入 1 列新数据。下列选项中正确的是（　　　）。

  A. `ws.add_cols(5)`　　　　B. `ws.insert_cols(5)`

  C. `ws.insert_columns(5)`　　　　D. `ws.add_column(5)`

16. 以下选项中能删除工作表中第 3 行和第 4 列的是（　　　）。

  A. `sheet.delete_row(3)` 和 `sheet.delete_column(4)`

  B. `sheet.remove_row(3)` 和 `sheet.remove_column(4)`

  C. `sheet.delete_rows(3)` 和 `sheet.delete_cols(4)`

  D. `sheet.row[3].delete()` 和 `sheet.column[4].delete()`

17. 在如图 7-2-2 所示的工作表的第 3 行插入 1 行新数据："可乐", 60，以下选项中正确的是（　　　）。

  A. `ws.insert_rows(3)`

    `ws['A3'] = 60`

    `ws['B3'] = '可乐'`

  B. `ws.append(['可乐', 60], row=3)`

  C. `ws.add_row(['可乐', 60], at=3)`

  D. `ws.insert_rows(3)`

    `ws.cell(row=3, column=1, value='可乐')`

    `ws.cell(row=3, column=2, value=60)`

⊿	A	B
1	商品名称	商品数量
2	饼干	60
3	火腿肠	70
4	面包	50
5	薯片	90
6	瓜子	40
7	大米	35
8	花生油	25
9	洗洁精	30
10	洗衣液	40

图 7-2-2

18. 在工作表'Sales'中，A 列包含订单号，B 列包含订单金额。需要删除所有订单金额小于 100 的订单。以下选项中可以正确实现该操作的是（　　　）。

A. `for row in ws:`

   `    if row[1].value < 100:`

   `        ws.delete_rows(row[0].row)`

B. `rows_to_delete = []`

   `for row in ws:`

   `    if row[1].value < 100:`

   `        rows_to_delete.append(row[0].row)`

   `for row in sorted(rows_to_delete, reverse=True):`

   `    ws.delete_rows(row)`

C. `for row in ws.values:`

   `    if row[1] < 100:`

   `        ws.delete_rows(row[0])`

D. `for row in ws:`

   `    if row[1].value < 100:`

   `        ws.delete_rows(row[0].row, 1)`

二、操作题

1. 在本节资源包的路径为"第 7 章\7.2\操作题\支出数据.xlsx"的工作簿中包含"2023年1季度"工作表（内容如图 7-2-3 所示）。这个工作表中，A 列为员工姓名，B 列为支出额/元。需要完成以下操作：

（1）将张三的支出额/元从 10000 修改为 12000。

（2）更新本季度的支出总额。

	A	B	C
1	员工姓名	支出额/元	
2	张三	10000	
3	李四	8000	
4	王五	9570	
5	赵六	13412	
6	周七	2789	
7	吴八	7740	
8	郑九	2809	
9	钱十	9995	
10	孙十一	12124	
11	李十二	21098	
12	周十三	54368	
13	吴十四	76754	
14	郑十五	1254	
15	支出总额	229913	
16			

2023年1季度　2023年2季度　…

图 7-2-3　"支出数据.xlsx"文件

2. 在本节资源包的路径为"第 7 章\7.2\操作题\销售数据.xlsx"的工作簿中，有一个名为"第一季度"的工作表（内容如图 7-2-4 所示）。这个工作表中，A 列为产品 ID，B 列为产品名称，C 列为产品类别，D 列为销售额。需要完成以下操作。

（1）删除所有食品类别的记录。

（2）计算剩余记录（非食品类记录）的总销售额，并在工作表的最后一行显示总计（在C列写入“非食品类销售总计”，在D列计算对应的总销售额）。

产品ID	产品名称	产品类别	销售额
101	手机	电子	320
102	平板电脑	电子	45
103	笔记本电脑	电子	120
104	电子书阅读器	电子	30
105	智能手表	电子	230
106	蓝牙耳机	电子	340
107	饼干	食品	615
108	无线充电器	电子	480
109	智能灯泡	电子	20
110	智能门锁	电子	400
111	饮料	食品	630
112	游戏控制器	电子	300
113	数字相机	电子	380
114	VR头盔	电子	420
115	面包	食品	280
116	健康跟踪器	电子	210
117	无人机	电子	460
118	电子秤	电子	140

第一季度　第二季度　第三季度　第四季度

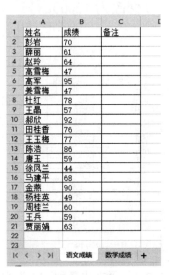

图 7-2-4　“销售数据.xlsx”文件

3．在本节资源包的路径为“第7章\7.2\操作题\学生成绩.xlsx”的文件中包含一个名为“语文成绩”的工作表（内容如图7-2-5所示），其中A列为学生姓名，B列为成绩。需要完成以下操作。

（1）将所有分数低于60分的学生分数标记为“不及格”（在C列相应行填写）。

（2）在工作表的最后添加一行，计算及格的学生（分数≥60分）的平均分数（在A列写入“及格的学生的平均分”，在B列计算对应的平均分（保留2位小数）。

姓名	成绩	备注
彭岩	70	
薛丽	61	
赵玲	64	
高雪梅	47	
高军	95	
姜雪梅	47	
杜红	78	
王晶	57	
郝欣	92	
田桂香	76	
王玉梅	77	
陈浩	86	
唐玉	59	
徐凤兰	44	
马建平	68	
金燕	90	
杨桂英	49	
周桂兰	60	
王兵	59	
贾丽娟	63	

语文成绩　数学成绩

图 7-2-5　“学生成绩.xlsx”文件

4．在本节资源包的路径为“第7章\7.2\操作题\仓储中心.xlsx”的文件中包含一个名为“库存”的工作表（内容如图7-2-6所示），其中A列为产品ID，C列为库存数量。需要完成以下操作。

（1）库存数量都增加 1 倍。

（2）在第 11 行插入 1 行数据：A010,健康产品-维生素,90,2023/9/12,健康先锋。

（3）将库存数量少于 40 的产品标记为"需订货"（在 F 列相应行填写）。

	A	B	C	D	E	F
1	产品ID	产品名称	库存数量	补货日期	供应商	备注
2	A001	电子产品－手机	25	2023/9/15	京东电子	
3	A002	日用品－洗发水	40	2023/9/20	天猫超市	
4	A003	食品－面包	15	2023/9/10	盒马鲜生	
5	A004	书籍－计算机科学	30	2023/9/18	当当网	
6	A005	服装－T恤衫	50	2023/9/25	优衣库	
7	A006	家用电器－吹风机	20	2023/9/22	苏宁易购	
8	A007	运动装备－瑜伽垫	35	2023/9/28	迪卡侬	
9	A008	办公用品－打印纸	60	2023/9/16	办公宝	
10	A009	美妆－口红	18	2023/9/17	色彩世界	
11	A011	电子产品－平板电脑	22	2023/9/19	京东电子	
12	A012	日用品－牙膏	55	2023/9/21	天猫超市	
13	A013	食品－牛奶	30	2023/9/13	盒马鲜生	
14	A014	书籍－经济学	40	2023/9/16	当当网	
15	A015	服装－运动鞋	25	2023/9/24	耐克	
16	A016	家用电器－微波炉	18	2023/9/23	苏宁易购	
17	A017	运动装备－篮球	40	2023/9/27	迪卡侬	
18	A018	办公用品－记事本	65	2023/9/29	办公宝	
19	A019	美妆－眼影	22	2023/9/13	色彩世界	
20	A020	健康产品－蛋白粉	50	2023/9/14	健康先锋	
21						

销售　库存

图 7-2-6　"仓储中心.xlsx"文件

7.3　批量合并 Excel 文件

学习目标

◆ 能够批量合并 Excel 文件。

◆ 能够在单元格中写入公式实现自动计算。

要点提示

注：以下 wb 均为 Excel 工作簿对象。

1. 创建工作簿

Workbook()方法：创建一个新的 Excel 工作簿，默认包含一个标题为"Sheet"的空工作表。例如：wb=openpyxl.Workbook()。

2. 创建/删除工作表

（1）创建工作表：使用 wb.create_sheet(title,index)方法可以在工作簿中添加新的工作表。

① 参数 title：字符串类型，表示在工作簿中新创建的工作表的唯一标题或名称。缺省时自动赋予一个默认名称，如 Sheet1、Sheet2 等。

② 参数 index：整数类型，表示新工作表应该插入工作簿中的位置索引。index=0 表示将新工作表插入工作簿的第一个位置，缺省时默认会将新工作表添加到工作簿的末尾。

例如：wb.create_sheet(title="Data")或者 wb.create_sheet("Data")均可以在工作簿末尾添加一个标题为"Data"的新工作表。

（2）删除工作表：使用 wb.remove(sheet)方法可以从工作簿中删除指定的工作表，参数 sheet 为工作表对象。

wb.remove(wb["Data"])可以删除名为"Data"的工作表。

3. 工作簿对象的常用属性和方法

工作簿对象的常用属性如表 7-3-1 所示。

表 7-3-1　工作簿对象的常用属性

工作簿对象的属性	说明
sheetnames	以列表形式返回工作簿中工作表的标题
worksheets	以列表的形式返回所有的工作表对象
active	获取当前活跃的工作表对象

工作簿对象的常用方法如表 7-3-2 所示。

表 7-3-2　工作簿对象的常用方法

工作簿对象的方法	说明
create_sheet(title,index)	在 index 指定位置创建名为 title 的工作表
remove(worksheet)	删除一个工作表，参数为工作表对象
copy_worksheet(worksheet)	在同一工作簿内复制工作表
save(filename)	保存为 Excel 文件

4. 批量读取文件

典型示例：遍历文件夹中的所有文件，读取其中所有扩展名为".xlsx"的 Excel 文件。

```python
import os,openpyxl
xlsx_files = []
for file in os.listdir('D:\\初始'):              #遍历文件夹
    if file.endswith('.xlsx'):                   #判断扩展名是否为".xlsx"
        xlsx_files.append(file)
for file in xlsx_files:                          #读取每个Excel文件
    myWorkBook=openpyxl.load_workbook('D:\\初始\\' + file)
```

5. 保存文件

wb.save(filename)方法保存工作簿。filename 是保存的文件名，应包含.xlsx 扩展名。

经典解析

例1 将本节资源包中路径为"第7章\7.3\经典解析\例1\期末"文件夹复制至"D:\"，其中的 5 个 Excel 文件分别是 5 个班学生的 Python 程序设计考试成绩，每个文件格式统一，均依次为学号、姓名、性别和成绩 4 列，如图 7-3-1 所示。为了便于数据汇总分析，编写 Python 程序新建"D:\期末\python 汇总.xlsx"文件，并且把各班成绩的 Excel 文件中的工作表合并到"D:\期末\python 汇总.xlsx"中，一个班级成绩为一个工作表，工作表标题为该班级名称。

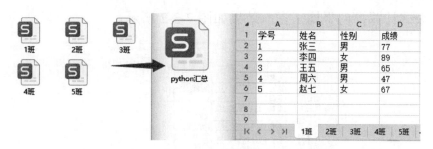

图 7-3-1 批量合并 Excel 文件

解析

（1）openpyxl.Workbook()可创建一个新的工作簿，用于存放所有合并后的数据。

（2）批量读取每个班级的 Excel 文件：遍历"D:\期末"文件夹中的文件，用 openpyxl.load_workbook()打开每个 Excel 文件，打开文件后，设计程序将其中数据添加到新工作簿。

（3）将数据写入新工作簿，首先在打开 Excel 文件时遍历 workbook.rows（行生成器）读取数据，然后在新工作簿 create_sheet(title,index)中创建一个以班级名称命名的工作表，最后使用 append()方法将读取的数据添加到该工作表。

（4）使用 save()方法保存新工作簿。

参考程序如下：

```
01  import os, openpyxl                          #导入os和openpyxl库
02  NewBook = openpyxl.Workbook()                #创建一个新的工作簿对象
03  NewBook.remove(NewBook["Sheet"])             #删除新工作簿中默认创建的工作表
04  folder_path = 'D:\\期末'                      #设置要遍历的文件夹路径
05  xlsx_files = []                              #创建一个空列表，用于存储.xlsx文件名
06  for file in os.listdir(folder_path):         #遍历指定文件夹中的所有文件
07      if file.endswith('.xlsx'):               #判断文件是否以.xlsx结尾
08          xlsx_files.append(file)              #将满足条件的文件名添加到列表中
09  for file in xlsx_files:                      #遍历存储了.xlsx文件名的列表
10      wb = openpyxl.load_workbook("D:\\期末\\" + file)   #加载每个.xlsx文件
11      ws = wb.active                           #获取当前工作簿的活动工作表
```

```
12      NewSheet = NewBook.create_sheet(file[:-5])        #以主文件名创建新工作表
13      for Row in ws.rows:                                #遍历原工作表中的所有行
14          TempList = []                                  #创建一个空列表，用于临时存储一行的数据
15          for Cell in Row:                               #遍历当前行的所有单元格
16              TempList.append(Cell.value)                #将单元格的值添加到临时列表中
17          NewSheet.append(TempList)                      #将列表数据作为一行添加到新工作表中
18  NewBook.save("D:\\期末\\python汇总.xlsx")              #保存新工作簿
```

例 2 将本节资源包中路径为"第 7 章\7.3\经典解析\例 2\工资汇总.xlsx"的文件复制至"D:\工资"。该文件包含 5 个部门的工资数据工作表，每个工作表格式统一，均依次为部门、姓名、性别和工资 4 列。编写程序在每个工作表末尾新增一行，C 列写入"平均工资"，D 列自动写入公式计算部门平均工资，效果如图 7-3-2 所示。

图 7-3-2　公式自动计算平均工资

```
01  import openpyxl
02  wb = _____①_____                #打开工作簿"D:\工资\工资汇总.xlsx"
03  for ws in wb.worksheets:
04      mxr = ws.max_row
05      fx = "=("
06      for i in range(2, mxr+1):
07          _____②_____             #将每行的工资单元格（D列）添加到公式字符串中
08      fx = fx[:-1] + ")/" + str(mxr-1)
09      ws.cell(mxr+1, 4).value = fx
10      ws.cell(_____③_____).value = "平均工资"
11  _____④_____                     #保存工作簿的更改
```

①处填写的代码为（　　）。

　　A．openpyxl.Workbook(r'D:\工资\工资汇总.xlsx')

　　B．openpyxl.load_Workbook(r'D:\工资\工资汇总.xlsx')

　　C．openpyxl.load_workbook(r'D:\工资\工资汇总.xlsx')

　　D．openpyxl.open(r'D:\工资\工资汇总.xlsx')

②处填写的代码为（　　）。

　　A．fx += "D" + str(i) + "+"　　B．fx.add("D" + str(i) + "+")

  C．fx="D" + str(i) + "+"　　　D．fx.append("D" + str(i) + "+")

③处填写的代码为（　　　）。

  A．mxr, 3　　　　　　　　　　B．mxr+1, 3

  C．mxr+1, 4　　　　　　　　　D．mxr, 4

④处填写的代码为（　　　）。

  A．ws.save(r'D:\工资\工资汇总.xlsx')

  B．wb.update(r'D:\工资\工资汇总.xlsx')

  C．ws.update(r'D:\工资\工资汇总.xlsx')

  D．wb.save(r'D:\工资\工资汇总.xlsx')

解析

（1）openpyxl.Workbook()用于创建一个工作簿对象，故 A 选项错误。

openpyxl.load_workbook()用于加载打开 Excel 文件，参数使用前缀为 r 的原始字符串，避免在字符串出现转义错误。B 选项中该函数名的 W 不应大写，故 B 选项错误；C 选项正确；在 openpyxl 库中没有 open()函数，故 D 选项错误。因此，①处正确答案为 C。

（2）要在新增行 D 列单元格中写入的公式字符串是"=(D2+D3+D4+D5+D6+D7+D8)/7"，除了第 05 行代码"=("和第 08 行代码")/7"的拼接字符串，中间部分为"D2+D3+D4+D5+D6+D7+D8+"，因此只要在 for 循环中设计循环体语句"D" + str(i) + "+"即可实现。"+="运算符使每次循环时变量 fx 自动拼接新的字符串。因此，②处的正确答案为 A。

（3）在第 04 行代码中，ws.max_row 属性为 Excel 工作表中现有数据的行数，mxr+1 为数据末尾添加新行的行号。因此，③处的正确答案为 B。

（4）工作簿对象的 save()方法用于保存工作簿，而 A 选项中的 ws 是工作表对象，B 选项和 C 选项中使用的 update()方法错误。因此，④处的正确答案为 D。

实战训练

一、选择题

1．工作簿对象为"myWorkBook"，运行 print(myWorkBook.worksheets)的输出结果是（　　　）。

  A．工作簿中工作表的标题　　　B．工作簿中所有的工作表对象

  C．工作簿中的工作表　　　　　D．工作簿中所有的工作表标题对象

2．工作簿对象为"myWorkBook"，能输出其中所有工作表名称的语句是（　　　）。

  A．print(myWorkBook.worksheets)

  B．print(myWorkBook.worksheet)

  C．print(myWorkBook.sheetnames)

D. print(myWorkBook.sheetname)

3. 如图 7-3-3 所示，在工作簿对象 wb 中，能正确读出第 3 个工作表的标题的选项是（　　）。

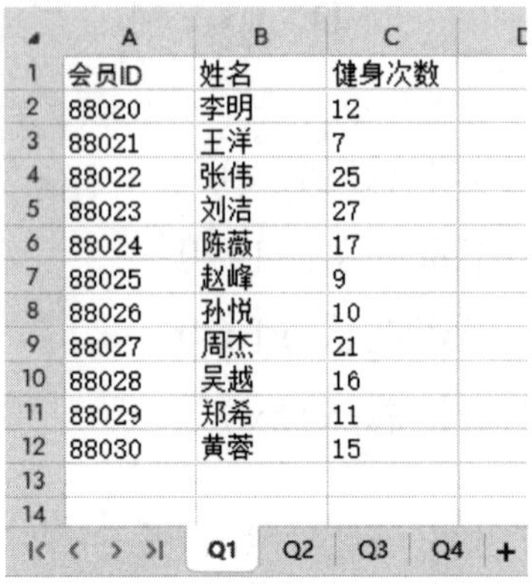

	A	B	C
1	会员ID	姓名	健身次数
2	88020	李明	12
3	88021	王洋	7
4	88022	张伟	25
5	88023	刘洁	27
6	88024	陈薇	17
7	88025	赵峰	9
8	88026	孙悦	10
9	88027	周杰	21
10	88028	吴越	16
11	88029	郑希	11
12	88030	黄蓉	15
13			
14			

图 7-3-3　健身数据

A. print(wb.worksheets[2].title)

B. print(wb['Q3'])

C. print(wb.worksheets['Q3'].title)

D. print(wb.sheets[2].title)

4. 对使用 Workbook()方法创建的工作簿对象，现在要删除默认创建的工作表，正确的选项是（　　）。

A. wb.remove_sheet('Sheet1')

B. wb.delete('Sheet')

C. wb.remove(wb['Sheet1'])

D. wb.remove(wb['Sheet'])

5. 工作簿对象为“myWorkBook”，要新建一个工作表名为“总分”且是第二个工作表。正确的选项是（　　）。

A. myWorkBook.create_sheet(2,'总分')

B. myWorkBook.create_sheet('总分',2)

C. myWorkBook.create_sheet('总分',0)

D. myWorkBook.create_sheet('总分',1)

6. 工作表对象为“myNewSheet”，输出这个工作表的标题的语句是（　　）。

A. print(myNewSheet.title)

B. print(myNewSheet.titles)

C. print(myNewSheet.name)

D. print(myNewSheet.properties)

7. 向一个已存在的 Excel 工作表中添加一行数据，正确的选项是（　　　）。

    A. ws.append('A1', 'Data')

    B. ws.add_row(['Data'])

    C. ws.insert('A1', ['Data'])

    D. ws.append(['Data'])

8. 使用 openpyxl 库，修改已存在工作表的名称，正确的选项是（　　　）。

    A. wb.rename_sheet('OldName', 'NewName')

    B. ws.name = 'NewName'

    C. ws.title = 'NewName'

    D. ws.set_title('NewName')

9. 在处理 Excel 文件时，若要遍历一个工作表中的所有行，正确的选项是（　　　）。

    A. ws.rows   B. ws.get_all_rows()

    C. ws.line_items()   D. ws.cols()

10. 使用 openpyxl 库，若遍历一个 Excel 工作簿中的所有工作表，并打印每个工作表的名称，正确的选项是（　　　）。

    A. for sheet in wb:

        print(sheet.title)

    B. for sheet in wb.worksheets:

        print(wb.sheet.title)

    C. for sheet in ws.sheetnames:

        print(sheet)

    D. for sheet in wb.worksheets:

        print(sheet.title)

11. 工作表对象为 "myNewSheet"，要修改工作表第 1 行第 1 列单元格的内容为 "总分"，下列选项中不能实现的是（　　　）。

    A. myNewSheet['A1'].value="总分"

    B. myNewSheet.cell(1,1)="总分"

    C. myNewSheet.cell(1,1).value="总分"

    D. myNewSheet['a1'].value="总分"

12. 要遍历工作表对象 "ws" 中数据区域的行号，下列选项中正确的是（　　　）。

    A. for row in range(0, ws.max_row+1):

    B. for row in range(1, ws.max_row):

    C. for row in range(0, ws.max_row):

    D. for row in range(ws.min_row, ws.max_row+1):

13．Excel 文件中存储的数据如图 7-3-4 所示。要在单元格"E6"中计算成绩的平均分，编写 Python 程序时要使单元格中填入的公式是（　　　）。

	A	B	C	D	E	F
1	学号	姓名	性别	班级	成绩	
2	1	陈明俊	男	1班	60	
3	2	楼莉	女	1班	90	
4	3	张胜斌	男	1班	68	
5	4	刘俊霞	女	1班	84	
6						
7						

图 7-3-4　班级成绩.xlsx

A．=(E1+E2+E3+E4)/(ws.max_row-1)

B．=(E1+E2+E3+E4+E5)/ws.max_row

C．=(E1+E2+E3+E4+E5)/(ws.max_row-1)

D．=(E2+E3+E4+E5)/(ws.max_row-1)

14．在 Excel 文件中存储的财务数据如图 7-3-5 所示。要从单元格"D2"开始为每行自动填充计算利润的公式（销售额减去成本），正确的选项是（　　　）。

	A	B	C	D
1	月份	销售额	成本	利润
2	1月	15197	8408	
3	2月	13366	7531	
4	3月	17884	9285	
5	4月	23085	14575	
6	5月	23492	17737	
7	6月	18538	11867	
8	7月	18239	11532	
9	8月	23851	18292	
10	9月	22639	13787	
11	10月	21201	12181	
12	11月	22915	13333	
13	12月	24101	19055	
14				

利润核算 ＋

图 7-3-5　利润核算

A. for i in range(2, ws.max_row + 1):

　　ws["D"+str(i)] ="=B"+str(i)+"-C"+str(i)

B. for i in ws.rows:

　　ws["D"+str(i)] ="=B"+str(i)+"-C"+str(i)

C. for i in range(2, ws.max_row + 1):

　　ws.cell(row=i, column=4).value ="=B"+str(i)+"+C"+str(i)

D. for i in range(2, ws.max_row):

　　ws["D" + i] ="=B"+str(i)+"-C"+str(i)

15．如图 7-3-6 所示，在文件中包含学生的 4 次语文考试成绩：每个学生的成绩分别在"B"列到"E"列中。要为每个学生从第 2 行开始在"F"列中自动填充计算平均分的公式，正确的选项是（　　　）。

	A	B	C	D	E
1	姓名	语文（1）	语文（2）	语文（3）	语文（4）
2	李明	77	78	89	90
3	王洋	85	69	70	80
4	张伟	62	72	58	75
5	刘洁	76	79	81	82
6	陈薇	88	93	87	95
7	赵峰	84	81	69	77
8	孙悦	92	89	98	91
9	周杰	56	64	78	69
10	吴越	81	68	79	79
11	郑希	59	53	68	69
12	黄蓉	84	62	72	73
13					
14					

语文成绩

图 7-3-6　语文成绩

A. for i in range(2, ws.max_row + 1):

```
ws['F'+str(i)]="=(B"+str(i)+"+C"+str(i)+"+D"+str(i)+"+E"+str(i)+")/4"
```

B. for i in range(2, ws.max_row + 1):

```
ws.cell(row=i, column=6).value = "B+C+D+E/4"
```

C. for i in range(2, ws.max_row):

```
ws['F'+str(i)] ="=(B"+str(i)+"+C"+str(i)+"+D"+str(i)+"+E"+str(i)+")/4"
```

D. for i in ws.rows:

```
ws['F'+str(i)] ="=(B"+str(i)+"+C"+str(i)+"+D"+str(i)+"+E"+str(i)+")/4"
```

16. 当前工作表的数据区域如图 7-3-7 所示，当前工作表对象为 mySheet。成绩为 84 的单元格是（　　）。

学号	姓名	性别	班级	成绩	
1	陈明俊	男	1班	60	
2	楼莉	女	1班	90	
3	张胜斌	男	1班	68	
4	刘俊霞	女	1班	84	

图 7-3-7　mySheet

A. mySheet.cell(mySheet.max_row+1, mySheet.max_column+1)

B. mySheet.cell(mySheet.max_row, mySheet.max_column+1)

C. mySheet.cell(mySheet.max_row, mySheet.max_column)

D. mySheet.cell(mySheet.max_row+1, mySheet.max_column)

二、操作题

1. 将本节资源包中路径为“第 7 章\7.3\操作题\销售业绩”的文件夹复制至“D:\”。如图 7-3-8 所示，4 个 Excel 文件分别是 4 个季度的销售业绩，每个文件格式统一，均为员工编号、姓名和销售业绩 3 列。现为了年终数据统计分析，编写 Python 程序实现以下任务。

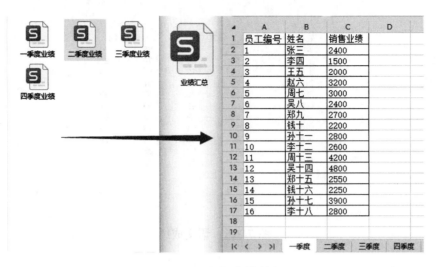

图 7-3-8　销售业绩数据

（1）在"D:\销售业绩"文件夹下创建一个名为"业绩汇总.xlsx"的新工作簿，在该工作簿中分别创建 4 个工作表，以季度名称命名，将"D:\销售业绩"文件夹下 4 个季度的业绩数据复制到相应的工作表中。

（2）在每个季度的工作表内，统计该季度的销售业绩总额。在每个工作表末尾新增一行，B 列写入"销售总额"，C 列计算当季的销售总额。

（3）新建一个工作表，命名为"汇总"。这个新表中的前两列数据为"员工编号"和"姓名"，C 列的标题为"年度业绩"，写入公式自动计算每个员工 4 个季度的销售业绩之和。

2．帮助一家体育俱乐部管理其会员的健身活动数据，该俱乐部每个季度都会记录每个会员的健身次数，如图 7-3-9 所示，数据存储在本节资源包中路径为"第 7 章\7.3\操作题\健身活动记录"文件夹下的 4 个 Excel 文件中，每个文件代表一个季度，包含会员 ID、姓名和健身次数 3 列数据。将该文件夹复制至"D:\"，按照以下要求编写 Python 程序。

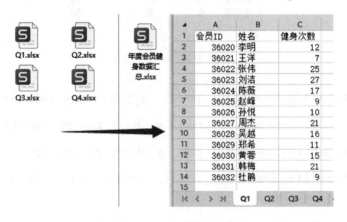

图 7-3-9　会员健身数据

（1）在"D:\健身活动记录"文件夹下创建一个名为"年度会员健身数据汇总.xlsx"的新工作簿，并在该工作簿中为每个季度创建一个名为"Q1"、"Q2"、"Q3"和"Q4"的工作表，将对应季度的健身活动数据复制到相应的工作表中。

（2）在每个季度的工作表内，计算该季度会员的平均健身次数。在每个工作表末尾新增一行，B 列写入"平均健身次数"，C 列写入公式自动计算当季的平均健身次数。

（3）为了鼓励会员保持活跃，标识出当季健身次数高于全体会员平均次数的会员给予奖励：在每个季度的工作表的 D 列添加标题"活跃会员"，对于健身次数高于全体平均次数的会员，对应的 D 列写入"1"，否则写入"0"。

（4）新建一个工作表，命名为"年度健身数据汇总"。这个新表的前两列数据为"会员 ID"和"姓名"，C 列的标题行内容为"活跃会员总次数"，其他行自动写入公式计算每个会员 4 个季度获得活跃会员的总次数。

7.4 批量合并多个 Excel 文件到工作表

学习目标

◆ 能够批量合并多个 Excel 文件到一个工作表。

◆ 能够遍历行或列添加一列单元格数据。

◆ 能够批量在单元格中写入 Excel 内置函数实现自动计算。

要点提示

注：以下 wb 均为 Excel 工作簿对象，ws 均为工作表对象。

1. 批量读取工作表内容

（1）读取工作表所有内容。

典型示例 1：利用行生成器实现遍历访问。

```
for row in ws.rows:
    for cell in row:
        print(cell.value, end=' ')
    print()  #换行，每行数据单独显示
```

典型示例 2：利用列生成器实现遍历访问。

```
for col in ws.columns:
    for cell in col:
        print(cell.value, end=' ')
    print()  #换行，每列数据单独显示
```

（2）读取工作表行或列内容。

典型示例 1：读取第 3 行的内容。

```
for cell in ws[3]:
    print(cell.value)
```

典型示例 2：读取 B 列的内容。

```
for cell in ws['B']:
    print(cell.value)
```

（3）读取工作表选定区域内容。

典型示例：读取 B2:D5 区域的内容。

```
#定义开始和结束的行号和列号
start_row = 2
end_row = 5
start_column = 2        #B列
end_column = 4          #D列
#遍历选定区域并打印内容
for row in range(start_row, end_row + 1):
    for col in range(start_column, end_column + 1):
        cell = ws.cell(row=row, column=col)
        print(cell.value, end=' ')
    print()              #换行，每行数据单独显示
```

2. 读取一列数据

（1）按行读取一列数据。

典型示例：通过遍历行生成器读取一列数据。

```
for row in ws.rows:          #遍历工作表的所有行
    print(row[3].value)      #只处理每行的第4列数据
```

（2）按列读取一列数据。

典型示例：通过遍历指定列读取一列数据。

```
for cell in ws['B'][1:]:     #遍历B列中从第2行开始的数据
    print(cell.value)
```

3. Excel 中的常用函数

Excel 中的常用函数如表 7-4-1 所示。

表 7-4-1　Excel 中的常用函数

函数	功能
SUM()	计算指定单元格区域中所有数值的总和
AVERAGE()	计算指定单元格区域中所有数值的平均值
MAX()	找出指定单元格区域中的最大值
MIN()	找出指定单元格区域中的最小值
COUNT()	计算指定单元格区域中包含数值的单元格数目

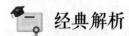

经典解析

例 1　将本节资源包中路径为"第 7 章\7.4\经典解析\月度销售"的文件夹复制至"D:\"，其中的 6 个 Excel 文件分别是 6 个月份的产品销售数据，每个文件格式统一，均依次为产品编号、产品名称、销售量和销售额 4 列，如图 7-4-1 所示。现为了便于销售趋势分析，编写 Python 程序新建"D:\月度销售\销售趋势分析.xlsx"文件，并且把各月份销售数据的 Excel 文件中的"销售量"列复制到"销售趋势分析.xlsx"文件中的相应工作表中，每个月份的销售数据为一列，列标题为该月份名称，如图 7-4-1 所示。

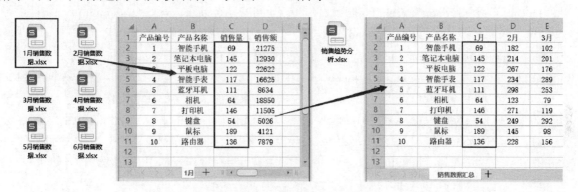

图 7-4-1　销售趋势分析

解析

（1）使用 openpyxl.Workbook()创建一个新的工作簿对象，并通过工作表对象的 title 属性修改工作表名称为"销售数据汇总"。

（2）打开"1 月销售数据.xlsx"文件，按行读取数据，通过切片 row[0:2]，读取每行中"产品编号"列和"产品名称"列的单元格的值，复制到新建的"销售数据汇总"表中，最终实现该工作表的"产品编号"和"产品名称"两列的复制，参见代码第 05 行至第 11 行。

（3）设置要遍历的文件夹路径 folder_path，并创建一个空列表 xlsx_files 来存储该路径下所有以.xlsx 结尾的文件名。批量读取 Excel 文件，参见代码第 12 行至第 16 行。

（4）将不同月份销售数据文件中的特定数据列（"销售量"列数据）复制到"销售数据汇总"工作表中。通过获取当前最大列号（max_column）并加 1，确保每次添加新数据列时都不会覆盖已有的数据列，而是在工作表的末尾列追加。for cell in ws['C'][1:]:遍历原工作表"C"列的单元格，从第 2 个单元格开始（跳过标题行），确保只处理包含实际数据的单元格。NewSheet.cell(cell.row, k).value = cell.value 为每个遍历到的单元格在新工作表中找到对应的位置，并将其值复制过去，参见代码第 17 行至第 23 行。

```
01  import os, openpyxl                    #导入os和openpyxl库
02  NewBook = openpyxl.Workbook()          #创建一个新的工作簿对象
03  NewSheet = NewBook.active              #获取新工作簿中的默认活动工作表
```

```
04    NewSheet.title = "销售数据汇总"              #设置工作表的标题为"销售数据汇总"
05    wb = openpyxl.load_workbook("D:\\月度销售\\1月销售数据.xlsx")    #加载文件
06    ws = wb.active                           #获取当前工作簿的活动工作表
07    for row in ws.rows:                      #遍历工作表中的所有行
08        TempList = []                        #初始化一个临时列表,用于存储行数据
09        for cell in row[0:2]:                #遍历行中的前两个单元格
10            TempList.append(cell.value)      #将单元格的值添加到临时列表中
11        NewSheet.append(TempList)            #将列表数据作为一行添加到新工作表中
12    folder_path = "D:\\月度销售"              #设置要遍历的文件夹路径
13    xlsx_files = []                          #初始化一个空列表,用于存储找到的.xlsx文件名
14    for file in os.listdir(folder_path):         #遍历文件夹中的所有文件
15        if file.endswith('.xlsx'):           #判断是否以.xlsx结尾
16            xlsx_files.append(file)          #将文件名添加到列表中
17    for file in xlsx_files:                  #遍历所有找到的Excel文件
18        wb = openpyxl.load_workbook(folder_path + "\\" + file)    #加载每个Excel文件
19        ws = wb.active                       #获取当前工作簿的活动工作表
20        k = NewSheet.max_column + 1          #确定新工作表中下一个空列的列号
21        NewSheet.cell(1, k).value = ws.title #将列标题设置为原工作表标题(月份)
22        for cell in ws['C'][1:]:             #遍历当前工作表的C列,从第2行开始
23            NewSheet.cell(cell.row, k).value = cell.value
                                               #将C列的数据复制到新工作表的对应列中
24    NewBook.save("D:\\月度销售"\\销售趋势分析.xlsx")  #保存新工作簿到指定路径
```

例2 将本节资源包中路径为"第 7 章\7.4\经典解析\期末成绩数据.xlsx"的文件复制至"D:\"。如图 7-4-2 所示,该文件是期末成绩数据,包括学号、姓名、语文、数学、英语、专业课 1、专业课 2、专业课 3 共 8 列。编写 Python 程序,在 I 列输入列标题"总分",同时计算每个学生的总分。在行末新增 1 行,在 B 列输入"平均分数",在 C 至 H 列输入公式自动计算各科平均分。

	A	B	C	D	E	F	G	H	I
1	学号	姓名	语文	数学	英语	专业课1	专业课2	专业课3	
2	2011010101	余彦	69.5	83	71	93	100	92	
3	2011010102	黄凤宁	66	53	78	76	100	98	
4	2011010103	沈青禹	73	84	81.5	91	98	96	
5	2011010104	胡锋	78	62	46	93	100	97	
6	2011010105	傅韦杰	71	78	74.5	99	98	97	
7	2011010106	戴骁杰	80	59	84	87	99	84.5	
8	2011010107	杨崇	70	79	71	86	98	91	
9	2011010108	钱鑫	71.5	79	60.5	85	99	97	
10	2011010109	林诗聪	61	52	66	63	97	97	
11	2011010110	楼梦炜	52	61	58	68	89	94	
12	2011010111	李豪煜	70.5	14	53	81	94	97	
13									
14									

图 7-4-2　期末成绩数据

完成代码填空:

```
import openpyxl
#加载并打开"期末成绩数据"工作簿
```

```
wb = openpyxl.load_workbook('D:\\期末成绩数据.xlsx')
ws = wb.active
#在I列输入列标题"总分"
ws[_____①_____] = '总分'
#计算每个学生的总分并填入I列
for row in range(2, ws.max_row + 1):
    ws["I"+str(row)] = _____②_____
#新增1行, 在B列输入"平均分数"
ws.cell(_____③_____,2).value='平均分数'
#计算并输入C至H列的平均分公式
cols="ABCDEFGHIJ"
for i in range(3, 9):    #C列到H列
    col=cols[i-1]        #获取列的字母
    ws.cell(ws.max_row,i).value= _____④_____
#保存修改后的工作簿
wb.save('D:\\期末成绩数据.xlsx')
```

解析

（1）I 列的第 1 行即'I1'，因此，①处的正确答案为'I1'。

（2）计算总分可以使用 Excel 内置函数 sum()，其用法为"=sum（起始单元格：结束单元格）"。循环变量 row 在循环体中为工作表中的行号，结合字符串的拼接动态构造公式。因此，②处的正确答案为"=SUM(C"+str(row)+":H"+str(row)+")"。

（3）要新增一行，使用 ws.max_row+1 定位新行的行号。B 列对应的列号是 2，故第 2 个参数是 2。因此，③处的正确答案为 ws.max_row+1,2。

（4）求平均值函数的用法为"=average（起始单元格：结束单元格）"。变量 col 根据列索引获取对应的列字母，数据的行范围是第 2 行至倒数第 2 行。因此，④处的正确答案为"=AVERAGE("+col+"2:"+col+str(ws.max_row-1)+")"。

实战训练

一、选择题

1. 正确实现了通过行生成器遍历访问每个单元格的值的选项是（　　　）。

A. for row in ws.rows:

　　print(row.value)

B. for cell in ws.cells:

　　print(cell.value, end=' ')

C. for row in ws.rows:

　　for cell in row:

```
        print(cell.value, end=' ')
```

D. `for col in ws.columns:`

```
        print(col.value, end=' ')
```

2. 如图 7-4-3 所示，正确读取工作表中框定数据的选项是（   ）。

A. `for cell in ws['B']:`

```
    print(cell.value)
```

B. `for row in ws.rows:`

```
    print(row['B'].value)
```

C. `for cell in ws.columns['B']:`

```
    print(cell.value)
```

D. `for cell in ws.rows[2]:`

```
    print(cell.value)
```

	A	B	C
1	员工编号	姓名	销售业绩
2	1	张三	2400
3	2	李四	1500
4	3	王五	2000
5	4	赵六	3200
6	5	周七	3000
7	6	吴八	2400
8	7	郑九	2700
9	8	钱十	2200
10	9	孙十一	2800
11	10	李十二	2600
12	11	周十三	4200
13	12	吴十四	4800
14	13	郑十五	2550
15	14	钱十六	2250
16	15	孙十七	3900
17	16	李十八	2800
18			

图 7-4-3　销售业绩

3. 如图 7-4-4 所示，正确读取工作表中框定数据的选项是（   ）。

	A	B	C	D
1	员工编号	姓名	部门	电子邮件地址
2	1	张三	人力资源部	zhangsan@example.com
3	2	李四	技术部	lisi@example.tech
4	3	王五	财务部	wangwu@finance.com
5	4	赵六	市场部	zhaoliu@marketing.com
6	5	周七	销售部	zhouqi@sales.com
7	6	吴八	客服部	wuba@service.com
8	7	郑九	产品部	zhengjiu@product.com
9	8	钱十	研发部	qianshi@development.com
10	9	孙十一	人力资源部	sunshiyi@hr.example.com
11	10	李十二	技术部	lishier@tech.example.com
12	11	周十三	财务部	zhoushisan@finance.example.com
13	12	吴十四	市场部	wushisi@marketing.example.com
14	13	郑十五	销售部	zhengshiwu@sales.example.com
15	14	钱十六	客服部	qianshiliu@service.example.com
16	15	孙十七	产品部	sunshiqi@product.example.com
17	16	李十八	研发部	lishiba@development.example.com
18				

图 7-4-4　员工信息

A. `for row in ws['B2':'D5']:`

```
    for cell in row:
        print(cell.value, end=' ')
    print()        #换行
```

B. `start_row = 2`

```
end_row = 5
start_column = 2   #B 列
end_column = 4     #D 列
for row in range(start_row, end_row + 1):
    for col in range(start_column, end_column ):
        print(ws.cell(row=row, column=col).value, end=' ')
    print()        #换行
```

```
C. for row in range(2, 6):
       for col in ['B', 'C', 'D']:
           cell = ws[col + str(row)]
           print(cell.value, end=' ')
       print()        #换行
D. for cell in ws['B2:D5']:
       print(cell.value, end=' ')
   print()            #换行
```

4. 工作簿对象为“myNewSheet”，读取工作表中 B2:C4 区域的语句如下，横线处应填入的语句是（　　）。

```
start_row = 2
end_row = 4
start_column = 2
end_column = ________
for row in range(start_row, ________):
    for col in range(________ , end_column + 1):
        cell = myNewSheet.cell(row=row, column=col)
            print(cell.value, end=' ')
    print()
```

A. 3，end_row，start_column

B. 3，end_row+1，start_column+1

C. 3，end_row+1，start_column

D. 4，end_row+1，start_column+1

5. 工作簿对象为“myNewSheet”，如图 7-4-5 所示，按行读取工作表中“产品名称”列的语句是（　　）。

	A	B	C	D
1	产品编号	产品名称	销售量	销售额
2	1	智能手机	69	21275
3	2	笔记本电脑	145	12930
4	3	平板电脑	122	22622
5	4	智能手表	117	16625
6	5	蓝牙耳机	111	8634
7	6	相机	64	18850
8	7	打印机	146	11505
9	8	键盘	54	5026
10	9	鼠标	189	4121
11	10	路由器	136	7879
12				

图 7-4-5　销量数据

```
A. for row in myNewSheet.rows:
       for cell in row[1]:
```

```
        print(cell.value)
```

B.
```
for row in myNewSheet.rows:
    for cell in row[2]:
        print(cell.value)
```

C.
```
for row in myNewSheet['B'][0:]:
    print(cell.value)
```

D.
```
for row in myNewSheet['C'][1:]:
    print(cell.value)
```

6. 接上题，如图 7-4-5 所示。要找出最大销售额，在 D12 单元格中填入的公式是（　　）。

A. =MAX(D2:D11)　　　　B. =MAX(D1:D11)

C. =MIN(D2:D11)　　　　D. MAX(D2:D11)

7. 班级成绩如图 7-4-6 所示。要在单元格“E6”中计算成绩的平均分，在单元格中填入的公式是（　　）。

	A	B	C	D	E	F
1	学号	姓名	性别	班级	成绩	
2	1	陈明俊	男	1班	60	
3	2	楼莉	女	1班	90	
4	3	张胜斌	男	1班	68	
5	4	刘俊霞	女	1班	84	
6						
7						

图 7-4-6　班级成绩

A. =AVERAGE(E2:E5)　　　　B. =AVERAGE(E1:E5)

C. =AVG(E2:E5)　　　　D. AVERAGE(E2:E5)

8. 接上题，当班级人数不确定时，要计算成绩的平均分。以下选项中正确的是（　　）。

A. `'=AVERAGE(E2:E'+str(mySheet.max_row+2)+')'`

B. `'=AVERAGE(E2:E'+str(mySheet.max_row-1)+')'`

C. `'=AVERAGE(E2:E'+str(mySheet.max_row)+')'`

D. `'=AVERAGE(E2:E'+str(mySheet.max_row+1)+')'`

9. 用 Excel 的内置 SUM()函数，对工作表的每行的前 3 列（A～C 列）数据进行求和，并将结果写入该行第 4 列（D 列）中。以下选项中正确的是（　　）。

A.
```
for row in range(1, ws.max_row + 1):
    ws.cell(row=row, column=4).value = "=SUM(A" + str(row) + "C" + str(row) + ")"
```

B.
```
for row in range(1, ws.max_row + 1):
    formula = "=SUM(A" + str(row) + ":C" + str(row) + ")"
    ws['D' + str(row)] = formula
```

C. for row in range(1, ws.max_row + 1):

　　ws['D' + str(row)].value = "SUM(A" + str(row) + ":C" + str(row) + ")"

D. for row in range(1, ws.max_row):

　　formula = "=SUM(A" + str(row)+ ":C" + str(row) + ")"

　　ws.cell(row=row, column=4).value = formula

10. 文化课成绩如图 7-4-7 所示，利用 Excel 内置函数批量计算各科平均分，以下选项中正确的是（　　）。

图 7-4-7　文化课成绩

A. for col in range(3, 6):

　　formula = "=AVERAGE(" + chr(64 + col) + "2:" + chr(64 + col) + ")"

　　ws.cell(row=ws.max_row + 1, column=col).value = formula

B. for col in range(3, 6):

　　ws.cell(ws.max_row+1,col).value="=AVERAGE("+str(col)+"2:"+str(col) +"10)"

C. for col in range(3, 6):

　　formula="=AVERAGE("+chr(64+col)+"2:"+chr(64+col)+str(ws.max_row)+")"

　　ws.cell(ws.max_row + 1, col).value = formula

D. for col in range(3, 6):

　　formula = "=SUM("+chr(64 + col)+"2:"+chr(64 + col)+str(ws.max_row)+")"

　　ws.cell(ws.max_row + 1,col).value = formula

二、操作题

1. 将本节资源包中路径为"第 7 章\7.4\操作题\健康数据"的文件夹复制至"D:\"，其中将包含两个 Excel 文件："身高.xlsx"和"体重.xlsx"。每个文件包含 3 列：前 2 列为员工编号和姓名，第 3 列分别记录了每个员工的身高（cm）和体重（kg）。请编写 Python 程序，自动地合并这两份数据，并计算每个员工的 BMI（体质指数）。BMI 的计算公式为 BMI = 体重（kg）/ [身高（m）]^2。健康数据如图 7-4-8 所示，具体任务如下。

（1）创建一个名为"健康数据汇总.xlsx"的新工作簿，并在该工作簿中创建一个工作表，命名为"BMI 计算"。

（2）将"身高.xlsx"和"体重.xlsx"文件中的数据根据员工编号合并到"BMI 计算"工作表中，合并后的数据包括员工编号、姓名、身高（cm）和体重（kg）4 列。

（3）在每条记录旁新增一列，标题为"BMI 指数"，使用公式自动计算每个员工的 BMI 值。

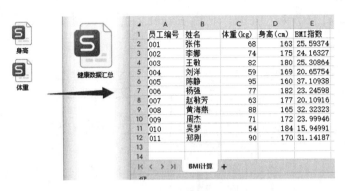

图 7-4-8 健康数据

2. 将本节资源包中路径为"第 7 章\7.4\操作题\绩效"的文件夹复制至"D:\"，其中有三个 Excel 文件，分别是"销售数据.xlsx"、"客户满意度.xlsx"和"出勤情况.xlsx"。绩效评分将基于销售数据、客户满意度和出勤情况这 3 个关键指标，其中出勤情况为出勤天数。每个文件包含 3 列数据，前两列相同，均为员工 ID 和姓名，第 3 列分别是这 3 个关键指标中的一个。月度绩效如图 7-4-9 所示，编写 Python 程序完成以下任务。

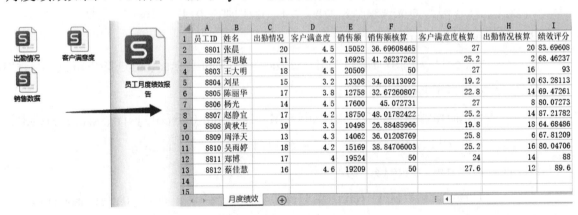

图 7-4-9 月度绩效

（1）创建一个名为"员工月度绩效报告.xlsx"的新 Excel 工作簿，并在此工作簿内创建一个名为"月度绩效"的工作表。将提供的 3 个文件中的数据合并到新工作表中。合并后的数据包括员工 ID、姓名、出勤情况、客户满意度及销售额。

（2）在合并的数据右侧新增 4 列，标题分别为"销售额核算"、"客户满意度核算"、"出勤情况核算"和"绩效评分"。计算每个员工的绩效评分（总分为 100 分），计算规则如下：

① 销售额核算占 50%（计算方式：销售额/最高销售额×50）。

② 客户满意度核算占 30%（计算方式：客户满意度/5×30）。

③ 出勤情况核算占 20%（计算方式：以 20 天为基准，出勤天数大于 20 天记 20 分，10～20 天，每少 1 天扣 2 分；不足 10 天记 0 分）。

第 8 章

爬 虫 应 用

本章主要内容

- 精准提取源代码中需要的内容。
- 爬取一节小说。
- 爬取一部小说。
- 爬取图书排行榜。
- 爬取图书详情页。

8.1 爬取一节小说

学习目标

◆ 能够精准定位并查找网页元素。

◆ 能够爬取网页页面的小说内容。

◆ 能够提取网页小说中的小说标题和章节标题。

要点提示

1. 与爬虫相关的第三方库

（1）requests：用于发送 HTTP 请求和处理 HTTP 响应的第三方库。

（2）bs4 库：用于解析 HTML 和 XML 文档的第三方库。

2. 解析 HTML 文档

典型示例：

```
import requests
from bs4 import BeautifulSoup
req = requests.get(r'https://192.168.1.1/index.html')
html = req.content.decode()
soup = BeautifulSoup(html, 'html.parser')
```

（1）"html.parser" 是 HTML 解析器，将 HTML 文档解析为结构化标签树。

（2）创建一个 BeautifulSoup 对象，使用其提供的方法和属性获取 HTML 文档中的内容。

3. soup. find()和 soup. find_all()

（1）语法格式：

```
soup.find(tagName,attrs={key:value},string='')        #查找匹配的第1个元素
soup.find_all(tagName,attrs={key:value},string='')    #查找匹配的所有元素
```

（2）应用举例：

① 标签+属性(tagName,attrs={key:value})。

例如：soup. find('div', attrs={'id':'div2'})。

② 标签名(tagName)。

例如：soup. find('p')、soup. find_all('a')。

③ 属性+值(attrs = {key:value})。

例如：soup. find(attrs = {'href':'1. html'})。

④ 使用 string 查找文本数据。

例如：soup. find('a', string = '云海玉弓缘')。

（3）返回值类型：

soup.find()的返回值类型为 bs4.element.Tag，该类型具有 find()或 find_all()方法。

soup.find_all()的返回值是由一组元素组成的列表，其类型为 bs4.element.ResultSet。该类型没有 find()或 find_all()方法。

典型示例：

① print(soup. find('div',attrs = {'id':'div2'}))。

输出网页源代码：<div id = 'div2'>...</div>。

② print(soup. find_all('a'))。

输出所有超链接源代码：['<a>...</a>', '<a>...</a>', ...]。

③ print(soup. find('div',attrs={'id':'div2'}). find_all('a'))。

输出<div id = 'div2'>中所有超链接源代码：['<a>...</a>', '<a>...</a>',...]。

4. 获取文本数据的方式

（1）text、getText()和 get_text()：均能提取 BeautifulSoup 对象中当前标签及后代标签中的文本内容。

典型示例：

```
print(soup.text)                                    #整个网页的文本内容
print(soup.find('p').getText())                     #第1段中的所有文本
print(soup.find('div' , attrs = {'id': 'div2'}).get_text())
                                                    #<div id='div2'>内的所有文本内容
```

（2）string：其作用是获取标签内的所有文本内容，不包含任何子标签的文本。

典型示例：

例如，网页源代码为"<a href = '1.html'>美食</a>"时，提取出"美食"的程序语句如下：

```
print(soup.find('a').string)
```

说明：本节素材为本节资源包中路径为"第8章\文学小说网"的文件，使用时先在本地计算机上自建 Web 服务器并发布该网站，练习中统一使用"http://192.168.1.1"访问该网站。也可以直接用 open()函数读取网页源代码，再用 bs4 模块封装成标签树。

经典解析

例1 查看文学小说（http://192.168.1.1/index.html）的首页源代码，要得到如图 8-1-1所示的界面，以下选项中不正确的是（　　　）。

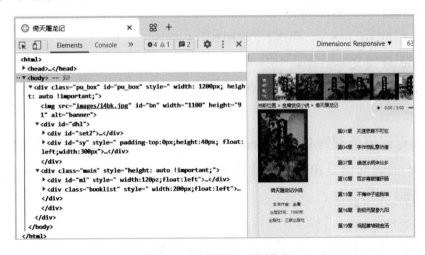

图 8-1-1　浏览器开发模式

A．在网页中单击鼠标右键，在弹出的右键菜单中选择"源代码"选项，即可打开此界面

B．在浏览器中按快捷键 F12 即可打开此界面

C．源代码默认界面在右侧，此处应该是调整了布局

D．在网页中单击鼠标右键，在弹出的右键菜单中选择"检查"选项，即可打开此界面

解析

（1）A 选项将显示网页的"源代码"，但没有显示如图 8-1-1 所示的布局界面。

（2）B 和 D 选项都能得到左右结构的布局界面。

（3）C 选项描述的操作如图 8-1-2 所示，共有 4 种布局模式。

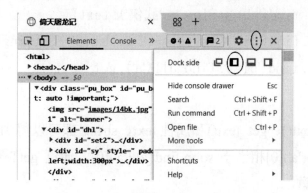

图 8-1-2　浏览器开发模式的窗口布局

因此，正确答案为 A。

例 2　要得到如图 8-1-3 所示的黑框中图片的源代码，以下选项中不正确的是（　　　）。

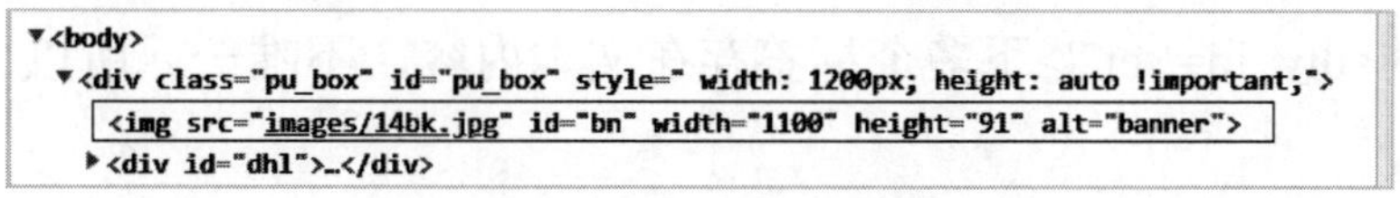

图 8-1-3　图片源代码

A. print(soup('img')[0])

B. print(soup.find_all('img', attrs = {'height': '91'})[0])

C. print(soup.find(attrs = {'alt': 'banner'}))

D. print(soup.find('src' = 'images/14bk.jpg'))

解析

（1）A 选项中，soup('img')得到的是列表，soup('img')[0]可得到其中第 1 幅图片的源代码。

（2）B 选项采用"标签+属性"，返回值为列表，其中第 1 个元素即要获取的源代码。

（3）C 选项采用"属性+值"，直接获取了这幅图片的源代码。

（4）D 选项的参数格式形式错误；

因此，正确答案为 D。

例 3　要提取如图 8-1-4 所示的源代码中文字"金庸武侠小说"，以下选项中正确的是

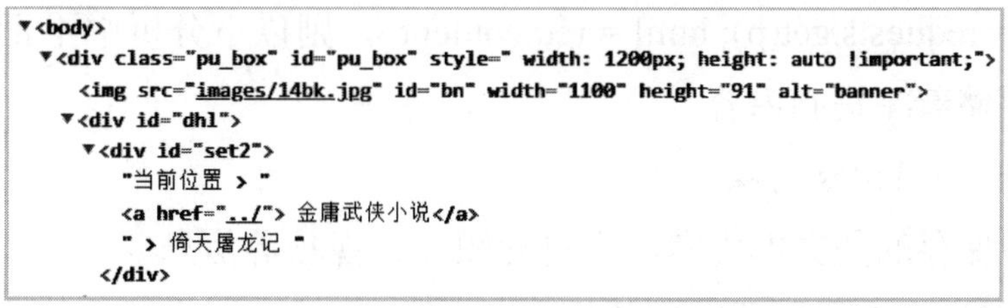

（　　　）。

图 8-1-4　小说导航源代码

    A．print(soup('a')[0].getText())

    B．print(soup.find('a', string = '武侠').text)

    C．print(soup.find('div', attrs = {'id': 'set2'}).string)

    D．print(soup.find('div').find_all('a').get_text())

解析

（1）通过函数 getText()、get_text()和属性 text、string 都可以得到标签内的文本。

（2）A 选项的 soup('a')[0]相当于 soup.find_all('a')[0]，通过 getText()函数取得第 1 个<li>中的文本内容，符合题意。

（3）B 选项通过"标签+string"的方法筛选出链接标题为"武侠"的源代码，由于 string 无法实现模糊查找，故查找失败。

（4）D 选项用于查找第 1 个<div>下的所有<a>标签，得到的是列表，该列表没有 get_text()方法。

（5）C 选项的<div id='set2'>下多个标签存在文本内容，不唯一，所以 string 属性返回值为 None。

因此，正确答案为 A。

实战训练

一、选择题

1．语句"req = requests.get(p)"中的 p 值可以是（　　　　）。

    A．r'/jy/index.html'

    B．r'https://192.168.1.1/index.html'

    C．r'file:///D:/文学小说/index.html'

    D．r'D:/文学小说/index.html'

2．语句"req = requests.get(p)"中的 p 值不正确的是（　　　　）。

    A．r'http://192.168.1.1/主页.html'

    B．r'http://192.168.1.1/xfw/other/video.avi'

    C．r'https://192.168.1.1/images/yttlj.mp3'

    D．r'192.168.1.1/xfw/other/sound.mp3'

3．已知"req = requests.get(p); html = req.content"，则以下分析中不正确的是（　　　　）。

    A．html 存储着二进制内容

    B．html 是一个 bytes 对象

    C．html 中保存的是文本内容，不包含图片、视频等信息

    D．req 的值为来自服务器响应的内容

4. 在语句"c = requests.get(p).content"中，c 值不可能是（　　）。

　　A．文本内容　　　　　　　　　B．图片内容

　　C．二进制对象　　　　　　　　D．封装好的标签树

5. 执行语句"html = req.content.decode()"，以下选项中正确的是（　　）。

　　A．req.content 返回的是字符串

　　B．如果 req.content 返回的是图片的二进制数据，则能正常执行该语句

　　C．该语句将 req.content 返回的二进制数据解码成字符串

　　D．该语句将 req.content 返回的数据解码成二进制数据

6. 已知 soup = BeautifulSoup(req.content.decode(), 'html.parser')，现要得到网页中显示的纯文本内容，以下选项中正确的是（　　）。

　　A．print(req.content.decode())

　　B．print(req.content)

　　C．print(soup)

　　D．print(soup.text)

7. BeautifulSoup 使用的内置 html 解析器是（　　）。

　　A．html.parser　　　　　　　　B．lxml

　　C．lxml-xml　　　　　　　　　D．html5lib

8. 查看如图 8-1-5 所示的源代码，要得到<div id = 'dh1'>中的源代码，以下选项中错误的是（　　）。

```
▼<body>
  ▼<div class="pu_box" id="pu_box" style=" width: 1200px; height: auto !important
     <img src="images/14bk.jpg" id="bn" width="1100" height="91" alt="banner">
   ▼<div id="dh1">
     ▼<div id="set2">
        "当前位置 " ▶
        <a href="../"> 金庸武侠小说</a>
        " ▶ 倚天屠龙记 "
       </div>
     ▼<div id="sy" style=" padding-top:0px;height:40px; float:left;width:300px">
        ▼<audio controls style="width:inherit; background-color:#FFF; color:#CCC
            <source src="images/yttlj.mp3" type="audio/mpeg">
          </audio>
        </div>
     </div>
   ▼<div class="main" style="height: auto !important;">
     ▼<div id="ml" style=" width:120pz;float:left">
        ▼<ul class="mlist">
          ▼<li>
             <a href="443.html">第01章 天涯思君不可忘</a>
            </li>
          ▼<li>
             <a href="444.html">第02章 武当山顶松柏长</a>
            </li>
          ▶<li>_</li>
```

图 8-1-5　网页链接源代码

　　A．print(soup.find('div', attrs={'id': dh1}))

　　B．print(soup.find('div',attrs={'class':'pu_box'}).find(attrs={'id': 'dh1'}))

C. print(soup.find_all('div', attrs={'id': 'dhl'}).text)

    D. t1 = soup.find('div', attrs={'class': 'pu_box'})

        print(t1.find('div', attrs={'id': 'dhl'}))

9. 要在如图 8-1-5 所示的源代码中获取超链接地址 "443.html"，以下选项中不正确的是（　　）。

    A. print(soup('a')[1]['href'])

    B. print(soup.find_all('a')[1]['href'])

    C. print(soup.find_all('a', string = '第 01 章 天涯思君不可忘')[0]['href'])

    D. print(soup.find('a', string = '第 01 章')['href'])

10. 要在如图 8-1-5 所示的源代码中获取第 2 个<li>中的文字："第 02 章 武当山顶松柏长"，以下选项中不正确的是（　　）。

    A. print(soup('a')[2]['string'])

    B. print(soup('li')[1].text)

    C. print(soup.find_all('li')[1].getText())

    D. print(soup.find_all('a')[2].string)

11. 要在如图 8-1-5 所示的源代码中获取名为 "14bk.jpg" 图片的宽度，以下选项中不正确的是（　　）。

    A. print(soup.find('img')['width'])

    B. print(soup('img', attrs = {'src' : 'images/14bk.jpg'})['width'])

    C. print(soup.find_all('img', attrs = {'id' : 'bn'})[0]['width'])

    D. print(soup.find('img', attrs = {'id' : 'bn'})['width'])

12. 关于 soup.find_all()函数，以下说法中正确的是（　　）。

    A. 返回值为一组元素组成的列表，和普通列表无异

    B. 其类型是：<class 'bs4.element.ResultSet'>

    C. 其后可以继续跟随 find()方法，即 soup.find_all().find()

    D. 如果根据条件只能筛选出一个元素，则不能用 find_all()，只能用 find()

13. 关于函数 soup.find('div')，以下选项中正确的是（　　）。

    A. 可以简写为 soup('div')

    B. 返回值类型为<class 'bs4.element.Tag'>

    C. 如果写成 soup.find('div').find_all('a')，则系统会报错

    D. 不管结果的类型是 NoneType 还是 bs4.element.Tag，后面都可以跟随多个.find()方法用于进一步匹配，系统不会报错

14. 出现以下错误信息：

Traceback (most recent call last):

```
    File "D:\源代码.py", line 10, in <module>
        t2 = soup.find('img').find('div', attrs={'id': 'divt'})
    AttributeError: 'NoneType' object has no attribute 'find'
```

则以下选项中正确的是（　　）。

  A．soup 对象不存在 find 属性

  B．不存在 soup.find().find()这种形式

  C．t2 得到的类型是'NoneType'

  D．soup.find('img')得到的是 None，无法在空值中使用 find()方法

15．现有以下代码：

```
req = requests.get(r'http://192.168.1.1/images/yttlj.mp3')
with open(r'D:\倚天屠龙记\yttlj.mp3', 'w') as f:
    f.write(req.content)
```

运行时出现错误信息如下：

```
    File "D:\下载mp3.py", line 9, in <module>
        f.write(req.content)
    TypeError: write() argument must be str, not bytes
```

以下选项中不正确的是（　　）。

  A．这段代码的意图是要下载 1 首歌曲"yttlj.mp3"

  B．req 为返回的歌曲数据，是二进制编码

  C．f.write()方法只能写文本（str），不能写字节（bytes），因此要换一个写入函数

  D．如果要写入二进制数据，语句应该改为"with open(r'D:\倚天屠龙记\yttlj.mp3', 'wb')
   as f:"

二、操作题

1．打开文学小说网页"https://192.168.1.1/index.html"，编写程序实现下载该页面并保存为"D:\倚天屠龙记\index.html"。

2．打开网页"https://192.168.1.1/index.html"的源代码，如图 8-1-6 所示，编写程序实现自动下载该网页并提取方框所示处的文字"三联出版社"。

```html
<body>
  ▼<div class="pu_box" id="pu_box" style=" width: 1200px; height: auto !important;">
      <img src="images/14bk.jpg" id="bn" width="1100" height="91" alt="banner">
    ▶<div id="dhl">_.</div>
    ▼<div class="main" style="height: auto !important;">
        ▶<div id="ml" style=" width:120pz;float:left">_</div>
        ▼<div class="booklist" style=" width:200px;float:left">
          ▶<div class="yt">_.</div>
          ▼<div id="sm">
            ▶<h1 class="title">_</h1>
              <p class="author">本书作者：金庸</p>
              <p class="time">出版时间：1980年</p>
              <p class="time">出版社：三联出版社</p>
            </div>
```

图 8-1-6　出版信息源代码

3．参照图 8-1-7，把网页"https://192.168.1.1/index.html"中的小说章节名称提取出来，每节小说名称为一行，保存到"D:\倚天屠龙记\目录.txt"文件中，结果如图 8-1-8 所示，请在下面程序横线处填写代码。

图 8-1-7　章节目录源代码

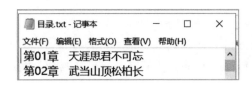

图 8-1-8　目录文件内容示意图

程序代码：

```
#-*-encoding=utf-8 -*-
import os, requests                       #导入模块
_____①_____                          #导入bs4中的BeautifulSoup子模块
wz = r'https://192.168.1.1/index.html'
_____②_____                          #从服务器读取网页内容
html =___③___                            #解码成字符串
soup =___④___(html, 'html.parser')        #封装成标准的标签树
t1 =___⑤___                              #得到<ul><li></li>...</ul>代码
t2 =___⑥___                              #从<div>代码中选出所有<p>标签内容
ml ="
for li in t2:                            #遍历列表中的每个<li>
    ml +=___⑦___                         #第01章...\n 第02章...
print(ml)                                #显示内容
p2 = r'D:\倚天屠龙记'
if ___⑧___:                              #检查"D:\"是否存在"倚天屠龙记"
    os.mkdir(p2)                         #如果没有，则创建文件夹
with ___⑨___ as f:                       #创建并打开"目录.txt"文件
    f. ___⑩___                           #将筛选的内容写入文件
```

① _____　　② _____

③ _____　　④ _____

⑤ _____ ⑥ _____

⑦ _____ ⑧ _____

⑨ _____ ⑩ _____

8.2 爬取一部小说

学习目标

◆ 能够从源代码的标签结构中找出特征代码。

◆ 能够设计符合 CSS 选择器规范的表达式。

◆ 能够使用 select()和 select_one()方法获取信息。

要点提示

1. 常见的 CSS 选择器

常见的 CSS 选择器如表 8-2-1 所示。

表 8-2-1　常见的 CSS 选择器

名称	说明	举例
标签选择器	通过标签名选取元素	'div'或'ul'
类选择器	通过类名选取元素，类名前要加点号（.）	'.lb'
ID 选择器	通过 ID 选取元素，ID 前要加井号（#）	'#left'
属性选择器	选取具有某个属性的元素，或者包含特定属性值的元素	'[href]'或 '[class="lb"]'
后代选择器	选择器之间用空格连接，选取所包含的后代元素	'div a'
子元素选择器	选择器之间用"＞"连接，选取元素中的直接子元素	'ul > li'
相邻兄弟选择器	选择器之间用"＋"连接，选取紧接在指定元素后面的兄弟元素	p + h2
通用兄弟选择器	选择器之间用"～"连接，选取与指定元素具有相同父元素的所有兄弟元素	h1～p
群组选择器	逗号选择器，使用"，"连接的多个选择器，它们之间为或者关系，将各个选择器选取的元素全部选取	h1, h2
^=□	表示元素属性值以字符串"□"开头	a[href='^=index']
*=□	表示元素属性值包含字符串"□"	img[src *='.gif']

2. select()与 select_one()

（1）select()：功能与 find_all()类似，在文档中查找与条件表达式匹配的所有标签元素，每个标签元素的类型为 bs4.element.Tag，返回值为包含这些标签元素的列表。

（2）select_one()：功能类似于 find()，在文档中查找并返回与条件表达式匹配的第 1 个标签元素，返回值类型为 bs4.element.Tag，代表 BeautifulSoup 库中的一个 Tag 对象。这个对象用于表示 HTML 或 XML 文档中的一个单独的标签元素。

典型示例：

① html="\<ul>\<li>第 1 节\</li>\<li>第 2 节\</li>\<li>第 3 节\</li>\</ul>"

  soup = BeautifulSoup(html, 'html.parser')

  print(soup.select_one('li'))   #标签选择器

  输出：\<li>第 1 节\</li>

② html="\<div class='lb'> 1 \</div>\<div id='lb'> 2 \</div>\<div class='lb'>3 \</div>"

  soup = BeautifulSoup(html, 'html.parser')

  print(soup.select('.lb'))   #类选择器

  输出：[\<div class="lb"> 1 \</div>, \<div class="lb">3 \</div>]

③ html = "\<div id = 'right'> 1 \</div>\<div id = 'lb'> 2 \</div>\<div class='lb'> 3 \</div>"

  soup = BeautifulSoup(html, 'html.parser')

  print(soup.select_one('#lb'))   #ID 选择器

  输出：\<div id = "lb"> 2 \</div>

④ html="\<ul>\<li>\<a href= '1.htm'>1 \</a>\</li>\<li>\<a href= '2.htm'>2 \</a>\</li>\</ul>"

  soup = BeautifulSoup(html, 'html.parser')

  print(soup.select('[href]'))   #属性选择器

  输出：[\<a href="1.htm"> 1 \</a>, \<a href = "2.htm"> 2 \</a>]

⑤ html="\<img src = '1.jpg'>\<img src = 'images/1.jpg'>\<img src = 'images/1.gif'>"

  soup = BeautifulSoup(html, 'html.parser')

  print(soup.select_one("[src = 'images/1.jpg']")) #属性选择器

  输出：\<img src = "images/1.jpg"/>

⑥ html = "\<div class = 'lb'>\<p>\<a href = '1.htm'>第 1 章\</a>\</p>\</div>"

  soup = BeautifulSoup(html, 'html.parser')

  print(soup.select_one('div a'))   #后代选择器

  输出：\<a href = "1.htm">第 1 章\</a>

⑦ html = "\<ul>\<li>第 1 章\</li>\<li>第 2 章\</li>\</ul>"

  soup = BeautifulSoup(html, 'html.parser')

  print(soup.select_one('ul > li'))   #子元素选择器

  输出：\<li>第 1 章\</li>

⑧ html = "\<p>第 1 段\</p>\<h1>标题\</h1>\<p>第 2 段\</p>\<p>第 3 段\</p>"

  soup = BeautifulSoup(html, 'html.parser')

print(soup.select_one('h1 + p'))　　　　#相邻兄弟选择器

输出：\<p\>第 2 段\</p\>

⑨ html = "\<div\>\<h1\>标题\</h1\>\<p\>第 1 段\</p\>\<h2\>第 2 段\</h2\>\<p\>第 3 段\</p\>\<p\>第 4 段\</p\>\</div\>"

soup = BeautifulSoup(html, 'html.parser')

print(soup.select('h1 ～ p'))　　　　　#通用兄弟选择器

输出：[\<p\>第 1 段\</p\>, \<p\>第 3 段\</p\>, \<p\>第 4 段\</p\>]

⑩ html = "\<div\>\<h1\>标题\</h1\>\<p\>\<a href = '1.htm'\>第 1 章\</a\>\</p\>\</div\>"

soup = BeautifulSoup(html, 'html.parser')

print(soup.select('h1, a'))　　　　　#群组选择器

输出：[\<h1\>标题\</h1\>, \<a href="1.htm"\>第 1 章\</a\>]

⑪ html = "\<a href = '10.gif'\>10.gif\</a\>\<a href = '110.htm'\>110.gif\</a\>\<a href = '1010.mp3'\>1010.mp3\</a\>"

soup = BeautifulSoup(html, 'html.parser')

print(soup.select("a[href ^= '10']"))　　　　#网址以 10 开头

输出：[\<a href = "10.gif"\>10.gif\</a\>, \<a href = "1010.mp3"\>1010.mp3\</a\>]

⑫ html = "\<img src = '1.jpg'\>\<img src = '2.gif'\> \<img src = '3.jpg'\>"

soup = BeautifulSoup(html, 'html.parser')

print(soup.select("img[src *= '.jpg']"))　　　#图片地址包含".jpg"

输出：[[\<img src = "1.jpg"/\>, \<img src = "3.jpg"/\>]]

说明：本节素材为资源包的"第 8 章\文学小说网"文件，使用时先在本地计算机（假设 IP 地址为 192.168.1.1）上自建 Web 服务器并发布该网站，练习中统一使用"http://192.168.1.1"访问该网站。也可以直接用 open()函数打开网页源代码来操作。

经典解析

例 1　在如图 8-2-1 所示的网站地图中，要在网页 index.html（☆所在位置）的源代码中准确表示目标文件或文件夹，以下选项中不正确的是（　　）。

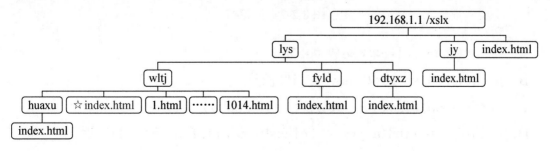

图 8-2-1　网站地图

A．1014.html　　　　　　　　B．huaxu/index.html

C．../index.html　　　　　　　D．../fyld

解析

（1）以☆标记的 index.html 文件所在的文件夹"wltj"为当前文件夹，上述网站地图中各 index.html 的相对路径和绝对路径如表 8-2-2 所示。

表 8-2-2　相对路径和绝对路径

序号	相对路径	绝对路径
1	1014.html	http://192.168.1.1/xslx/lys/wltj/1014.html
2	huaxu/index.html	http://192.168.1.1/xslx/lys/wltj/huaxu/index.html
3	../dtyxz/index.html	http://192.168.1.1/xslx/lys/dtyxz/index.html
4	../fyld/index.html	http://192.168.1.1/xslx/lys/fyld/index.html
5	/xslx/jy/index.html	http://192.168.1.1/xslx/jy/index.html

（2）A 选项的"1014.html"路径与网页"index.html"处在同一个文件夹中。

（3）B 选项的"huaxu/index.html"表示子文件夹"huaxu"下的"index.html"文件。

（4）D 选项的"../fyld"表示上一层目录下的文件夹"fyld"。

（5）C 选项的"../index.html"表示上一层文件夹下的网页文件"index.html"，但查看网站地图可以发现父文件夹"lys"下并不直接存在文件"index.html"。

因此，正确答案为 C。

例 2　参照如图 8-2-2 所示的标签树，现在要提取<li id = "a2">对应的代码，以下选项中不正确的是（　　）。

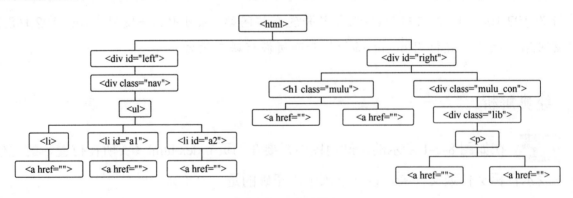

图 8-2-2　标签树

A．print(soup.select_one(" #a2"))

B．print(soup.select(".nav > li")[2])

C．print(soup.find('li', attrs = {'id':'a2'}))

D．print(soup.find(attrs = {'class': 'nav'}).find_all('li')[2])

解析

（1）select_one()方法和 find()方法的功能类似，可以提取一个标签元素，select()方法和 find_all()方法的功能类似，能得到一组标签元素。

（2）在网页源代码中每个"id"都对应着网页中唯一的某个元素，<li id = "a2">表示其 id 属性值为"a2"的"<li>"标签元素。

（3）A 选项应用的是 ID 选择器，直接定位目标标签元素。

（4）B 选项采用多选择器的组合，">"表示父子关系，但是从标签树中可以看出".nav"中的子元素只有"<ul>"，因此无法获取"<li>"标签元素。

（5）C 选项中的 find()方法使用标签和属性直接找到了"<li id = 'a2'>"的标签元素。

（6）D 选项中的 find()方法首先找到"<div class='nav'>"，然后继续使用 find_all()在该标签内查找所有的"<li>"标签元素，返回值为包含 3 个"<li>"标签元素的列表，该列表中索引值为 2 的元素正是目标标签元素，类型为 Tag 对象。

因此，正确答案为 B。

例 3　要从图 8-2-2 的标签树中提取出"<h1 class = 'mulu'>"下的第 1 个链接地址，以下选项中正确的是（　　）。

  A. print(soup.select_one(".mulu a")['href'])

  B. print(soup.select(".mulu a")['href'])

  C. print(soup.select_one("div h1 a['href']"))

  D. print(soup.select_one("#right .mulu a").['href'])

解析

（1）A 选项的筛选条件为 class='mulu'和<a>，二者为上下级关系，select_one()方法要求选出符合要求的第一个<a>标签对应的 Tag 对象，并通过['href']获取这个<a>标签的超链接地址，符合题意。

（2）B 选项中的筛选条件与 A 选项一致，select()方法要求选择符合该条件的所有<a>标签，并返回它们的 Tag 对象的列表。但是，列表后面不能直接跟 "['href']" 属性，否则会报错。

（3）C 选项的筛选条件为<div>、<h1>和<a href=>，三者为上下级关系，且<a>标签中包含 href 属性，select_one()方法要求得到符合上述要求的第一个 Tag 对象，但 a['href']写错了，正确的是写法是 a[href]。

（4）D 选项的筛选条件是 id='right'、class='mulu'和<a>，三者为上下级关系，select_one()方法要求找出符合此要求的第一个 Tag 对象，并用属性['href']获取其超链接地址，但是 ".['href']" 中的 "." 要删除。

因此，正确答案为 A。

实战训练

一、选择题

1．已知当前打开的网页地址为"http://192.168.1.1/jy/index.html"，则网页中的"../index.html"表示的超链接地址的绝对路径为（　　　）。

    A．http://192.168.1.1/jy/index.html

    B．http://192.168.1.1/jy/../index.html

    C．http://192.168.1.1/index.html

    D．http://index.html

2．参考如图 8-2-1 所示的网站地图，当前打开的网页为☆所在的 index.html，如果要链接到 dtyzx 文件夹中的 index.html 文件，则以下链接地址正确的是（　　　）。

    A．http://192.168.1.1/lys/dtyxz/index.html

    B．../index.html

    C．../dtyxz/index.html

    D．../../dtyxz/index.html

3．查看如图 8-2-3 所示的源代码，要得到\<div id = 'dhl'>所在的源代码片段，则以下选项中错误的是（　　　）。

```
▼<body>
  ▼<div class="pu_box" id="pu_box" style=" width: 1200px; height: auto !important;">
      <img src="images/14bk.jpg" id="bn" width="1100" height="91" alt="banner">
    ▼<div id="dhl">
      ▼<div id="set2">
          "当前位置 > "
          <a href="../"> 金庸武侠小说</a>
          " > 倚天屠龙记 "
        </div>
```

图 8-2-3　导航栏网页源代码

    A．print(soup.select_one("div[id = 'dhl']"))

    B．print(soup.select_one("div[id = 'pu_box']").select_one("[id = 'dhl']"))

    C．print(soup.select('#pu_box').select_one('#dhl'))

    D．t1 = soup.select_one('#pu_box')

      print(t1.select_one('#dhl'))

4．要在如图 8-2-3 所示的源代码中获取\<a href="../">金庸武侠小说</a>，则以下选项中正确的是（　　　）。

    A．print(soup.select('a')[0])

    B．print(soup.select('#dhl' 'a')[0])

    C．print(soup.select('#set2　a')[1])

D．print(soup.select('#a')[1])

5．要在如图 8-2-3 所示的源代码中获取第 1 个超链接所对应的标题文字"金庸武侠小说"，以下选项中不正确的是（　　）。

　　A．print(soup.select('div')[0]['string'])

　　B．print(soup.select_one('a').text)

　　C．print(soup.select('a')[0].getText())

　　D．print(soup.select_one('a').string)

6．要在如图 8-2-3 所示的源代码中获取图片的高度，以下选项中正确的是（　　）。

　　A．print(soup.select_one('img'['height']))

　　B．print(soup.select_one("img[id = 'bn']")['height'])

　　C．print(soup.select_one("[id = 'bn']").height)

　　D．print(soup.select_one('#bn').['height'])

7．参照如图 8-2-4 所示的源代码，要得到第 1 个<div>所包含的网页源代码，以下选项中不正确的是（　　）。

```
▼<body>
  ▼<div class="pu_box" id="pu_box" style=" width: 1200px; height: auto !important;">
      <img src="images/14bk.jpg" id="bn" width="1100" height="91" alt="banner">
    ▶<div id="dhl">…</div>
    ▼<div class="main" style="height: auto !important;">
      ▶<div id="ml" style=" width:120pz;float:left">…</div>
      ▼<div class="booklist" style=" width:200px;float:left">
        ▼<div class="yt">
            <img id="ytt" src="images/yt.jpg" alt="倚天屠龙记">
          </div>
        ▼<div id="sm">
          ▶<h1 class="title">…</h1>
            <p class="author">本书作者: 金庸</p>
            <p class="time">出版时间: 1980年</p>
            <p class="time">出版社: 三联出版社</p>
          </div>
        </div>
      </div>
  </div>
```

图 8-2-4　出版信息源代码

　　A．print(soup.select_one("div"))

　　B．print(soup.select_one("[id = 'pu_box']"))

　　C．print(soup.select_one("class = 'pu_box'"))

　　D．print(soup.select_one(".pu_box"))

8．参照如图 8-2-4 所示的源代码，要从中取得图片"14bk.jpg"所在行的源代码<img src = "images/14bk.jpg" id="bn" width = "1100" height = "91" alt = "banner">，以下选项中不正确的是（　　）。

　　A．print(soup.select_one("div img"))

　　B．print(soup.select_one("#pu_box img['width' : '1100']"))

　　C．print(soup.select_one("img[width = '1100']"))

D. print(soup. select_one (". pu_box [alt = 'banner']"))

9. 参照如图 8-2-4 所示的源代码，要得到<div id = 'ml'>所包含的网页源代码，以下选项中正确的是（　　）。

　　A. print(soup. select_one (". ml"))

　　B. print(soup. select_one (". main #ml"))

　　C. print(soup. select_one ("#main .ml']"))

　　D. print(soup. select_one (". pu_box > #ml"))

10. 参照如图 8-2-4 所示的源代码，要得到<div class = 'booklist'>所包含的网页源代码，以下选项中正确的是（　　）。

　　A. print(soup. select_one ("#dhl .main > #ml > .booklist"))

　　B. print(soup. select_one ("#ml .booklist"))

　　C. print(soup. select_one (". main #ml > .booklist"))

　　D. print(soup. select_one (". pu_box #ml + .booklist"))

11. 参照如图 8-2-4 所示的源代码，要得到<div class='yt'>和<div id='dhl'>各自所包含的网页源代码，以下选项中正确的是（　　）。

　　A. print(soup. select_one (". yt ～ #dhl"))

　　B. print(soup. select_one (". yt　#dhl"))

　　C. print(soup. select_one ("#dhl, .yt"))

　　D. print(soup. select_one (". yt + #dhl"))

12. 参照如图 8-2-4 所示的源代码，要从中提取包含 "<p class='time'>出版时间：1980 年</p>" 的源代码，下列选项中无法实现的是（　　）。

　　A. print(soup. select (". title～ .time"))

　　B. print(soup. select ("#sm .title～ p"))

　　C. print(soup. select ("#sm .time～p"))

　　D. print(soup. select ("#sm .author ～ p"))

13. 参照如图 8-2-4 所示的源代码，执行语句 print(soup.select(".title,.time～p"))后输出列表中的元素个数为（　　）。

　　A. 2　　　　　　B. 3　　　　　　C. 4　　　　　　D. 5

14. 要在如图 8-2-5 所示的网页源代码中找出所有超链接地址以 "44" 开头的<a>标签代码，下列选项中正确的是（　　）。

　　A. print(soup. select (". mlist a[href ^= '44']"))

　　B. print(soup. select (". mlist a[href *= '44']"))

　　C. print(soup. select ("a[href = '44*']"))

　　D. print(soup. select ("[href == '44?']"))

```
▼<body>
  ▼<div class="pu_box" id="pu_box" style=" width: 1200px; height: auto !important;">
    <img src="images/14bk.jpg" id="bn" width="1100" height="91" alt="banner">
   ▶<div id="dhl">...</div>
  ▼<div class="main" style="height: auto !important;">
    ▼<div id="ml" style=" width:120pz;float:left">
      ▼<ul class="mlist">
        ▼<li>
           <a href="344.html">第01章 天涯思君不可忘</a>
         </li>
        ▼<li>
           <a href="444.html">第02章 武当山顶松柏长</a>
         </li>
       ▶<li>...</li>
       ▶<li>...</li>
```

图 8-2-5　小说章节目录地址

15. 要在如图 8-2-5 所示的网页源代码中找出所有扩展名为 ".jpg" 的图片的源地址，下列选项中正确的是（　　）。

A. print(soup.select("img[src ^= '.jpg']"))

B. print(soup.select("img[src *= '.jpg']"))

C. print(soup.select("img[href = 'jpg']"))

D. print(soup.select("[href = 'jpg']"))

16. 阅读以下代码，其输出结果是（　　）。

```
from bs4 import BeautifulSoup
html="<ul class='jie'><li id='g'>星期一</li><li>星期二</li><li>星期三</li></ul>"
soup = BeautifulSoup(html, 'html.parser')
print(soup.select_one('li'))
```

A. <li id="g">星期一</li>

B. [<li id="g">星期一</li>,<li>星期二</li>,<li>星期三</li>]

C. <li id="g">星期一</li><li>星期二</li><li>星期三</li>

D. [<li id='g'>星期一</li>]

17. 阅读以下代码，其输出结果是（　　）。

```
from bs4 import BeautifulSoup
html="<div id='ml'><p clss='zj'><a href='1.htm'>第1章</a><a href='2.htm'>第2章</a></p></div>"
soup = BeautifulSoup(html, 'html.parser')
print(soup.select_one("#ml > [href='1.htm']"))
```

A. <a href='1.htm'>第 1 章</a>

B. <div id='ml'><p ><a href='1.htm'>第 1 章</a><a href='2.htm'>第 2 章</a></p></div>

C. [<a href='1.htm'>第 1 章</a>,<a href='2.htm'>第 2 章</a>]

D. None

18．阅读以下代码，其输出结果是（　　　）。

```
from bs4 import BeautifulSoup
html="<div><p>目录</p><h1>模块1</h1><p>问题1</p><h1>模块2</h1><p>问题2</p></div>"
soup = BeautifulSoup(html, 'html.parser')
print(soup.select('h1 + p'))
```

A．<h1>模块1</h1><p>问题1</p><h1>模块2</h1><p>问题2</p>

B．<h1>模块1</h1><p>问题1</p>

C．<p>问题1</p>

D．[<p>问题1</p>, <p>问题2</p>]

二、操作题

打开网页"https://192.168.1.1/index.html"，其效果如图8-2-6所示，完成以下题目。

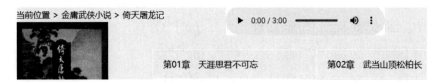

图 8-2-6　图片、声音和目录

1．图8-2-7所示为图8-2-6的部分源代码，请编写程序提取"yt.jpg"图片的相对地址："images/yt.jpg"。

```
▼<body>
  ▼<div class="pu_box" id="pu_box" style=" width: 1200px; height: auto !important;">
      <img src="images/14bk.jpg" id="bn" width="1100" height="91" alt="banner">
    ▼<div id="dhl">
      ▶<div id="set2">…</div>
      ▼<div id="sy" style=" padding-top:0px;height:40px; float:left;width:300px">
        ▼<audio controls style="width:inherit; background-color:#FFF; color:#CCC height:30px">
         ② <source src="images/yttlj.mp3" type="audio/mpeg">
          </audio>
        </div>
      </div>
    ▼<div class="main" style="height: auto !important;">
      ▶<div id="ml" style=" width:120pz;float:left">…</div>
      ▼<div class="booklist" style=" width:200px;float:left">
        ▼<div class="yt">
         ① <img id="ytt" src="images/yt.jpg" alt="倚天屠龙记">
          </div>
        </div>
```

图 8-2-7　图片、声音源代码

2．图8-2-5所示为与图8-2-6的章节目录对应的源代码，请编写程序输出与所有小说章节目录对应的超链接的绝对地址。

3．在程序横线处填写代码完成以下功能。

从如图8-2-8所示的源代码中提取mp3声音文件的链接地址，并下载该声音文件到"D:\资源库"文件夹。

```
▼<body>
  ▼<div class="pu_box" id="pu_box" style=" width: 1200px; height: auto !important;">
    <img src="images/14bk.jpg" id="bn" width="1100" height="91" alt="banner">
    ▼<div id="dhl">
      ▶<div id="set2">…</div>
      ▼<div id="sy" style=" padding-top:0px;height:40px; float:left;width:300px">
        ▼<audio controls style="width:inherit; background-color:#FFF; color:#CCC height:30px">
            <source src="images/yttlj.mp3" type="audio/mpeg">
        </audio>
      </div>
    </div>
```

图 8-2-8　小说章节目录源代码

```
import os, requests
from bs4 import BeautifulSoup
p = r'http://192.168.1.1/'                          #网页文件index.html所在位置
req = _____①_____                   #从服务器提取index.html文件
html = _____②_____                  #解码成文本
soup = BeautifulSoup(html, 'html.parser')           #封装成标签树
t1 = soup.select_one("_____③_____")             #得到mp3超链接所在的代码
t2 = _____④_____                            #提取mp3文件的超链接地址
clj = _____⑤_____                   #得到yttlj.mp3的绝对地址
req2 = _____⑥_____                  #从服务器下载mp3文件
mp3 = req2._____⑦_____                      #转成二进制编码
p2 = "D:\资源库"
if not os.path.exists(p2):                           #如果"资源库"文件夹不存在
    os.mkdir(p2)                                     #创建"资源库"文件夹
fn = _____⑧_____                    #从超链接中截取文件名 yttlj.mp3
pmp3 = os.path.join(p2, fn)                          #拼接成本地路径：D:\资源库\yttlj.mp3
with open(_____⑨_____) as f:                    #创建并打开二进制文件：D:\资源库\yttlj.mp3
    f.write(_____⑩_____)                        #写入mp3文件数据
```

① _____   ② _____

③ _____   ④ _____

⑤ _____   ⑥ _____

⑦ _____   ⑧ _____

⑨ _____   ⑩ _____

8.3　爬取图书畅销榜

学习目标

◆ 能够自定义请求头部信息模拟浏览器访问网站。

◆ 能够分析网页标签树。

◆ 能够比较分析设计 CSS 选择器。

◆ 能够爬取网页信息。

要点提示

1. 获取 User-Agent，并自定义请求头部信息

（1）进入应用"开发模式"窗口。

（2）单击"Network"如图 8-3-1 所示，找到并复制"user-agent"对应的值。

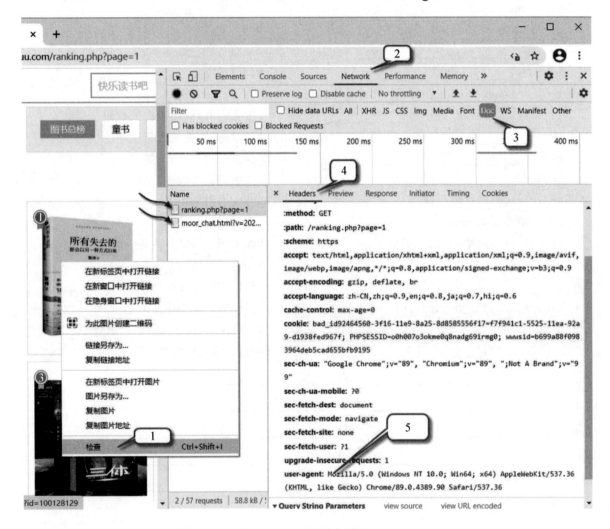

图 8-3-1　在 Network 界面中获取 User-Agent

（3）自定义请求头部信息。

典型示例：

```
import requests
#要爬取的网页地址
url="https://127.0.0.1/ranking.php?page=1"
UA="Mozilla/5.0 (Windows NT 6.1; Win64; x64) AppleWebKit/537.36 (KHTML, like
```

```
Gecko)Chrome/ 90.0.4430.212 Safari/537.36"
        #模拟（自定义）浏览器的请求头
        header={"User-Agent":UA,"Referer":url}
        #以自定义请求头部信息向目标网页发出请求
        req=requests.get(url,headers=header)
```

2. 应用开发模式窗口中的右键菜单获取选择器

（1）进入应用"开发模式"窗口。

（2）单击页面元素，如图 8-3-2 所示，找到并复制选择器。

（3）使用 CSS 选择器提取书名。

图 8-3-2　获取 CSS 选择器

3. 比较法分析设计 CSS 选择器

典型示例：

> 获取第1、2、3本书的书名对应的CSS选择器：
>
> body>div.section.wd-1200.ma>div:nth-child(4)>ul>li.rank-goodlist.active> div:nth-child(1) >div>div.goodlist-cont.fr> div.book-name.ht-42.oh>p
>
> body>div.section.wd-1200.ma>div:nth-child(4)>ul>li.rank-goodlist.active> div:nth-child(2) >div>div.goodlist-cont.fr> div.book-name.ht-42.oh>p
>
> body>div.section.wd-1200.ma>div:nth-child(4)>ul>li.rank-goodlist.active> div:nth-child(3) >div>div.goodlist-cont.fr> div.book-name.ht-42.oh>p
>
> ① ② ③ 对比分析
>
> 获取全部图书的**div**的CSS选择器：
>
> body>div.section.wd-1200.ma>div:nth-child(4)>ul>li.rank-goodlist.active>div

图 8-3-3　CSS 选择器

 经典解析

例 1 已知某网页的超链接地址和用户代理 UA 如下列代码所示，横线处填写正确的是（　　）。

```
url="https://127.0.0.1/page.php?id=12"
UA="Mozilla/5.0 (Windows NT 6.1; Win64; x64) AppleWebKit/537.36 (KHTML, like Gecko)
```

```
Chrome/90.0.4430.212 Safari/537.36"
    #模拟（自定义）浏览器的请求头
    header= _____
    #以自定义请求头部信息向目标网页发出请求
    req=requests.get(url,headers=header)
```

    A. {"User-Agent":url,"Referer":UA}

    B. {"User-Agent":UA,"Referer":url}

    C. [url,UA]

    D. {"User":UA,"Referer":url}

解析

（1）本题主要考查自定义请求头的格式。header 变量为字典类型，主要包括 2 对"键值对"，代表常见的头部信息。其中"User-Agent"键对应的值表示客户端身份验证 UA，这里使用了 Chrome 浏览器的默认值；"Referer"键对应的值表示当前请求的来源页面地址 url。故 B 选项正确。

（2）A 选项中，{"User-Agent":url,"Referer":UA}键对应的值错误，"User-Agent"应该对应 UA，"Referer"应该对应 url；C 选项中，数据类型错误，不是列表；D 选项中，"User"必须严格按照浏览器字段"User-Agent"定义，故 D 选项错误。

因此，正确答案为 B。

例 2 已知某电影网站评分源码如下所示，请完成以下程序。

网站 html 部分源码：

```
<p class="title">本周电影排行榜</p>
<div class="movie">
    <p class="name">独行月球</p>
    <p class="score">评分：8分</p>
</div>
```

程序：

```
...#此处省略了爬取"网站html部分源码"的代码
soup=BeautifulSoup(html,"html.parser")
```

（1）以下选项中能获取电影名称"独行月球"的是（　　）。

    A. name=soup.select(".name").text

    B. name=soup.select(".name")[0].text

    C. name=soup.select("p")[0].text

    D. name=soup.select("name")[0].text

（2）以下选项中能获取电影评分"8分"的是（　　）。

    A. score=soup.select(".score")[0].text.split("：")[1]

B．score=soup.select(".score")[0].text.split("：")[0]

C．score=soup.select(".score")[0].text.split("评分")[0]

D．score=soup.select(".score")[0].text.split("评分")[1]

解析

（1）考查 select()函数的使用方法。

① 第 1 步：获取目标标签。观察"网站 html 部分源码"得知电影名称代码中"<p class="name">独行月球</p>"可通过 p 标签或者 class 名".name"来获取该标签，注意不管使用哪种方式获取 select()函数返回值均为列表；第 2 步：获取标签中的文本。故 B 选项正确。

② A 选项中，select()函数获取的结果是一个列表，必须先通过下标获取指定元素，故 A 选项错误；C 选项中，select("p")通过标签 p 获取，列表中共得到 3 个元素，按照先后顺序 select("p")[0]的结果是"<p class="title">本周电影排行榜</p>"，故 C 选项错误；D 选项中，select("name")选择器名称错误，应该是 select(".name")，故 D 选项错误。

因此，正确答案为 B。

（2）考查 split()方法的使用方法。

① 经观察分析 select(".score")[0].text 拿到的数据为"评分：8 分"，可通过 split()方法中的参数"："为切割点，得到列表["评分","8 分"]，然后通过下标 1 获取字符串"8 分"，故 A 选项正确。

② B 选项获取的是"评分"，故 B 选项错误；C、D 选项以"评分"为切割点得到的列表为["",":8 分"]，结果均不正确，故 C、D 选项错误。

因此，正确答案为 A。

实战训练

一、选择题

1. 在 Python 的 requests 库中使用（　　　）函数以自定义请求头向目标网站发出获取数据的请求。

　　A．get()　　　　　　　　　　B．post()

　　C．select()　　　　　　　　　D．delete()

2. 以下（　　　）是模拟浏览器 User-Agent 信息时，通常会在请求头中设置的内容。

　　A．Accept-Language: en-US

　　B．User-Agent: Mozilla/5.0 (Windows NT 10.0; Win64; x64) AppleWebKit/537.36 (KHTML, like Gecko) Chrome/58.0.3029.110 Safari/537.3

　　C．Content-Type: text/html

　　D．Authorization: token

3．为了避免被目标网站识别为爬虫，通常会在请求头中设置（　　　）信息来模拟浏览器行为。

    A．Connection: close

    B．Referer: <上一个页面 URL>

    C．User-Agent: <浏览器标识字符串>

    D．Host: <主机名>

4．以下（　　　）方法可以为 requests.get()函数添加自定义请求头。

    A．requests.get(url, headers={'key': 'value'})

    B．requests.get(url).headers.update({'key': 'value'})

    C．requests.Session().get(url, {'key': 'value'})

    D．requests.head(url, header='key: value')

5．已知 str1="赵钱孙李周吴郑王"和 li1=list(str1)，则变量 li1 的值为（　　　）。

    A．["赵钱孙李周吴郑王"]

    B．"赵钱孙李周吴郑王"

    C．str1

    D．['赵', '钱', '孙', '李', '周', '吴', '郑', '王']

6．已知程序：

```
tuple1=("富强", "民主", "文明", "和谐")
list2=list(tuple1)
```

则变量 list2 的值是（　　　）。

    A．("富强", "民主", "文明", "和谐")

    B．["富强", "民主", "文明", "和谐"]

    C．tuple1

    D．"富强民主文明和谐"

7．list()函数用于将_____转化为_____类型，横线处填写恰当的是（　　　）。

    A．可迭代对象；列表　　　　　　B．字符串；列表

    C．元组；列表　　　　　　　　　D．可迭代对象；字符串

8．已知程序：

```
list2=["柠檬", "香蕉", "苹果", "黄瓜"]
print(list2[-1])
```

则输出结果为（　　　）。

    A．柠檬　　　　　　　　　　　　B．香蕉

    C．苹果　　　　　　　　　　　　D．黄瓜

9．已知程序：

```
list3=["红楼梦","西游记","水浒传","钢铁是怎样炼成的"]
print(list3[:3])
```

则输出结果为（　　　）。

A．["红楼梦","西游记","水浒传"]

B．["西游记","水浒传"]

C．["红楼梦","西游记","水浒传","钢铁是怎样炼成的"]

D．["西游记","水浒传","钢铁是怎样炼成的"]

10．已知程序：

```
list4=["春节","元宵节","端午节","中秋节","圣诞节"]
list4=list4[:-1])
```

则变量 list4 为（　　　）。

A．["春节","元宵节","端午节","中秋节","圣诞节"]

B．["元宵节","端午节","中秋节","圣诞节"]

C．["春节","元宵节","端午节","中秋节"]

D．["元宵节","端午节","中秋节"]

11．已知程序：

```
result=zip(["姓名","学号","手机号"],["张三","23","13548456236"])
temp=list(result)
```

则变量 temp 为（　　　）。

A．[('姓名', '张三'), ('学号', '23'),('手机号', '13548456236')]

B．["姓名","学号","手机号"]

C．["张三","23","13548456236"]

D．[("姓名","学号","手机号"),("张三","23","13548456236")]

12．已知<p class="location" >杭州西湖</p>（爬取的网页文档中只在此处应用了"location"类），则程序：

```
......#此处省略引入 requests 库爬取网页的代码
result=soup.select(".location")[0]
```

中 result 变量的结果为（　　　）。

A．杭州西湖

B．<p class="location" ></p>

C．<p class="location" >杭州西湖</p>

D．<p ></p>

13．已知<p class="course" >语文</p>（爬取的网页文档中只在此处应用了"course"类），下列选项中错误的是（　　　）。

A．可以使用 BeautifulSoup 模块中的 select(".course")获取一个列表

B．可以使用 BeautifulSoup 模块中的 select(".course")[0].text 获取"语文"

C．可以使用 BeautifulSoup 模块中的 select(".course")[0]获取\<p class="course" >语文\</p>

D．可以使用 BeautifulSoup 模块中的 select(".course")[0].text()获取"语文"

14．若已知 str="a time to laugh"，则 temp=str.split(" ")中变量 temp 为（　　）。

A．"a time to laugh"

B．["a","time","to","laugh"]

C．["a time to laugh"]

D．["a　","time　","to　","laugh　"]

15．已知 str="温馨提示：感受文字之美！"，以下获取结果为"感受文字之美！"的选项中正确的是（　　）。

A．str.split("感受文字之美！")[0]

B．str.split("温馨提示：")[1]

C．str.split("：")[1]

D．str.split("：")[0]

16．观察如图 8-3-4 所示的学段网页特征代码，以下选项中能得到内容为"高中"的 CSS 选择器的是（　　）。

图 8-3-4　学段网页特征代码

A．body > main > section.top-box > div.sub-place > div > div.tabs > a:nth-child(1)

B．body > main > section.top-box > div.sub-place > div > div.tabs > a:nth-child(2)

C．body > main > section.top-box > div.sub-place > div > div.tabs > a:nth-child(3)

D．body > main > section.top-box > div.sub-place > div > div.tabs > a:nth-child(4)

17．观察如图 8-3-5 所示的学科网页特征代码，对比分析如图 8-3-6 所示的学科网页 CSS 选择器，则程序 coursesSoup=soup.select("body > main > section.top-box > div.sub-place > div > div.tab-container > div:nth-child(3)">a)获取（　　　）的 HTML 代码。

图 8-3-5　学科网页特征代码

语文　　　数学　　　英语

body > main > section.top-box > div.sub-place > div > div.tab-container > div:nth-child(3) > a:nth-child(1)
body > main > section.top-box > div.sub-place > div > div.tab-container > div:nth-child(3) > a:nth-child(2)
body > main > section.top-box > div.sub-place > div > div.tab-container > div:nth-child(3) > a:nth-child(3)

图 8-3-6　学科网页 CSS 选择器

A．语文　　　　　　　　　　　B．数学

C．英语　　　　　　　　　　　D．语文、数学、英语全部学科

18．对比分析如图 8-3-6 所示的学科网页 CSS 选择器，以下选项中错误的是（　　　）。

　　A．对比发现选择器相同部分为"body > main > section.top-box > div.sub-place > div > div.tab-container > div:nth-child(3) >a"，表示选取全部学科

　　B．对比发现选择器不同部分为"a:nth-child(1)"、"a:nth-child(2)"和"a:nth-child(3)"，分别对应语文、数学、英语的超链接

　　C．对比发现选择器相同部分为"body > main > section.top-box > div.sub-place > div > div.tab-container > div:nth-child(3) >a"，可以使用循环遍历获取全部学科的信息

　　D．以上选项均不正确

二、操作题

1．模拟爬取蛋糕列表网页中的蛋糕信息。

（1）模拟网站。

将本节资源包中的"cake"文件夹复制至"D:\"，并将其作为站点文件夹，在本地主机上使用 IIS 发布网站。

（2）查看网页。

以浏览器访问"http://127.0.0.1/"，查看如图 8-3-7 所示的蛋糕列表网页部分源代码。

```
<li >
    <img src="img/1.jpg" alt="" />
    <div class="right">
        <p class="title">春夏秋冬</p>
        <p class="sub">价钱: 136元</p>
    </div>
</li>
<li >
    <img src="img/2.jpg" alt="" />
    <div class="right">
        <p class="title">逐梦天鹅</p>
        <p class="sub">价钱: 230元</p>
    </div>
</li>
<li >
    <img src="img/3.jpg" alt="" />
    <div class="right">
        <p class="title">冰纷一夏</p>
        <p class="sub">价钱: 245元</p>
    </div>
</li>
<li >
    <img src="img/4.jpg" alt="" />
    <div class="right">
        <p class="title">向阳</p>
        <p class="sub">价钱: 136元</p>
    </div>
</li>
```

图 8-3-7 蛋糕列表网页部分源代码

（3）编写程序爬取信息。

设计程序爬取蛋糕名称、售价信息，输出结果如下。

蛋糕名：春夏秋冬，售价：136 元。

蛋糕名：逐梦天鹅，售价：230 元。

蛋糕名：冰纷一夏，售价：245 元。

蛋糕名：向阳，售价：136 元。

2．模拟爬取景区列表网页中的景区信息。

（1）模拟网站。

将本节资源包中的"scenicSpot"文件夹复制至"D:\"，并将其作为站点文件夹，在本地主机上使用 IIS 发布网站。

（2）查看网页。

以浏览器访问"http://127.0.0.1/"，查看如图 8-3-8 所示的景区列表网页部分源代码。

（3）编写程序爬取信息。

设计程序爬取景区名称、评分、地址信息，输出结果如下。

景区：灵隐寺，评分：8.9，地址：浙江省杭州市西湖区法云弄 1 号。

景区：西湖风景名胜区，评分：8.7，地址：浙江省杭州市西湖区龙井路 1 号。

景区：杭州宋城，评分：8.6，地址：浙江省杭州市西湖区之江路 148 号。

景区：西溪国家湿地公园，评分：8.2，地址：浙江省杭州市西湖区天目山路 518 号。

```
<li >
    <img src="img/1.jpg" alt="" />
    <div class="right">
        <p class="title">灵隐寺</p>
        <p class="title1">评分：8.9</p>
        <p class="sub">地址：浙江省杭州市西湖区法云弄1号</p>
    </div>
</li>
<li >
    <img src="img/2.jpg" alt="" />
    <div class="right">
        <p class="title">西湖风景名胜区</p>
        <p class="title1">评分：8.7</p>
        <p class="sub">地址：浙江省杭州市西湖区龙井路1号</p>
    </div>
</li>
<li >
    <img src="img/3.jpg" alt="" />
    <div class="right">
        <p class="title">杭州宋城</p>
        <p class="title1">评分：8.6</p>
        <p class="sub">地址：浙江省杭州市西湖区之江路148号</p>
    </div>
</li>
<li >
    <img src="img/4.jpg" alt="" />
    <div class="right">
        <p class="title">西溪国家湿地公园</p>
        <p class="title1">评分：8.2</p>
        <p class="sub">地址：浙江省杭州市西湖区天目山路518号</p>
    </div>
</li>
```

图 8-3-8　景区列表网页部分源代码

8.4 爬取图书详情

学习目标

◆ 能够分析和设计 CSS 选择器。

◆ 能够用字典保存数据。

◆ 能够将爬取的数据写入 Excel 文件。

◆ 能够遵守相关的法律法规和道德规范。

要点提示

1. 使用"字典"数据类型保存数据

例如：

```
onebook={}                    #用字典保存一本图书的信息
onebook["书名"]="笔墨当随时代"
onebook["出版社"]="浙江人民"
print(onebook)
```

2. 使用 sleep()方法控制代码执行速度

例如：

```
from time import sleep         #引入内置time模块中的sleep()函数
```

```
sleep(0.1)                         #当执行该语句时停留0.1s，用于控制速度
```

3. dict.get()方法的使用

例如：

```
my_dict={"大米":"10斤","土豆":"3斤"}
value1=my_dict.get("大米",0)      #返回"10斤"
value2=my_dict.get("大米")        #返回"10斤"
value3=my_dict.get("南瓜",0)      #当"南瓜"不存在时返回0
value4=my_dict.get("南瓜")        #当"南瓜"不存在时返回None
```

4. 应用 openpyxl 库保存爬取的数据

典型示例：

```
from openpyxl import Workbook                    #引入openpyxl库
books=[{"书名":"笔墨当随时代","出版社":"浙江人民"},{"书名":"德云女孩","出版社":"浙江人民"}]
                                                 #图书列表部分数据，爬取步骤省略
wb=Workbook()                                    #新建Excel
ws=wb.active                                     #获取默认sheet表
ws.title="排行榜"                                 #设置sheet表的标题
bookColumn=["书名","作者","出版社"]               #设置标题行
ws.append(bookColumn)                            #添加标题行
for book in books:                               #循环图书列表
    line=[]
    for key in bookColumn:                       #将一本图书的全部信息转换为列表数据
        line.append(book.get(key,"暂无"))         #使用get()避免出错
    ws.append(line)
wb.save("图书.xlsx")                              #保存到当前目录下的"图书.xlsx"文件中
```

5. 遵循相关法律法规和道德规范

在应用爬虫时，需要遵循相关法律法规和道德规范，不可随意爬取数据。

 经典解析

例 1 分析执行以下代码后，变量 movie 的值是（　　　　）。

```
movie={}
movie["电影名"]="我爱我的祖国"
movie["评分"]="10分"
```

    A. {}

    B. {'电影名': '我爱我的祖国', '评分': '10 分'}

    C. ['电影名': '我爱我的祖国']

    D. {'电影名': '我爱我的祖国' ; '评分': '10 分'}

解析

（1）本题主要考查字典数据类型，由代码 movie={}得知，定义了变量 movie 用来指向一个空的字典，已知字典由"键值对"组成，中间用逗号隔开，格式为{键:值,键:值}。代码 movie['电影名']='我爱我的祖国'中，键为'电影名'，值为'我爱我的祖国'，代入格式则为{'电影名':'我爱我的祖国'}；同理，代码 movie['评分']='10 分'，代入格式则为{'电影名':'我爱我的祖国','评分':'10 分'}，故 B 选项正确。

（2）A 选项中，{}为空字典；C 选项为列表，不符合题意；D 选项中，键值对与键值对中间用逗号而不是分号隔开，故 A、C、D 选项错误。

因此，正确答案为 B。

例 2 已知 dict1={"身高":"160cm","体重":"90 斤"}，以下选项中错误的是（　　）。

　A．执行 val1=dict1.get("身高")语句后，val1 值为"160cm"

　B．执行 val2=dict1.get("爱好")语句后，val2 值为 None

　C．执行 val3=dict1.get("爱好","暂无")语句后，val3 值为"暂无"

　D．字典类型的数据不能使用 get()方法

解析

本题主要考查字典的 get()方法。在 dict1.get(key,default=None)中，key 为要查询的键名，default=None 则用于当查询的键名不存在时，默认（该参数省略时）返回 None，也可自定义返回值。当查询的键名存在时，直接返回该键对应的值，故选项 D 表述错误。

因此，正确答案为 D。

例 3 某图书馆图书分类陈列详情及"开发模式"窗口中的 HTML 代码如图 8-4-1 所示，图书分类陈列详情的一系列信息都在每个 li 标签定义的列表项中，现已获取图中 3 个列表项对应的 CSS 选择器。

```
body > div.box > ul > li:nth-child(1)
body > div.box > ul > li:nth-child(2)
body > div.box > ul > li:nth-child(3)
```

对比分析 CSS 选择器及网页特征代码，以下选项中（已省略前面爬虫代码）分析错误的是（　　）。

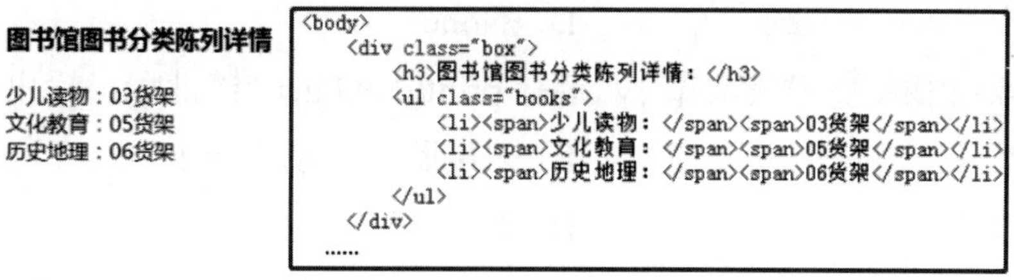

图 8-4-1　图书分类网页特征代码

A. 可通过程序 soup.select("body > div.box > ul > li")获取所有 li 元素

B. 获取所有 li 元素后可通过循环遍历每个 li 元素，并在每个 li 元素中再通过 CSS 选择器获取 span 元素

C. 当使用循环遍历每个 li 元素时，不能再使用 CSS 选择器获取其他元素

D. 选择器 body > div.box > ul >li:nth-child(2) > span:nth-child(1)的内容为"文化教育"

解析

（1）本题主要考查 css 选择器的分析与设计。通过观察列表项对应的选择器发现相同部分为 body > div.box > ul > li，故可通过 soup.select("body > div.box > ul > li")获取所有 li 元素，因此 A、B 选项均正确。

（2）soup.select("body > div.box > ul > li")获取所有 li 元素，返回结果的数据类型为<class 'bs4.element.ResultSet'>，这是 BeautifulSoup 库中的一种基本数据类型，也被称为标签列表，故可以继续使用 BeautifulSoup 库中的相关方法，比如 select(css 选择器)获取其他元素，因此 C 选项错误。

（3）观察题中列表项对应的 CSS 选择器并分析图 8-4-1 中"文化教育"所在标签，得到对应的 CSS 选择器为 body > div.box > ul >li:nth-child(2) > span:nth-child(1)，故 D 选项正确。

因此，正确答案为 C。

实战训练

一、选择题

1. 已知 dict1 ={'上联' : '爆竹送年到'}，以下选项中可获取'爆竹送年到'的是（　　　）。

    A．dict1['上联']　　　　　　　　　　B．dict1[0]

    C．dict1[1]　　　　　　　　　　　　D．dict1['爆竹送年到']

2. 已知 dict2 ={}，以下选项中可将键值对'name': '余韵' 添加到字典 dict2 中的是（　　　）。

    A．dict2.insert('name', '余韵')　　　B．dict2.put('name', '余韵')

    C．dict2.set('name', '余韵')　　　　D．dict2['name'] = '余韵'

3. 已知 dict3 ={'下联' : '梅花迎岁开'}，运行 print(dict3["横批"])，输出结果是（　　　）。

    A．'梅花迎岁开'　　　　　　　　　　B．引发 KeyError 字典键错误

    C．""　　　　　　　　　　　　　　D．None

4. 已知 dict4 ={'横批' : '欢度春节'}，运行 print(dict4.get("横批"))，输出结果是（　　　）。

    A．'横批'　　　　　　　　　　　　　B．{'横批' : '欢度春节'}

    C．欢度春节　　　　　　　　　　　　D．None

5. 已知 dict5 ={'花生' : '2 斤', '瓜子' : '3 斤'}，运行 print(dict5.get("糖"))，输出结果是（　　　）。

    A．'2 斤'　　　　　　　　　　　　　　B．{'花生' : '2 斤', '瓜子' : '3 斤'}

C.　'3 斤'　　　　　　　　　　D.　None

6.　已知 dict6 ={'文言文' : '3 篇' , '古诗' : '10 首'}，运行 print(dict6.get("现代文","暂无"))，输出结果是（　　　）。

A.　暂无　　　　　　　　　　B.　'文言文' : '3 篇'

C.　None　　　　　　　　　　D.　{'文言文' : '3 篇' , '古诗' : '10 首'}

7.　Python 的内置模块_____提供了_____函数，在爬虫程序中可用于控制爬取速度，横线处填写正确的是（　　　）。

A.　time; sleep()　　　　　　B.　openpyxl; Workbook()

C.　requests; sleep()　　　　D.　time; speed()

8.　Python 的第三方库_____提供了_____函数，用于新建 Excel 工作簿，横线处填写正确的是（　　　）。

A.　time; sleep()　　　　　　B.　requests; sleep()

C.　openpyxl; Workbook()　　D.　time; speed()

9.　使用 openpyxl 库可以打开以下（　　　）选项中的文件。

A.　图书.xls　　　　　　　　B.　图书.xlsx

C.　图书.jpg　　　　　　　　D.　图书.mp4

10.　已知某网页页面中文字"唐诗精选"的选择器为"body > div.mv > h3.title"，则以下选项中可使用 BeautifulSoup 库的 select()函数爬取该文字（前面的爬虫程序已省略）的是（　　　）。

A.　titlesSoup=soup.select("body > div.mv > h3.title")

B.　titlesSoup=soup.select("body > div.mv > h3.title")[0].text

C.　titlesSoup=soup.select("body > div.mv > h3.title").text

D.　titlesSoup=soup.select("body > div.mv > h3.title")[0]

11.　已知网页中某图片的选择器为"body > div > img.dream"，则以下选项中可使用 BeautifulSoup 库的 select()函数爬取该图片的路径（前面的爬虫程序已省略）的是（　　　）。

A.　imgsSoup=soup.select("body > div > img.dream")[0].attrs

B.　imgsSoup=soup.select("body > div > img.dream")[0].text

C.　imgsSoup=soup.select("body > div > img.dream")[0].src

D.　imgsSoup=soup.select("body > div > img.dream")[0].attrs["src"]

12.　某网页中记载了公司通讯录的信息，以下代码用于爬取该网页中"通讯录"的超链接地址，根据代码对应的 CSS 选择器为（　　　）。

```
...#省略爬取代码
websitesSoup=soup.select("body > ul > li:nth-child(1) > a:nth-child(1) ")
```

A.　body > ul > li:nth-child(1)

B. body > ul > li:nth-child(1) > a:nth-child(1)

C. body > ul > li:nth-child(1) > a

D. body > ul > li a:nth-child(1)

二、操作题

模拟爬取网页中的课程信息。

（1）模拟网站。

将本节资源包中的“course”文件夹复制至“D:\”，并将其作为站点文件夹，在本地主机上使用 IIS 发布网站。

（2）查看网页。

以浏览器访问“http://127.0.0.1/”，查看如图 8-4-2 所示的课程列表页面及相关源代码，网页效果如图 8-4-2 所示，单击“分布式爬虫课”，该课程对应的详情页及相关源代码如图 8-4-3 所示。

```
<body>
    <div class="box">
        <h3>课程列表</h3>
        <ul class="books">
            <li >
                <img src="img/1.jpg" alt="" />
                <div class="right">
                    <p class="title">分布式爬虫课</p>
                    <p class="sub">评分：9分</p>
                    <p>免费公开课<a href="detail.html">查看详情 ></a></p>
                </div>
            </li>
            <li >
                <img src="img/2.jpg" alt="" />
                <div class="right">
                    <p class="title">大数据分析</p>
                    <p class="sub">评分：9.2分</p>
                    <p>免费公开课<a href="detail1.html">查看详情 ></a></p>
                </div>
            </li>
            <li >
                <img src="img/3.jpg" alt="" />
                <div class="right">
                    <p class="title">人工智能</p>
                    <p class="sub">评分：9.7分</p>
                    <p>免费公开课<a href="detail2.html">查看详情 ></a></p>
                </div>
            </li>
        </ul>
    </div>
</body>
```

图 8-4-2 课程列表页面及相关源代码

分布式爬虫课

难度：中级 **时长：**26小时 **学习人数：**5738 **综合评分：**9分

```
<body>
    <div class="box">
        <h3 class="title">分布式爬虫课</h3>
        <ul class="course">
            <li>
                <span>难度：</span><span class="nan">中级</span>
            </li>
            <li>
                <span>时长：</span><span class="time">26小时</span>
            </li>
            <li>
                <span>学习人数：</span><span class="per">5738</span>
            </li>
            <li>
                <span>综合评分：</span><span class="ping">9分</span>
            </li>
        </ul>
    </div>
</body>
```

图 8-4-3 分布式爬虫课对应的详情页及相关源代码

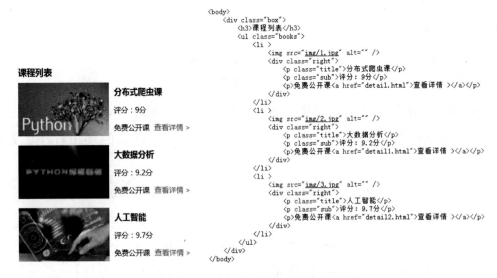

（3）爬取"课程列表"信息。

编写程序爬取页面中的"课程列表"。输出课程信息列表，其各元素类型为字典，包含各门课程的课程名和详情网址，格式如下：

[

{'课程名': '分布式爬虫课', '详情网址': 'detail.html'},

{'课程名': '大数据分析', '详情网址': 'detail1.html'},

...]

（4）继续爬取"课程详情"信息并更新课程信息列表。

根据第（3）题爬取的详情网址，编写程序自动爬取每门课程的详情信息并更新至课程信息列表。

例如，"分布式爬虫课"的详情页爬取结果为{'难度': '中级', '时长': '26 小时', '学习人数': '5738', '综合评分': '9 分'}，在课程信息列表中该课程数据更新后为{'课程名': '分布式爬虫课', '详情网址': 'detail.html', '难度': '中级', '时长': '26 小时', '学习人数': '5738', '综合评分': '9 分'}。

（5）保存课程信息列表。

编写程序将第（4）题根据详情页信息更新的课程信息列表保存为"课程信息.xlsx"，工作表的各列标题为课程名、详情网址、难度、时长、学习人数和综合评分，内容为对应的值。

反侵权盗版声明

电子工业出版社依法对本作品享有专有出版权。任何未经权利人书面许可，复制、销售或通过信息网络传播本作品的行为；歪曲、篡改、剽窃本作品的行为，均违反《中华人民共和国著作权法》，其行为人应承担相应的民事责任和行政责任，构成犯罪的，将被依法追究刑事责任。

为了维护市场秩序，保护权利人的合法权益，我社将依法查处和打击侵权盗版的单位和个人。欢迎社会各界人士积极举报侵权盗版行为，本社将奖励举报有功人员，并保证举报人的信息不被泄露。

举报电话：（010）88254396；（010）88258888

传　　真：（010）88254397

E-mail:　　dbqq@phei.com.cn

通信地址：北京市万寿路 173 信箱

　　　　　电子工业出版社总编办公室

邮　　编：100036